はじめに

『1対1対応の演習』シリーズは,
　入試の標準問題を確実に解ける力
をつけてもらおうというねらいで作った本
ですが,教科書とのギャップが少なからず
あります.そこで,
　教科書レベルから入試の基本レベル
　の橋渡しになる本
として『プレ1対1対応の演習』シリーズ
を作りました.

　『プレ1対1対応の演習』シリーズは,
教科書の章末問題レベルを確実に解けるよ
うになり,さらに入試の基本レベルへとス
テップアップしてもらおうというねらいで
作った本です.

　問題は,その分野を一通り理解するのに
必要な是非とも解いておきたいものに絞り,
できるかぎりコンパクトにまとめました.

　第1部と第2部の2部構成で,第2部で
は入試の基本問題を扱いました.

　原則として第1部において,教科書に
載っている項目は一通り扱う方針で編集し
ました.扱っている問題は,教科書の章末
問題に載っているような問題が中心です.
そのような問題に対する詳しい解答を付け
ただけではありません.問題をどう解いて
いくか,そのアプローチの仕方にスポット
を当てました.また,教科書をもっている
ことを前提として解説しています.定理を
どう活用して問題を解いていくか,という
ことに主眼をおいているので,定理の証明
は原則として載せていません.また,定義
や用語の説明などは各分野について「公式
など」でコンパクトに扱いましたが,公式
の証明など省略したものもあるので,各自
必要に応じて教科書を見てください.

　本シリーズを終えた後は,『1対1対応
の演習』シリーズに進むことで,無理なく
入試のレベルを知ることができるでしょう.

　本書を活用して実力アップに役立てて頂
ければ幸いです.

1

本書の構成と利用法

坪田三千雄

本書のタイトルにある 'プレ1対1対応' の '1対1対応' の意味から説明しましょう.

まず例題（四角で囲ってある問題）によって, 例題のテーマにおいて必要になる知識や手法を確認してもらいます. その上で, 例題と同じテーマで1対1に対応した演習題によって, その知識, 手法を問題で適用できる程に身についたかどうかを確認しつつ, 一歩一歩前進してもらおうということです.

本書は, 第1部と第2部の2部構成になっています.

第1部: 各分野について, コンパクトに公式などをまとめたページを用意しました. 次に, 各分野を一通り理解する上で, まず当たっておきたい問題を精選しました. 扱う問題のレベルは, 教科書の本文中にあるような例題から章末問題レベル程度です. なお, 分野によってはそもそも扱っているテーマが難しめのものがあり（教科書の内容がやや高度ということ）, 第1部としては難しめの問題が入っている場合もあります. 私大, 2次試験で頻出のテーマに関するものは, 第2部に回したテーマもあります.

第2部: 第1部を踏まえて, 主に入試の基本レベルの問題を選びました. 是非とも当たっておきたい問題によって, 入試の基本レベルまでステップアップすることを目標としましょう.

次に例題と演習題などについて説明しましょう.

入試問題を採用したときは大学名を明記しました. 問題によっては空欄の形などを変えていますが, とくに断っていない場合もあります.

例題: レベルについては上で述べました. 第1部は70題, 第2部は29題です.

どのようなテーマかがはっきり分かるように, 一題ごとにタイトルをつけました（大きなタイトル／細かなタイトル の形式です）.

解答の**前文**として, そのページのテーマに関する重要手法や解法などをまとめました. 前文を読むことで, 一題の例題を通して得られる理解が鮮明になります. この前文が充実していることが本書の特長といえるでしょう.

解答は, 一部の単純計算を除いてほとんど省略せずに, 目で追える程度に詳しくしました. また解答の右側には, 傍注（⇦ ではじまる説明）で, 解答の補足や, 使った定理・公式等の説明を行いました.

演習題: 例題と同じテーマの問題を選びました. 例題の数値を変えただけのような問題が中心です. 例題の解答や解説を真似ればたいてい解いていけるはずです. やや難しめの問題については, 横にヒントを書きました.

また, 目標時間を明示しましたが, ややきつめの設定になっています. この時間内に解ければ, 例題の手法がよく頭に入って理解していると考えてよいでしょう.

演習題の解答: 第1部では分野ごとにまとめてあります. 例題と同様に, 詳しい解答を付けました.

本書で使う記号など:

➡**注**はすべての人のための, ➡**注**は意欲的な人のための注意事項です.

▓は関連する事項の補足説明などです.

また,

∴ ゆえに

∵ なぜならば

プレ1対1対応の演習

数学Ⅱ 改訂版

目 次

解答・解説：飯島康之、石井俊全、坪田三千雄

第1部 式と証明

式と証明
公式など

【多項式の展開・因数分解の公式】

$$(a+b)^3=a^3+3a^2b+3ab^2+b^3$$
$$(a-b)^3=a^3-3a^2b+3ab^2-b^3$$
$$(a+b)(a^2-ab+b^2)=a^3+b^3$$
$$(a-b)(a^2+ab+b^2)=a^3-b^3$$

【二項定理】

（1） パスカルの三角形

$(a+b)^n$ の展開式の各項 $(a^n,\ a^{n-1}b,\ \cdots,\ b^n)$ の係数を，$n=1,\ 2,\ \cdots$ として上の行から並べると，右のようになる．

$n=1$　　1　1
$n=2$　　1　2　1
$n=3$　　1　3　3　1
$n=4$　　1　4　6　4　1
$n=5$　1　5　10　10　5　1

次の性質がある．

・左右対称で，両端は 1
・両端以外は，左上と右上の数の和に等しい

（2） 二項定理

$$(a+b)^n={}_nC_0a^n+{}_nC_1a^{n-1}b+{}_nC_2a^{n-2}b^2+\cdots$$
$$+{}_nC_ra^{n-r}b^r+\cdots+{}_nC_nb^n$$

▨ パスカルの三角形の性質を二項係数 ${}_nC_r$ で表すと

・${}_nC_r={}_nC_{n-r}$,
　${}_nC_0=1,\ {}_nC_n=1$
・${}_nC_r={}_{n-1}C_{r-1}+{}_{n-1}C_r$

【多項式の割り算】

A，B を x の多項式とし，$B\neq0$ とするとき，

$$A=BQ+R,\qquad R\text{ は }0\text{ か，}B\text{ より次数の低い多項式}$$

を満たす多項式 Q と R がただ 1 通りに定まる．

Q を A を B で割ったときの**商**，R を**余り**という．

$R=0$ のとき，A は B で割り切れるという．このとき，B は A の因数であるという．

【分数式】

A を多項式，B を 1 次以上の多項式とするとき，$\dfrac{A}{B}$ の形で表される式を分数式という．

多項式と分数式を合わせて有理式という．

分数式の分子と分母を両者の共通因数で割ることを約分するという．

それ以上約分できない分数式を既約分数式という．

【恒等式】

例えば，次の等式

$$ax^2+bx+c=a'x^2+b'x+c' \quad\cdots\cdots\cdots\cdots①$$

が x にどのような値を代入しても成り立つとき，①を x についての恒等式という．①が x の恒等式になる条件は，

$$a=a',\ \ b=b',\ \ c=c'$$

である．

一般に，x の多項式 P，Q について，

$$P=Q \text{ が } x \text{ についての恒等式}$$

となる条件は，

P，Q の同じ次数の項の係数が一致する
　（このとき，P と Q の次数は等しい）

である．

係数比較でなく，数値を代入することで恒等式をとらえることもできる．

一般に，x の n 次以下の多項式 P，Q について，等式 $P=Q$ が $n+1$ 個の異なる x の値に対して成り立つとき，$P=Q$ は x についての恒等式であることが知られている．

【等式の証明】

等式 $A=B$ を証明するとき，次のいずれかの変形を行うことが多い．

・A，B の一方を変形して，他方を導く．
・A，B をそれぞれ変形して，同じ式 C を導く．
・$A-B=0$ であることを示す．

▨ 等式の条件式の扱い方

例えば，$a+b+c=0$ という条件式があれば，$c=-(a+b)$ というように，1 つの文字を消去するのが原則である．

▨ 比例式

比 $a:b$ $(b\neq0)$ について，$\dfrac{a}{b}$ を比の値という．

$\dfrac{a}{b}=\dfrac{c}{d}$ のように，比の値が等しいことを示す式を比例式という．

$a:b:c$ を a, b, c の連比という．

$x:y:z=a:b:c$ $(abc\neq0)$ のとき，

$$\dfrac{x}{a}=\dfrac{y}{b}=\dfrac{z}{c}\cdots\cdots②\quad が成り立つ．$$

②の条件が与えられているときは，この値を k とおいて，

$$x=ak,\ y=bk,\ z=ck$$

と表されることを使うのが定石である．

【不等式の証明】

不等式 $A>B$ を証明するとき，
$$A-B>0$$
を示すことを目標にすることが多い．文字を一方に集めて，因数分解や平方完成などの変形をする．

平方完成したときは，

『実数 a について，$a^2\geqq0$（等号は $a=0$ のときのみ）

実数 a, b について，$a^2+b^2\geqq0$

（等号は $a=b=0$ のときのみ）』

を使うことが多い．

また，$A\geqq0$, $B\geqq0$ のときは，
$$A>B\iff A^2>B^2$$
であるから，$A>B$ を示すのに，
$$A^2>B^2, つまり A^2-B^2>0$$
を示してもよい．

▨ 相加平均と相乗平均の不等式

実数 a, b について，$\dfrac{a+b}{2}$ を a と b の相加平均，

$a>0$, $b>0$ のとき，$\sqrt{ab}$ を a と b の相乗平均という．

$a>0$, $b>0$ のとき，$\dfrac{a+b}{2}\geqq\sqrt{ab}$

（等号は $a=b$ のときのみ）

が成り立つ．

▨ 絶対値と不等式

絶対値を含む不等式の証明では，実数 a, b について
$$|a|^2=a^2,\ |a|\geqq0,\ |a|\geqq a,\ |a|\geqq-a$$
$$|ab|=|a||b|$$
$b\neq0$ のとき，$\left|\dfrac{a}{b}\right|=\dfrac{|a|}{|b|}$

を使うことが多い．

●組立除法

$x-\alpha$ の形の1次式で割るときには以下の方法を使うと簡単である．

例えば $2x^3-7x+1$ を $x+2$ で割る場合には，右のように，

①のところに α にあたる -2 を書く

②～⑤に $2x^3-7x+1$ の係数を順に書く

（抜けているところは0を書き忘れないように）

⑥に②の2をそのまま書く

⑦に①×⑥を書き，⑧に③+⑦を書く

⑨に①×⑧を書き，⑩に④+⑨を書く

⑪に①×⑩を書き，⑫に⑤+⑪を書く

という手順で計算でき，⑥，⑧，⑩が商 $2x^2-4x+1$ を，⑫が余り -1 を表す．

この方法を「組立除法」という．

➡注 $x-\alpha$ で割るとき，①に書くのは $-\alpha$ ではなくて $+\alpha$ であり，また⑧には③－⑦ではなく③+⑦を書くことに注意．

◆1 3次式の展開・因数分解

(ア) $(2x+y)^3$ を展開せよ.

(イ) $(x-4)(x^2+4x+16)$ を展開せよ.

(ウ) x^6+1 を因数分解せよ. [2次式と4次式の積にせよ]

(エ) x^6-2x^3+1 を因数分解せよ. [係数は有理数の範囲とする]

3乗の展開公式 $(a+b)^3=a^3+3a^2b+3ab^2+b^3$

$(a-b)^3=a^3-3a^2b+3ab^2-b^3$

(ア)は上段の公式にあてはめよう $(a\Rightarrow 2x,\ b\Rightarrow y)$.

3乗の和・差の因数分解 $a^3+b^3=(a+b)(a^2-ab+b^2)$

$a^3-b^3=(a-b)(a^2+ab+b^2)$

(イ)は,普通に展開した式を書いてもよいが,上の第2式の右辺で $a=x$, $b=4$ としたものであること
がわかると答えはすぐに出る.(ウ)は,$(x^2)^3+1^3$,(エ)は $(x^3-1)^2$ である.

解 答

(ア) $(2x+y)^3=(2x)^3+3(2x)^2y+3(2x)y^2+y^3$

$\qquad\qquad = \boldsymbol{8x^3+12x^2y+6xy^2+y^3}$

(イ) $(x-4)(x^2+4x+16)=(x-4)(x^2+4x+4^2)$

$\qquad\qquad\qquad\qquad = x^3-4^3=\boldsymbol{x^3-64}$

(ウ) $x^6+1=(x^2)^3+1^3=\boldsymbol{(x^2+1)(x^4-x^2+1)}$ ⇦ x^2 をかたまりとみる

(エ) $x^6-2x^3+1=(x^3)^2-2x^3+1$ ⇦ x^3 をかたまりとみる

$\qquad\qquad = (x^3-1)^2=\{(x-1)(x^2+x+1)\}^2$

$\qquad\qquad = \boldsymbol{(x-1)^2(x^2+x+1)^2}$

▷1 演習題 (解答は p.15)

(ア) $(3x-y)^3$ を展開せよ.

(イ) $(x-1)(x+1)(x^4+x^2+1)$ を展開せよ.

(ウ) $16x^3-54y^3$ を因数分解せよ.

(エ) $A=(2x+3y)^3$, $B=(x+ay)^3$ とする.ただし,a は定数とする.

(1) A の xy^2 の係数と B の x^2y の係数が一致するとき,a の値を求めよ.

(2) A を展開したときの係数の和と B を展開したときの係数の和が等しいとき,a の
値を求めよ.

(オ) $x+\dfrac{1}{x}=3$ のとき,$x^2+\dfrac{1}{x^2}=\boxed{(1)}$, $x^6+\dfrac{1}{x^6}=\boxed{(2)}$ である.

(カ) (1) $(a+b)^3-(a-b)^3$ を因数分解せよ. [係数は有理数の範囲とする]

(2) $(x+y+z)^3-(x-y-z)^3$ を因数分解せよ. [係数は有理数の範囲とする]

ア～ウ 🕐 3分

エ～カ 🕐 12分

8

◆2 二項定理

（ア）　$(x+3y)^6$ を展開したときの x^3y^3 の項の係数を求めよ.

（イ）　$\left(x+\dfrac{1}{x}\right)^8$ の定数項を求めよ.

（ウ）　$(x+2y+4z)^5$ を展開したときの x^2y^2z の項の係数を求めよ.

【二項定理】　$(a+b)^n={}_nC_0a^n+{}_nC_1a^{n-1}b+{}_nC_2a^{n-2}b^2+\cdots+{}_nC_{n-1}ab^{n-1}+{}_nC_nb^n$ ……☆

　長い式であるが, 係数は ${}_nC_0,\ {}_nC_1,\ \cdots,\ {}_nC_{n-1},\ {}_nC_n$；$a$ の指数は n, $n-1$, $\cdots$, 1, 0；b の指数は 0, 1, $\cdots$, $n-1$, n と規則的に並んでいる. 覚えるのもよいが, 各項がどのように作られるかを理解すると問題を解きやすい. $(a+b)^n$ は $(a+b)(a+b)\cdots(a+b)$［カッコは n 個］で, これを展開すると,「それぞれのカッコから a, b の一方を選んで作った積」すべての（選び方にわたる）和になる. 従って, ある項（例えば a^2b^{n-2}）の係数は, その項が作られる a, b の選び方の総数となり, a^pb^q $(p+q=n)$ の係数は「a を選ぶカッコの決め方」と同じ ${}_nC_p(={}_nC_q)$ になる.

　カッコ内の項の数が増えても考え方は同じ. $(a+b+c)^n$ の $a^pb^qc^r$ $(p+q+r=n)$ の項の係数は, a を選ぶカッコ p 個, b を選ぶカッコ q 個を順に決めると考えて,

$$ {}_nC_p\cdot{}_{n-p}C_q=\frac{n!}{p!(n-p)!}\cdot\frac{(n-p)!}{q!(n-p-q)!}=\frac{(p+q+r)!}{p!q!r!}\quad(p+q+r=n \text{ に注意}) \text{ となる.} $$

▤ 解 答 ▤

（ア）　$(x+3y)^6$ を展開したときの x^3y^3 の項は ${}_6C_3\cdot x^3(3y)^3$ であるから, 求める係数は $\dfrac{6\cdot5\cdot4}{3\cdot2}\cdot3^3=\textbf{540}$

⇦ $(x+3y)(x+3y)\cdots(x+3y)$
の 6 個のカッコのうち, 3 個から x, 3 個から $3y$ を選んでかけると x^3y^3 の項になる.

（イ）　$\left(x+\dfrac{1}{x}\right)^8$ の定数項は $x^4\cdot\left(\dfrac{1}{x}\right)^4$ の項だから, （8 個から 4 個を選ぶ選び方であり）${}_8C_4=\dfrac{8\cdot7\cdot6\cdot5}{4\cdot3\cdot2}=7\cdot2\cdot5=\textbf{70}$

（ウ）　$(x+2y+4z)^5$ の x^2y^2z の項は ${}_5C_2\cdot{}_3C_2x^2(2y)^2\cdot4z$ であるから, 求める係数は $10\cdot3\cdot2^2\cdot4=\textbf{480}$

⇦ $(x+2y+4z)\cdots(x+2y+4z)$ の 5 個のカッコのうち, まず 2 個から x を選び, 残り 3 個のうちの 2 個から $2y$ を選び, 最後に残ったものから $4z$ を選んでかけると x^2y^2z の項になる.

▨ 演習題について.　（イ）は $(2x^2)^p\left(\dfrac{1}{x}\right)^q$ $(p+q=7)$ が x^2 の項になる p, q を求める. （エ）も同様に考えると, $x^2\cdot x\cdot1\cdot1$ と $x\cdot x\cdot x\cdot1$ の項であることがわかる.

▶2 演習題（解答は p.15）

（ア）　$(2x+5y)^5$ を展開したときの x^2y^3 の項の係数を求めよ.

（イ）　$\left(2x^2+\dfrac{1}{x}\right)^7$ を展開したときの x^2 の項の係数を求めよ.

（ウ）　$(2x+3y+4z)^6$ を展開したときの $x^2y^2z^2$ の項の係数を求めよ.

（エ）　$(x^2+x+1)^4$ を展開したときの x^3 の項の係数を求めよ.

（オ）　（1）前文☆で $n=6$, $a=x$, $b=1$ とした式を書け.

　　　　（2）前文☆で $n=6$, $a=1$, $b=x$ とした式を書け.

　　　　（3）${}_6C_0{}^2+{}_6C_1{}^2+{}_6C_2{}^2+{}_6C_3{}^2+{}_6C_4{}^2+{}_6C_5{}^2+{}_6C_6{}^2={}_{12}C_m$ を満たす m を求めよ.

（オ）（3）
$(x+1)^6(1+x)^6$
$=(x+1)^{12}$

ア〜ウ 🕐 6分

エオ 🕐 10分

◆3 多項式の除法

（ア）　$A = x^4 + 3x^2 + 4x$, $B = x^2 - x - 1$ とする．A を B で割った商と余りを求めよ．

（イ）　$A = x^4 + 2x^3 - x^2 + 2x - 1$ を多項式 B で割った商が $x^2 + 3x - 1$, 余りが $-8x + 2$ のとき，整式 B を求めよ．

（ウ）　a を定数として x の多項式 A, B を $A = x^3 + x^2 - ax + 2$, $B = x - a$ と定める．A を B で割った商と余りを求めよ．

多項式の除法　右の計算は，$x^2 + 2x + 3$ を $x - 1$ で割った商と余りを求めたものである．整数の割り算と同じように，商を次数ごとに求めていこう．具体的には，最高次（網目部分）が消えるように，商の単項式（x, 3）を順に決める．一般に，A, B が x の多項式のとき，$A = BQ + R$（R は 0, または B より次数が低い多項式）を満たす多項式 Q, R がただ 1 通りに定まり，Q を（A を B で割った）商，R を余りという．（イ）は上の A, Q, R に具体的な式をあてはめればよい．（ウ）は（ア）と同様に計算すればよく，余りは（B が x の 1 次式だから）定数になる．

$$\begin{array}{r} x + 3 \\ x-1 \overline{)\, x^2 + 2x + 3} \\ \underline{x^2 - x} \\ 3x + 3 \\ \underline{3x - 3} \\ 6 \end{array}$$

▓ 解 答 ▓

（ア）
$$\begin{array}{r} x^2 + x + 5 \\ x^2 - x - 1 \overline{)\, x^4 + 3x^2 + 4x} \\ \underline{x^4 - x^3 - x^2} \\ x^3 + 4x^2 + 4x \\ \underline{x^3 - x^2 - x} \\ 5x^2 + 5x \\ \underline{5x^2 - 5x - 5} \\ 10x + 5 \end{array}$$

左の計算より，
**商は $x^2 + x + 5$,
余りは $10x + 5$**

次数を縦にそろえて書く．3次の
⇦項はないのであける（網目部）．

▓ 商と余りは，「R は 0, または B より次数が低い多項式」という条件により，ただ 1 通りに決まる．

⇦ここで終わりにしないように．余りの次数は B の次数より低い．

（イ）　$x^4 + 2x^3 - x^2 + 2x - 1 = B(x^2 + 3x - 1) + (-8x + 2)$ より
　　　　$x^4 + 2x^3 - x^2 + 10x - 3 = B(x^2 + 3x - 1)$

　よって，B は $x^4 + 2x^3 - x^2 + 10x - 3$ を $x^2 + 3x - 1$ で割った商となり，右の計算より **$B = x^2 - x + 3$**

$$\begin{array}{r} x^2 - x + 3 \\ x^2 + 3x - 1 \overline{)\, x^4 + 2x^3 + 10x - 3} \\ \underline{x^4 + 3x^3 - x^2} \\ -x^3 + 10x \\ \underline{-x^3 - 3x^2 + x} \\ 3x^2 + 9x - 3 \\ \underline{3x^2 + 9x - 3} \\ 0 \end{array}$$

（ウ）
$$\begin{array}{r} x^2 + (a+1)x + a^2 \\ x - a \overline{)\, x^3 + x^2 - ax + 2} \\ \underline{x^3 - ax^2} \\ (a+1)x^2 - ax \\ \underline{(a+1)x^2 - a(a+1)x} \\ a^2 x + 2 \\ \underline{a^2 x - a^3} \\ a^3 + 2 \end{array}$$

左の計算より，
**商は $x^2 + (a+1)x + a^2$,
余りは $a^3 + 2$**

▓（ウ）は組み立て除法（☞ p.7）を用いることもできる．

$a^3 + 2$ は定数（x の 0 次式）．a の
⇦次数は関係ない．

▶3 演習題（解答は p.16）

（ア）　$A = x^4 - 3x^3 + 2x + 1$, $B = x^2 + x - 3$ とする．A を B で割った商と余りを求めよ．

（イ）　$A = x^4 + x^3 - x^2 + 6x - 6$ を多項式 B で割った商が $x^2 + 2x - 3$, 余りが $-5x + 6$ のとき，多項式 B を求めよ．

（ウ）　a を定数として，x の多項式 A, B を $A = x^4 - 2x^2 - 6ax - 8$,
　　　$B = x^3 - x^2 - 2x - 6a$ と定める．
　（1）　A を B で割った商 Q と余り R を求めよ．
　（2）　B を（1）の R で割った余りが 0 のとき，a の値を求めよ．
　（3）　（2）で求めた a の値に対し，A を（1）の R で割った商と余りを求めよ．

アイ 🕐 5分
ウ 🕐 10分

10

◆4 分数式の計算

次の式をそれぞれ一つの既約分数式で表せ.

（ア） $\dfrac{x+2}{x^2-4}-\dfrac{x^2+2x}{x^3+8}$

（イ） $\dfrac{1+\dfrac{1}{y}}{x+\dfrac{y^2-xy-1}{y}}$

> 分数式の計算手順　　数（有理数）の計算と同じである.（ア）のような式では，通分して整理すればよいのであるが，通分する前に各分数が約分できないかを考えてみよう.（イ）のような入れ子の分数式（繁分数式）では，分母・分子に同じもの（因数）をかけて分母・分子それぞれの分数を解消するのがよいだろう. $\dfrac{1-\dfrac{1}{2}}{1+\dfrac{1}{2}}=\dfrac{\left(1-\dfrac{1}{2}\right)\times 2}{\left(1+\dfrac{1}{2}\right)\times 2}=\dfrac{2-1}{2+1}=\dfrac{1}{3}$ と同様に計算する.

▥解 答▥

（ア） $\dfrac{x+2}{x^2-4}-\dfrac{x^2+2x}{x^3+8}=\dfrac{x+2}{(x+2)(x-2)}-\dfrac{x(x+2)}{(x+2)(x^2-2x+4)}$

$=\dfrac{1}{x-2}-\dfrac{x}{x^2-2x+4}=\dfrac{x^2-2x+4-x(x-2)}{(x-2)(x^2-2x+4)}$

$=\dfrac{\mathbf{4}}{\boldsymbol{(x-2)(x^2-2x+4)}}$

（イ） $\dfrac{1+\dfrac{1}{y}}{x+\dfrac{y^2-xy-1}{y}}=\dfrac{\left(1+\dfrac{1}{y}\right)\times y}{\left(x+\dfrac{y^2-xy-1}{y}\right)\times y}$

$=\dfrac{y+1}{xy+y^2-xy-1}=\dfrac{y+1}{y^2-1}=\dfrac{y+1}{(y+1)(y-1)}=\dfrac{\mathbf{1}}{\boldsymbol{y-1}}$

▥演習題（ア）は，各分数を約分することはできないが，まず分母を因数分解してみよう.

▶◀4 演習題 （解答は p.17）

次の式をそれぞれ一つの既約分数式で表せ.

（ア） $\dfrac{3x+1}{x^2+2x-3}-\dfrac{3x+7}{x^2+5x+6}$

（イ） $\left(\dfrac{y+3}{xy+3x+y+3}-\dfrac{y}{xy+2x+y+2}\right)\div\dfrac{1}{(y+2)^2}$

（ウ） $\dfrac{1-\dfrac{x+y}{x(y+1)}}{1-\dfrac{1}{y+1}}$

（エ） $\dfrac{1-\dfrac{1}{x+2}}{x-1-\dfrac{2}{1+\dfrac{2}{x}}}$

（イ）　分母は因数分解できる.

（エ）　$\dfrac{1}{1+\dfrac{2}{x}}$ を整理.

🕐10分

11

◆ 5 恒等式

次の式がそれぞれ x の恒等式になるように，定数 a, b, c の値を定めよ．

（ア）　$x^2+1=a(x-2)^2+b(x-2)+c$

（イ）　$\dfrac{x-9}{(3x+1)(x-2)}=\dfrac{a}{3x+1}+\dfrac{b}{x-2}$

恒等式とは　変数（上の例題では x）にどのような値を代入しても成り立つ式を恒等式という．ただし，分母が 0 になる x の値は除く．多項式（整式）については，左辺と右辺の見た目が同じならば恒等式となるが，逆に，恒等式ならば見た目が同じ（つまり，対応する係数が等しい）である．分数式については，分母を払ったあとの多項式が恒等式になる，と考える．

具体的な解法　解答では，上の方針に従って求めてみる．（ア）は，右辺を整理して（各次数の係数を a, b, c で表して）左辺と比較する．（イ）は分母を払ったあとで同じことをすればよい．

▓ 解 答 ▓

（ア）　右辺は

　　$a(x^2-4x+4)+b(x-2)+c=ax^2+(b-4a)x+4a-2b+c$

となるから，係数を左辺と比較して，

　　　　$1=a$, $0=b-4a$, $1=4a-2b+c$

これより，**$a=1$, $b=4$, $c=5$**

（イ）　各辺に $(3x+1)(x-2)$ をかけて分母を払うと，

　　　　$x-9=a(x-2)+b(3x+1)$

上式の右辺は $(a+3b)x+(b-2a)$ だから，係数を左辺と比較して

　　　　$1=a+3b$ ………①，　$-9=b-2a$ ………②

①$-$②$\times3$ より $28=7a$ だから，**$a=4$, $b=-1$**

▨ 「変形して見た目を同じ式にすることができる」を恒等式の定義としている教科書もある．解法は，係数比較（解答），数値代入（コメント）のどちらでもよい．

⇦ $b=2a-9$

▨ 恒等式の定義に沿って求めるなら，（ア）は次のようになる．

　$x=1$, 2, 3 とした式は，それぞれ $2=a-b+c$, $5=c$, $10=a+b+c$

これより a, b, c を求めると，$c=5$, $a=1$, $b=4$

　ここで終わりにしてしまうと，厳密には他の x で成り立つかどうかがわからないので不十分だが，高校数学では，答えがあるものとして解答してもよいという暗黙の了解があるので，これで大丈夫だろう．

▨ 一般に，n 次式 $f(x)$, $g(x)$ について，$n+1$ 個の異なる x の値に対して $f(x)=g(x)$ となるならば，$f(x)=g(x)$ は恒等式である．$n=2$ の場合を用いると，上のコメントの解き方でよい（求めた値のときに恒等式になる）ことが言える．なお，この事実の証明は難しいが，教科書に載っているので証明せずに使ってよい．

⇦ 2次式に異なる3つの x の値を代入している．

▨ 分数式については，演習題の解答のあとのコメント参照．

▶ 5 演習題 （解答は p.17）

次の式がそれぞれ x の恒等式になるように，定数 a, b, c, d の値を定めよ．

（ア）　$x^2+2x+4=a+b(x+1)+c(x+2)(x+3)$

（イ）　$x^3+2=ax(x-1)(x-2)+bx(x-1)+cx+d$

（ウ）　$\dfrac{x^2+9x+12}{(x-3)(x+1)^2}=\dfrac{a}{x-3}+\dfrac{b}{x+1}+\dfrac{c}{(x+1)^2}$

🕐 10分

◆6 等式の証明

(ア) 等式 $(x^2-y^2)^2+(2xy)^2=(x^2+y^2)^2$ を証明せよ.

(イ) $x+y+z=0$ のとき, $x^2+y^2+z^2=-2(xy+yz+zx)$ であることを示せ.

等式を証明するには 等式 $A=B$ を証明せよ, という形の問題では,

- A を変形して B にする (または, B を変形して A にする)
- A, B をそれぞれ同じ式 C に変形する (つまり, $A=C$, $B=C$ を示す)
- $A-B=0$ を示す (つまり, $A-B$ を変形して 0 になることを示す)

のいずれかの形で書く. 証明であるから, ごまかしたと思われないように, 途中の計算を省略しないようにしよう.

　(イ)のように等式の条件があるときは, それを使ってどれか1つの文字を消去するのが原則である. つまり, 例えば x を消去して, 左辺を y と z の式, 右辺を y と z の式にしてそれらが一致することを示す (上記の第2の形).

≡ 解 答 ≡

(ア) (左辺)$=x^4+y^4-2x^2y^2+4x^2y^2=x^4+y^4+2x^2y^2$

　　　(右辺)$=x^4+y^4+2x^2y^2$

であるから, 示すべき等式は成り立つ.

(イ) $x=-(y+z)$ であるから,　　　　　　　　　　　　　⇦等式の条件を使ってどれか1つ
　　　(左辺)$=\{-(y+z)\}^2+y^2+z^2=(y+z)^2+y^2+z^2$　　　の文字を消すのが原則.
　　　　　　$=y^2+z^2+2yz+y^2+z^2=2(y^2+z^2+yz)$
　　　(右辺)$=-2\{(-y-z)y+yz+z(-y-z)\}$
　　　　　　$=-2(-y^2-yz+yz-yz-z^2)$
　　　　　　$=-2(-y^2-z^2-yz)=2(y^2+z^2+yz)$

　　よって, 示すべき等式は成り立つ.

▨ 見た目が複雑な方を変形する, という方針で考えると証明にたどり着けることが多い. 特に, 展開して左辺, 右辺を同じ式にすることができるなら, それが最もわかりやすい (迷うことがない) 証明である.　　　　　　⇦(イ)のタイプも同様.

▨ **(イ)の別解**： $x+y+z=0$ の各辺を2乗すると, $(x+y+z)^2=0$
　　　∴ $x^2+y^2+z^2+2(xy+yz+zx)=0$
　　　∴ $x^2+y^2+z^2=-2(xy+yz+zx)$

▨ (ア)の等式を使うと, $a^2+b^2=c^2$ を満たす自然数 a, b, c の組を見つけることができる. 例えば,

- $x=3$, $y=2$ として $5^2+12^2=13^2$
- $x=4$, $y=1$ として $15^2+8^2=17^2$

▶6 演習題 (解答は p.18)

(ア) 等式 $(x-\sqrt{3}\,y)^2+(\sqrt{3}\,x+y)^2=4(x^2+y^2)$ を示せ.

(イ) $x+y+z=0$ のとき, $x^2(y+z)+y^2(x+z)+z^2(x+y)+3xyz=0$ であることを示せ.

(ウ) $a^2+b^2+c^2=1$ のとき,　　　　　　　　　　　　　(ウ) 右辺を展開して
　　　$x^2+y^2+z^2=(ax+by+cz)^2+(ay-bx)^2+(bz-cy)^2+(cx-az)^2$　みよう.
　　であることを示せ.

🕐 15分

13

◆7 比例式

（ア） $a:b:c=1:2:4$, $ab+bc+ca=42$ のとき，$a^2+b^2+c^2$ の値を求めよ．

（イ） $\dfrac{a}{b}=\dfrac{c}{d}$, $a+b\neq0$ のとき，$\dfrac{b^2}{(a+b)^2}=\dfrac{d^2}{(c+d)^2}$ であることを示せ．

比例式の扱い方 $a:b:c=1:2:4$, $\dfrac{a}{b}=\dfrac{c}{d}$ のような比が一定である条件を比例式という．

$a:b:c=1:2:4$ は，$\dfrac{a}{1}=\dfrac{b}{2}=\dfrac{c}{4}$ と書けるから，同じ形の条件式である．この分数（比の値）を k と

おいて分子の文字を分母と k で表そう．（ア）は $a=k$, $b=2k$, $c=4k$ となるから，これを

$ab+bc+ca=42$ に代入すれば k が求められる．（イ）は，$\dfrac{a}{b}=\dfrac{c}{d}=k$ とおいて $a=bk$, $c=dk$ とする．

これを示すべき式に代入すると左辺と右辺が同じ形になる．

▓解 答▓

（ア） $a:b:c=1:2:4$ より，$a=k$, $b=2k$, $c=4k$ とおける．これを　　　　⇦ $b=2a$, $c=4a$ としてもよい．
$ab+bc+ca=42$ に代入すると，

$$k\cdot2k+2k\cdot4k+4k\cdot k=42$$

$$\therefore\quad 14k^2=42 \qquad\qquad \therefore\quad k^2=3$$

従って，

$$a^2+b^2+c^2=k^2+4k^2+16k^2=21k^2=21\cdot3=\mathbf{63}$$

（イ） $\dfrac{a}{b}=\dfrac{c}{d}=k$ とおくと，$a=bk$, $c=dk$ である．このとき，

$$（左辺）=\frac{b^2}{(bk+b)^2}=\frac{b^2}{\{b(k+1)\}^2}=\frac{b^2}{b^2(k+1)^2}=\frac{1}{(k+1)^2}$$

$$（右辺）=\frac{d^2}{(dk+d)^2}=\frac{d^2}{\{d(k+1)\}^2}=\frac{d^2}{d^2(k+1)^2}=\frac{1}{(k+1)^2}$$

となるから，示すべき式は成り立つ．

▨（イ）では，条件の分母の文字（b, d）は 0 でないとする．

━━━━━ ▶7 **演習題**（解答は p.18） ━━━━━

（ア） $a:b:c=2:3:4$, $ab+c^2=44$ のとき，$bc+a^2$ の値を求めよ．

（イ） $x+y-z=0$, $2x-3y+z=0$, $xyz\neq0$ のとき，

　（1） $x:y:z$ を求めよ．

　（2） $4x^2+y^2=z^2$ であることを証明せよ．

（ウ） $\dfrac{x}{a}=\dfrac{y}{b}=\dfrac{z}{c}$ のとき，

$$(a^2+b^2+c^2)(x^2+y^2+z^2)=(ax+by+cz)^2$$

であることを証明せよ．

（イ） x, y, z の値そのものは決まらない．まず z を消去して x と y の関係式（比 $x:y$）を求めよう．

🕐 15分

1 （イ） まず前 2 つを整理.

（ウ） 2 でくくる.

（エ） 展開した式を書けば解けるが，（2）は少しうまい手がある.

（オ） $\left(x+\dfrac{1}{x}\right)^2$，$\left(x^2+\dfrac{1}{x^2}\right)^3$ を計算してみる.

（カ） （1） 先に展開する.

（2） （1）と比べよう. （1）の a を x，b を $y+z$ にした式である.

解 （ア） $(3x-y)^3$
$$=(3x)^3-3(3x)^2y+3(3x)y^2-y^3$$
$$=\boldsymbol{27x^3-27x^2y+9xy^2-y^3}$$

（イ） $(x-1)(x+1)(x^4+x^2+1)$
$$=(x^2-1)\{(x^2)^2+x^2+1\}$$
$$=(x^2)^3-1^3=\boldsymbol{x^6-1}$$

（ウ） $16x^3-54y^3=2(8x^3-27y^3)$
$$=2\{(2x)^3-(3y)^3\}$$
$$=2(2x-3y)\{(2x)^2+(2x)(3y)+(3y)^2\}$$
$$=\boldsymbol{2(2x-3y)(4x^2+6xy+9y^2)}$$

（エ） $A=(2x+3y)^3$
$$=(2x)^3+3(2x)^2(3y)+3(2x)(3y)^2+(3y)^3$$
$$=8x^3+36x^2y+54xy^2+27y^3$$
$\quad B=(x+ay)^3$
$$=x^3+3x^2(ay)+3x(ay)^2+(ay)^3$$
$$=x^3+3ax^2y+3a^2xy^2+a^3y^3$$

（1） $54=3a$ より $\boldsymbol{a=18}$

（2） A の係数の和は $8+36+54+27=125=5^3$，
B の係数の和は $1+3a+3a^2+a^3=(1+a)^3$ であるから，これらが等しいとき，
$$5^3=(1+a)^3 \qquad \therefore\quad 5=1+a$$
よって，$\boldsymbol{a=4}$

▨ 展開したときの係数の和は，$x=1$，$y=1$ を代入したときの値，つまり，A は $(2+3)^3$，B は $(1+a)^3$ となる. これに気づけば，A，B を展開してすべての項を書く必要はない.

（オ） （1） $\left(x+\dfrac{1}{x}\right)^2=x^2+\dfrac{1}{x^2}+2$ より，
$$x^2+\dfrac{1}{x^2}=\left(x+\dfrac{1}{x}\right)^2-2=3^2-2=\boldsymbol{7}$$

（2） $\left(x^2+\dfrac{1}{x^2}\right)^3$
$$=(x^2)^3+3(x^2)^2\left(\dfrac{1}{x^2}\right)+3x^2\left(\dfrac{1}{x^2}\right)^2+\left(\dfrac{1}{x^2}\right)^3$$
$$=x^6+3x^2+\dfrac{3}{x^2}+\dfrac{1}{x^6}$$
より
$$x^6+\dfrac{1}{x^6}=\left(x^2+\dfrac{1}{x^2}\right)^3-3\left(x^2+\dfrac{1}{x^2}\right)$$
$$=7^3-3\cdot7=343-21=\boldsymbol{322}$$

▨ 一般に，$X^3+Y^3=(X+Y)^3-3XY(X+Y)$ となる.
本問は $X=x^2$，$Y=\dfrac{1}{x^2}$ で $XY=1$ の場合.

（カ） （1） $(a+b)^3-(a-b)^3$
$$=(a^3+3a^2b+3ab^2+b^3)$$
$$\qquad\qquad -(a^3-3a^2b+3ab^2-b^3)$$
$$=6a^2b+2b^3$$
$$=\boldsymbol{2b(3a^2+b^2)}$$

（2） $x=a$，$y+z=b$ とおくと，
$$(x+y+z)^3-(x-y-z)^3$$
$$=(a+b)^3-(a-b)^3$$
$$=2b(3a^2+b^2)$$
$$=2(y+z)\{3x^2+(y+z)^2\}$$
$$=\boldsymbol{2(y+z)(3x^2+y^2+z^2+2yz)}$$

2 （イ） $(2x^2)^p\left(\dfrac{1}{x}\right)^q$ $(p+q=7)$ が x^2 の項になる p，q を求める.

（エ） $x^2\cdot x\cdot 1\cdot 1$ と $x\cdot x\cdot x\cdot 1$ の項が x^3 の項になるが，これくらいのスケールであれば展開して次数の低い項の係数を求めることもできる.

（オ） （3）は，$(x+1)^6(1+x)^6=(x+1)^{12}$ の x^6 の係数に着目する.

解 （ア） $(2x+5y)^5$ を展開したときの x^2y^3 の項は ${}_5C_2(2x)^2(5y)^3$ だから，求める係数は
$$\dfrac{5\cdot4}{2}\times2^2\times5^3=10\cdot4\cdot125=\boldsymbol{5000}$$

（イ） $\left(2x^2+\dfrac{1}{x}\right)^7$ を展開すると $(2x^2)^p\left(\dfrac{1}{x}\right)^q$，$p+q=7$ を満たす次数の項があらわれる. x^2 の項になる p，q は
$$2p-q=2,\ p+q=7\ \text{より}\ p=3,\ q=4$$
であるから，x^2 の項は ${}_7C_3(2x^2)^3\left(\dfrac{1}{x}\right)^4$ であり，その係数は

$$\frac{7\cdot6\cdot5}{3\cdot2}\times2^3\times1^4=7\cdot5\cdot8=\mathbf{280}$$

（ウ） $(2x+3y+4z)^6$ を展開したときの $x^2y^2z^2$ の項は，6 個の $(2x+3y+4z)$ のどの 2 個から $2x$ を選び，残り 4 個のどの 2 個から $3y$ を選ぶかを考えて（最後に残った 2 個は $4z$ を選ぶ），

$$_6\mathrm{C}_2\cdot{}_4\mathrm{C}_2(2x)^2(3y)^2(4z)^2$$

となる．よって，その係数は

$$\frac{6\cdot5}{2}\times\frac{4\cdot3}{2}\times2^2\times3^2\times4^2$$
$$=15\times6\times4\times9\times16=360\times144$$
$$=\mathbf{51840}$$

（エ） x^2, x, 1 を合わせて 4 個かけて x^3 を作るとき，$x^2\cdot x\cdot1\cdot1$, $x\cdot x\cdot x\cdot1$ の 2 通りの作り方がある．4 個の (x^2+x+1) のどのカッコからどれを選ぶか（その選び方）を考えると，x^3 の係数は

$$4\times3+{}_4\mathrm{C}_3=12+4=\mathbf{16}$$

▨ $(1+x+x^2)^2=1+x^2+x^4+2x+2x^3+2x^2$
$$=1+2x+3x^2+2x^3+x^4$$

となるので，$(1+x+x^2)^4=\{(1+x+x^2)^2\}^2$ の x^3 の係数は，[0 次×3 次，1 次×2 次，2 次×1 次，3 次×0 次の和だから]

$$1\times2+2\times3+3\times2+2\times1=16$$

（オ） $(a+b)^n$
$$={}_n\mathrm{C}_0a^n+{}_n\mathrm{C}_1a^{n-1}b+\cdots+{}_n\mathrm{C}_{n-1}ab^{n-1}+{}_n\mathrm{C}_nb^n$$

（1） $(\boldsymbol{x+1})^6$
$$={}_6\mathrm{C}_0x^6+{}_6\mathrm{C}_1x^5+{}_6\mathrm{C}_2x^4+{}_6\mathrm{C}_3x^3$$
$$+{}_6\mathrm{C}_4x^2+{}_6\mathrm{C}_5x+{}_6\mathrm{C}_6$$

（2） $(\boldsymbol{1+x})^6$
$$={}_6\mathrm{C}_0+{}_6\mathrm{C}_1x+{}_6\mathrm{C}_2x^2+{}_6\mathrm{C}_3x^3$$
$$+{}_6\mathrm{C}_4x^4+{}_6\mathrm{C}_5x^5+{}_6\mathrm{C}_6x^6$$

（3） $(x+1)^6(1+x)^6=(x+1)^{12}$ である．この式の各辺の x^6 の係数について，[左辺の x^6 は 6 次×0 次，5 次×1 次，4 次×2 次，…，1 次×5 次，0 次×6 次 の和だから]

$$_6\mathrm{C}_0{}^2+{}_6\mathrm{C}_1{}^2+{}_6\mathrm{C}_2{}^2+{}_6\mathrm{C}_3{}^2+{}_6\mathrm{C}_4{}^2+{}_6\mathrm{C}_5{}^2+{}_6\mathrm{C}_6{}^2$$
$$={}_{12}\mathrm{C}_6$$

となるから，答えは $\boldsymbol{m=6}$.

3　（イ）　例題と同様，割り算の式を書く．

（ウ）（3）　普通に割ってもよいが，（1）と（2）の式をよく見てみよう．

解　（ア）
$$\begin{array}{r}x^2-4x+7\end{array}$$

$x^2+x-3\,)\,\overline{x^4-3x^3\qquad+2x+1}$

$$\underline{x^4+x^3-3x^2}$$
$$-4x^3+3x^2+2x$$
$$\underline{-4x^3-4x^2+12x}$$
$$7x^2-10x+1$$
$$\underline{7x^2+7x-21}$$
$$-17x+22$$

上の計算より，商は $\boldsymbol{x^2-4x+7}$，余りは $\boldsymbol{-17x+22}$

（イ） $x^4+x^3-x^2+6x-6=B(x^2+2x-3)+(-5x+6)$ だから，

$$x^4+x^3-x^2+11x-12=B(x^2+2x-3)$$

$$\begin{array}{r}x^2-x+4\end{array}$$

$x^2+2x-3\,)\,\overline{x^4+x^3-x^2+11x-12}$

$$\underline{x^4+2x^3-3x^2}$$
$$-x^3+2x^2+11x$$
$$\underline{-x^3-2x^2+3x}$$
$$4x^2+8x-12$$
$$\underline{4x^2+8x-12}$$
$$0$$

上の計算より，$\boldsymbol{B=x^2-x+4}$

▨ B の次数（2 次）は余りの次数（1 次）より高いので適する．

（ウ）（1）
$$\begin{array}{r}x+1\end{array}$$

$x^3-x^2-2x-6a\,)\,\overline{x^4\qquad-2x^2-6ax-8}$

$$\underline{x^4-x^3-2x^2-6ax}$$
$$x^3\qquad-8$$
$$\underline{x^3-x^2-2x-6a}$$
$$x^2+2x+6a-8$$

上の計算より，$\boldsymbol{Q=x+1}$，$\boldsymbol{R=x^2+2x+6a-8}$

（2）
$$\begin{array}{r}x-3\end{array}$$

$x^2+2x+(6a-8)\,)\,\overline{x^3-x^2\qquad-2x\qquad-6a}$

$$\underline{x^3+2x^2+(6a-8)x}$$
$$-3x^2+(-6a+6)x-6a$$
$$\underline{-3x^2\qquad-6x-18a+24}$$
$$(-6a+12)x+12a-24$$

上の計算より B を R で割った余りは $(-6a+12)x+12a-24$，つまり $-6(a-2)(x-2)$ であるから，これが 0 のとき，$\boldsymbol{a=2}$

▨ R の定数項は $6a-8$．これをカッコでくくっておくとミスをしにくくなるだろう．

（3）（1）より $A=B(x+1)+R$,
　　（2）より $B=R(x-3)$
となるから，

$$A=R(x-3)(x+1)+R$$
$$=R\{(x-3)(x+1)+1\}=R(x^2-2x-2)$$

よって，A を R で割った商は $\boldsymbol{x^2-2x-2}$，余りは $\boldsymbol{0}$.

4 （ア）そのまま通分すると大変，分母を因数分解しよう．

（イ）これも分母を因数分解する．

（ウ）分母・分子に $x(y+1)$ をかける．

（エ）$\dfrac{2}{1+\dfrac{2}{x}}$ の部分を普通の分数にすることから始める．

解 （ア）$x^2+2x-3=(x-1)(x+3)$,
$x^2+5x+6=(x+2)(x+3)$ より

$$
\begin{aligned}
(与式) &= \frac{3x+1}{(x-1)(x+3)} - \frac{3x+7}{(x+2)(x+3)} \\
&= \frac{(3x+1)(x+2)-(3x+7)(x-1)}{(x-1)(x+2)(x+3)} \\
&= \frac{(3x^2+7x+2)-(3x^2+4x-7)}{(x-1)(x+2)(x+3)} \\
&= \frac{3(x+3)}{(x-1)(x+2)(x+3)} = \boldsymbol{\frac{3}{(x-1)(x+2)}}
\end{aligned}
$$

（イ）$xy+3x+y+3=x(y+3)+y+3=(x+1)(y+3)$,
$xy+2x+y+2=x(y+2)+y+2=(x+1)(y+2)$ より，

$$
\begin{aligned}
(与式) &= \left(\frac{1}{x+1} - \frac{y}{(x+1)(y+2)} \right) \div \frac{1}{(y+2)^2} \\
&= \frac{y+2-y}{(x+1)(y+2)} \times (y+2)^2 \\
&= \boldsymbol{\frac{2(y+2)}{x+1}}
\end{aligned}
$$

（ウ）$(与式) = \dfrac{\left(1-\dfrac{x+y}{x(y+1)}\right) \times x(y+1)}{\left(1-\dfrac{1}{y+1}\right) \times x(y+1)}$

$= \dfrac{x(y+1)-(x+y)}{x(y+1)-x} = \dfrac{xy-y}{xy}$

$= \boldsymbol{\dfrac{x-1}{x}}$

（エ）$\dfrac{2}{1+\dfrac{2}{x}} = \dfrac{2x}{\left(1+\dfrac{2}{x}\right) \times x} = \dfrac{2x}{x+2}$ より

$$
\begin{aligned}
(与式) &= \frac{\left(1-\dfrac{1}{x+2}\right) \times (x+2)}{\left(x-1-\dfrac{2x}{x+2}\right) \times (x+2)} \\
&= \frac{(x+2)-1}{(x-1)(x+2)-2x} = \frac{x+1}{x^2-x-2} \\
&= \frac{x+1}{(x+1)(x-2)} = \boldsymbol{\frac{1}{x-2}}
\end{aligned}
$$

5 （ア）（イ）は右辺を整理して係数を比較するという方法で解いてみる．（ウ）も分母を払って同様にする．

解 （ア）x^2+2x+4
$$= a+b(x+1)+c(x+2)(x+3)$$

右辺は

$a+b(x+1)+c(x^2+5x+6)$
$=cx^2+(b+5c)x+(a+b+6c)$ ……………………①

となるから，$x^2+2x+4=$① が恒等式のとき，

$$1=c,\ 2=b+5c,\ 4=a+b+6c$$

よって，$\boldsymbol{c=1}$，$\boldsymbol{b=-3}$，$\boldsymbol{a=1}$

▨［数値を代入する方法］ 2次式だから異なる3つの x の値で成り立つように a, b, c を定める．（b, c の一方が消えるように）$x=-1$, -2, -3 を代入して

$$3=a+2c,\ 4=a-b,\ 7=a-2b$$

これを解いて $a=1$, $b=-3$, $c=1$

（イ）$x^3+2=ax(x-1)(x-2)+bx(x-1)+cx+d$

右辺は

$a(x^3-3x^2+2x)+b(x^2-x)+cx+d$
$=ax^3+(-3a+b)x^2+(2a-b+c)x+d$ ………②

となるから，$x^3+2=$② が恒等式のとき，

$$1=a,\ 0=-3a+b,\ 0=2a-b+c,\ 2=d$$

よって，$\boldsymbol{a=1}$，$\boldsymbol{b=3}$，$\boldsymbol{c=1}$，$\boldsymbol{d=2}$

▨［数値を代入する方法］ $x=0, 1, 2, -1$ を代入して，

$$2=d,\ 3=c+d,\ 10=2b+2c+d,$$
$$1=-6a+2b-c+d$$

これを解いて，$d=2$, $c=1$, $b=3$, $a=1$

なお，まず3次の係数を比較して $a=1$ を得て，（すると残りは2次式なので）$x=0$, 1, 2 を代入して b, c, d を求める，というように組み合わせて使うこともできる．

（ウ）$\dfrac{x^2+9x+12}{(x-3)(x+1)^2} = \dfrac{a}{x-3} + \dfrac{b}{x+1} + \dfrac{c}{(x+1)^2}$

分母を払うと，

$x^2+9x+12=a(x+1)^2+b(x-3)(x+1)+c(x-3)$

右辺は

$a(x^2+2x+1)+b(x^2-2x-3)+c(x-3)$
$=(a+b)x^2+(2a-2b+c)x+(a-3b-3c)$

となるから，

$$1=a+b,\ 9=2a-2b+c,\ 12=a-3b-3c$$

第2式の3倍と第3式を加えると $39=7a-9b$ となるから，第1式と合わせて $\boldsymbol{a=3}$，$\boldsymbol{b=-2}$

これにより，$c=9-2a+2b=\boldsymbol{-1}$

▨問題の式が恒等式であるとは（定義は）$x \neq -1$, 3 を満たすすべての x に対して成り立つ，である．しかし，分母を払ってしまう（多項式が恒等式）と，x の範囲は

全実数となるので，正確には元の条件（$x \neq -1$, 3）とは違う．ここで，例題の解答のあとのコメントで述べた事実を思い出そう．2つの2次式があって，異なる3つのxの値に対して等しい値をとるならば，その2つの2次式は同じ（恒等式）である．いま，分母を払った2つの2次式が$x \neq -1$, 3であるすべての実数xについて等しい値をとるならば，（当然，異なる3つのxの値を含むので）それらは恒等式となる．このことは，答案に書く必要はない．解答のように，単に「分母を払ったものが恒等式」としてよい．なお，この場合も数値代入による解法が可能で，しかも分母が0になる$x = -1$, 3を代入してよい（理由は前に述べた通り）．実際にやってみると，$x = -1$, 3, 0から

$$4 = -4c, \quad 48 = 16a, \quad 12 = a - 3b - 3c$$

で，解くと$c = -1$, $a = 3$, $b = -2$となる．

6 （ア）左辺を計算する．

（イ）xを消去して左辺を計算する．

（ウ）まず右辺を展開して整理しよう．$a^2 + b^2 + c^2 = 1$はあとで使う．

解 （ア）左辺は

$$(x^2 + 3y^2 - 2\sqrt{3}\,xy) + (3x^2 + y^2 + 2\sqrt{3}\,xy)$$
$$= 4x^2 + 4y^2 = 4(x^2 + y^2)$$

となるから，示すべき式は成り立つ．

（イ）$x + y + z = 0$のとき，$x = -y - z$である．これを問題の等式の左辺に代入すると，

$$(-y-z)^2(y+z) + y^2(-y-z+z)$$
$$\qquad + z^2(-y-z+y) + 3(-y-z)yz$$
$$= (y+z)^3 - y^3 - z^3 - 3(y+z)yz$$
$$= (y^3 + 3y^2z + 3yz^2 + z^3) - y^3 - z^3 - 3y^2z - 3yz^2$$
$$= 0$$

となるから，示すべき式は成り立つ．

（ウ）右辺を展開して整理すると，

$$(a^2x^2 + b^2y^2 + c^2z^2 + 2abxy + 2bcyz + 2acxz)$$
$$\quad + (a^2y^2 + b^2x^2 - 2abxy)$$
$$\quad + (b^2z^2 + c^2y^2 - 2bcyz)$$
$$\quad + (c^2x^2 + a^2z^2 - 2acxz)$$
$$= a^2x^2 + b^2y^2 + c^2z^2 + a^2y^2 + b^2x^2$$
$$\qquad\qquad + b^2z^2 + c^2y^2 + c^2x^2 + a^2z^2$$
$$= (a^2+b^2+c^2)x^2 + (a^2+b^2+c^2)y^2 + (a^2+b^2+c^2)z^2$$

となり，$a^2 + b^2 + c^2 = 1$だからこれは$x^2 + y^2 + z^2$である．よって，示すべき式は成り立つ．

7 （ア）$a = 2k$, $b = 3k$, $c = 4k$とおいて条件式に代入する．

（イ）（1）2式を加えてzを消去すると比$x : y$が求められる．$x : y = \bullet : \blacktriangle$なら$x = \bullet k$, $y = \blacktriangle k$とおいてzをkで表そう．

（ウ）$\dfrac{x}{a} = \dfrac{y}{b} = \dfrac{z}{c} = k$とおいて$x$, y, zをa, b, c, kで表す．

解 （ア）$a : b : c = 2 : 3 : 4$より，$a = 2k$, $b = 3k$, $c = 4k$とおける．これを$ab + c^2 = 44$に代入して，

$$(2k)(3k) + (4k)^2 = 44$$
$$\therefore \ 22k^2 = 44 \qquad \therefore \ k^2 = 2$$

よって，

$$bc + a^2 = (3k)(4k) + (2k)^2$$
$$= 16k^2 = 16 \cdot 2 = \mathbf{32}$$

（イ）$x + y - z = 0 \cdots\cdots$① , $2x - 3y + z = 0 \cdots\cdots$②

（1）①+②より，$3x - 2y = 0$となるから，

$$y = \frac{3}{2}x$$
$$\therefore \ x : y = x : \frac{3}{2}x = 1 : \frac{3}{2} = 2 : 3$$

よって，$x = 2k$, $y = 3k$とおける．これらを①に代入すると［②に代入しても得られる式は同じ］

$$z = x + y = 2k + 3k = 5k$$

従って，求める比は

$$x : y : z = 2k : 3k : 5k = \mathbf{2 : 3 : 5}$$

（2）（1）のように表すと，

$$(左辺) = 4x^2 + y^2 = 4(2k)^2 + (3k)^2 = 16k^2 + 9k^2 = 25k^2$$
$$(右辺) = z^2 = (5k)^2 = 25k^2$$

となるので，示すべき式は成り立つ．

（ウ）$\dfrac{x}{a} = \dfrac{y}{b} = \dfrac{z}{c} = k$とおくと，$x = ak$, $y = bk$, $z = ck$であるから，

$$(左辺) = (a^2+b^2+c^2)\{(ak)^2 + (bk)^2 + (ck)^2\}$$
$$= (a^2+b^2+c^2)(a^2k^2 + b^2k^2 + c^2k^2)$$
$$= k^2(a^2+b^2+c^2)^2$$
$$(右辺) = (a \cdot ak + b \cdot bk + c \cdot ck)^2$$
$$= (a^2k + b^2k + c^2k)^2$$
$$= \{k(a^2+b^2+c^2)\}^2$$
$$= k^2(a^2+b^2+c^2)^2$$

となる．よって，示すべき式は成り立つ．

第１部 複素数と方程式

複素数と方程式
公式など

【複素数】

2乗して -1 となる新しい数を導入する．2乗して -1 になる数（のひとつ）を文字 i で表す．この i を虚数単位という．すなわち，$i^2=-1$ とする．

実数 a，b を用いて $a+bi$ の形で表される数を複素数という．$b=0$ $(a+0i)$ のときは実数 a を表すものとする．$b \neq 0$ のときは実数ではなく，実数でない複素数を虚数という．とくに $a=0$，$b \neq 0$ のとき，$0+bi$ は bi と表し，これを純虚数という．複素数 $\alpha=a+bi$ に対して，a を α の実部，b を α の虚部という．α に対し，虚部の符号をかえた数 $a-bi$ を α と共役な複素数といい，$\overline{\alpha}$ で表す．

複素数 $a+bi$

実数（$b=0$）　虚数（$b \neq 0$）

2つの複素数が等しいのは，実部と虚部がともに等しいときである．

▨ 虚数については，大小関係や正負は考えない．

【複素数の計算】

複素数の和，差，積は，i を文字のように扱って計算すればよい．ただし，i^2 が出てくればそれを -1 に置き換える．商（0で割ることは除く）は，次のようにする．

$\alpha=a+bi$ で割ることは，逆数 $\dfrac{1}{\alpha}$ を掛けることと同じである．この分母・分子に $\overline{\alpha}=a-bi$ を掛けると

$$\frac{1}{a+bi}=\frac{a-bi}{(a+bi)(a-bi)}=\frac{a}{a^2+b^2}-\frac{b}{a^2+b^2}i \cdots ①$$

となる．$a+bi$ で割るときは，①を掛ければよい．

複素数の和，差，積，商の計算結果はいずれも複素数であり，$a+bi$ の形に整理する．

また，複素数 α，β について，次が成り立つ．

$$\alpha\beta=0 \iff \alpha=0 \text{ または } \beta=0$$

▨ ①のように，分数の分母・分子に分母の共役複素数を掛けることで分母を実数に直すことができる．これを分母の実数化という．

【負の数の平方根】

方程式 $x^2=-a$ $(a>0)$ を解くことによって，$-a$ の平方根を求めてみよう．

$i^2=-1$ により，$x^2=ai^2$，つまり $x^2-ai^2=0$

$\therefore$ $(x-\sqrt{a}\,i)(x+\sqrt{a}\,i)=0$

$\therefore$ $x=\sqrt{a}\,i,\ -\sqrt{a}\,i$

一般に，$a>0$ のとき，負の数 $-a$ の平方根は，$\sqrt{a}\,i$ と $-\sqrt{a}\,i$ である．そこで $\sqrt{-a}=\sqrt{a}\,i$ と定める．

$a>0$ のとき，$\sqrt{-a}=\sqrt{a}\,i$，とくに $\sqrt{-1}=i$

$\sqrt{-a}$ $(a>0)$ を含む計算は，まず $\sqrt{-a}$ を $\sqrt{a}\,i$ に置き換えてから行う．

【2次方程式】

（1）解の公式

係数が実数である2次方程式 $ax^2+bx+c=0$ $(a \neq 0)$ は，複素数の範囲で常に解をもち，その解は，

$$x=\frac{-b \pm \sqrt{b^2-4ac}}{2a}$$

とくに，2次方程式 $ax^2+2b'x+c=0$ の解は，

$$x=\frac{-b' \pm \sqrt{b'^2-ac}}{a}$$

（2）判別式

係数が実数である2次方程式 $ax^2+bx+c=0$ $\cdots$② $(a \neq 0)$ について，$D=b^2-4ac$ を②の判別式という．②の解と判別式 D について，次のことが成り立つ．

- $D>0 \iff$ 異なる2つの実数解をもつ
- $D=0 \iff$ （実数の）重解をもつ
- $D<0 \iff$ 異なる2つの虚数解をもつ

▨ $D \geq 0 \iff$ 実数解をもつ

▨ 係数が実数である2次方程式 $ax^2+2b'x+c=0$ $(a \neq 0)$ の場合，$D=4b'^2-4ac$ であるから，D の代わりに $\dfrac{D}{4}=b'^2-ac$ を用いることができる．

（3） 解と係数の関係

　2 次方程式 $ax^2+bx+c=0$ $(a \neq 0)$ の 2 つの解を α, β $(\alpha=\beta$（重解）も含む）とするとき，

$$\alpha+\beta=-\frac{b}{a},\ \alpha\beta=\frac{c}{a}$$

が成り立つ．これを 2 次方程式の解と係数の関係という．

◪　**2 次式の因数分解**

　2 次方程式 $ax^2+bx+c=0$ $(a \neq 0)$ の 2 つの解を α, β $(\alpha=\beta$（重解）も含む）とするとき，

$$ax^2+bx+c=a(x-\alpha)(x-\beta)$$

と因数分解される．

【剰余の定理と因数定理】

　x についての多項式を $P(x)$ などと表し，多項式 $P(x)$ の x に数 k を代入したときの値を $P(k)$ と表す．

（1） **剰余の定理**

　　多項式 $P(x)$ を $x-a$ で割ったときの余りは $P(a)$

（2） **因数定理**

　　多項式 $P(x)$ が $x-a$ を因数にもつ $\iff P(a)=0$

【高次方程式】

　$P(x)$ を n 次の多項式とするとき，方程式 $P(x)=0$ を n 次方程式という．また，3 次以上の方程式を高次方程式という．

◪　2 重解は重なった 2 個の解，3 重解は重なった 3 個の解などと数えることにすると，一般に n 次方程式は，複素数の範囲で，常に n 個の解をもつことが知られている．

◪　**3 次方程式の解と係数の関係**

　3 次方程式 $ax^3+bx^2+cx+d=0$ $(a \neq 0)$ の 3 つの解を α, β, γ とすると，

$$\alpha+\beta+\gamma=-\frac{b}{a},\ \alpha\beta+\beta\gamma+\gamma\alpha=\frac{c}{a},\ \alpha\beta\gamma=-\frac{d}{a}$$

が成り立つ．

◪　**共役な複素数の解**

　係数が実数である n 次方程式が虚数解 $\alpha=a+bi$ を解にもつならば，それと共役な複素数 $\overline{\alpha}=a-bi$ もこの方程式の解であることが知られている（a, b は実数で $b \neq 0$）．

◆ 1 複素数の計算

（ア） $(4x-y)+(2x+3)i=5+7i$ を満たす実数 x, y を求めよ.

（イ） 次の式を計算をして $a+bi$ の形で答えよ.

（1） $(-3+2i)-(5-4i)$ 　　　　（2） $(-3+2i)(5-4i)$

（3） $\sqrt{-2} \times \sqrt{-6}$ 　　　　（4） $\dfrac{3+i}{1-2i}$

複素数の相等 　2乗して -1 になる数 i を虚数単位という（$i^2=-1$）. 実数 a, b に対し, $a+bi$ で表される数を複素数といい, a を実部, b を虚部という. 2つの複素数の実部・虚部がそれぞれ等しいとき, 2つの複素数は等しいという.

　　a, b, c, d が実数のとき, $a+bi=c+di \iff a=c$, $b=d$

負の数の平方根 　$a>0$ のとき, $\sqrt{-a}=\sqrt{a}\,i$ である. 式に $\sqrt{-3}$ がある場合, 直ちにこれを用い $\sqrt{-3}=\sqrt{3}\,i$ としてから計算する. $\sqrt{-3}\sqrt{-2}=\sqrt{3}\,i\sqrt{2}\,i=\sqrt{6}\,i^2=-\sqrt{6}$ となる.

　　誤） $\sqrt{-3}\sqrt{-2}=\sqrt{(-3)(-2)}=\sqrt{6}$

複素数の計算 　複素数の和・差は, 実部どうし・虚部どうしの和・差をとる. 複素数の積は, i の多項式のように計算して i^2 がでてきたところで, -1 におきかえる. 複素数の分数は無理数の分母を有理化するときのような計算手法を用いるとよい. a, b, c, d, k を実数として,

$$(a+bi)+(c+di)=(a+c)+(b+d)i, \quad (a+bi)-(c+di)=(a-c)+(b-d)i$$
$$k(a+bi)=ka+kbi$$
$$(a+bi)(c+di)=ac+adi+bci+bdi^2=(ac-bd)+(ad+bc)i$$
$$\frac{c+di}{a+bi}=\frac{(c+di)(a-bi)}{(a+bi)(a-bi)}=\frac{(ac+bd)+(ad-bc)i}{a^2-(bi)^2}=\frac{ac+bd}{a^2+b^2}+\frac{ad-bc}{a^2+b^2}i$$

となる. この計算結果は丸暗記するようなものではなく, このような手順で計算できればよい.

▓ 解 答 ▓

（ア） 実部どうし, 虚部どうしが等しいので,

　　$4x-y=5$, $2x+3=7$

　これより, $x=2$, $y=3$ 　　　　　　　　　　　　　　⇦上式の後者からまず x が求まる.
　　　　　　　　　　　　　　　　　　　　　　　　　　　　　$y=4x-5=4\cdot2-5=3$

（イ）（1） $(-3+2i)-(5-4i)=(-3-5)+(2+4)i=\mathbf{-8+6}\boldsymbol{i}$

（2） $(-3+2i)(5-4i)=(-3)5+(-3)(-4i)+(2i)5+2i(-4i)$ 　　⇦慣れてくれば
　　$=-15+12i+10i-8i^2=\mathbf{-7+22}\boldsymbol{i}$ 　　　　　　　　　　　$-3\cdot5+2\cdot4+(3\cdot4+2\cdot5)i$
　　　　　　　　　　　　　　　　　　　　　　　　　　　　　　　とできるだろう.

（3） $\sqrt{-2}\times\sqrt{-6}=\sqrt{2}\,i\times\sqrt{6}\,i=\sqrt{2}\sqrt{6}\,i^2=2\sqrt{3}\,i^2=\mathbf{-2\sqrt{3}}$

（4） $\dfrac{3+i}{1-2i}=\dfrac{(3+i)(1+2i)}{(1-2i)(1+2i)}=\dfrac{3+6i+i+2i^2}{1^2-(2i)^2}$

　　$=\dfrac{1+7i}{5}=\mathbf{\dfrac{1}{5}+\dfrac{7}{5}}\boldsymbol{i}$ 　　　　　　　　　　　　　⇦$1^2-(2i)^2=1-4i^2=1+4=5$

▶1 演習題 （解答は p.30）

（ア） $(2+3i)x+(1-i)y=7+8i$ を満たす実数 x, y を求めよ.

（イ） 次の式を計算をして $a+bi$ の形で答えよ.

（1） $\sqrt{3}\,i+1-(2+3i)$ 　　　　（2） $(\sqrt{2}+\sqrt{5}\,i)(\sqrt{6}-\sqrt{15}\,i)$

（3） $\dfrac{\sqrt{27}}{\sqrt{-12}}$ 　　　　（4） $\dfrac{\sqrt{2}+i}{\sqrt{2}-i}$

🕐 5分

◆2 解の公式と解の判別

（ア）　次の2次方程式を解け．
（1）　$x^2+x+2=0$　　　　　　（2）　$2x^2+4x+5=0$

（イ）　実数を係数とする方程式 $x^2+kx+k+3=0$ は，□□のとき異なる2つの実数解を持ち，□□のとき重解を持ち，□□のとき異なる2つの虚数解を持つ．□□にあてはまる k の条件を求めよ．

（解の公式）　係数が実数の2次方程式に関して解の公式がある．

2次方程式 $ax^2+bx+c=0$（$a\neq0$）の解は，$x=\dfrac{-b\pm\sqrt{b^2-4ac}}{2a}$

2次方程式 $ax^2+2b'x+c=0$（$a\neq0$）の解は，$x=\dfrac{-b'\pm\sqrt{b'^2-ac}}{a}$

ルートの中身（b^2-4ac または b'^2-ac）が負のときは，虚数解となる．
$\sqrt{-5}$ のようなときは，直ちに $\sqrt{5}\,i$ としよう．

（2次方程式の判別式）　実数係数の2次方程式は解の公式によって必ず解を求めることができる．2次方程式は，異なる2つの実数解を持つ場合，ただ1つの実数解を持つ場合（重解の場合），異なる2つの虚数解を持つ場合の3パターンがある．

実数係数の2次方程式 $ax^2+bx+c=0$（$a\neq0$）が与えられたとき，解がこれらの3パターンのいずれになるかは，判別式 $D=b^2-4ac$ の正負を調べることにより判別できる．（$b=2b'$ のときは，$D=4(b'^2-ac)$ であるから，D のかわりに $D/4=b'^2-ac$ を使える）

　　$D>0 \iff$ 異なる2つの実数解を持つ．
　　$D=0 \iff$ ただ1つの実数解（重解）を持つ．
　　$D<0 \iff$ 異なる2つの虚数解を持つ．

▤ 解 答 ▤

（ア）（1）　$x^2+x+2=0$ に解の公式を用いて，
$$x=\frac{-1\pm\sqrt{1^2-4\cdot1\cdot2}}{2\cdot1}=\frac{-1\pm\sqrt{-7}}{2}=\frac{-1\pm\sqrt{7}\,i}{2}$$
　　　　　　　　　　　　　　　　　　　　　　　　$\Leftarrow x=\dfrac{-b\pm\sqrt{b^2-4ac}}{2a}$

（2）　$2x^2+4x+5=0$ に解の公式を用いて，
$$x=\frac{-2\pm\sqrt{2^2-2\cdot5}}{2}=\frac{-2\pm\sqrt{-6}}{2}=\frac{-2\pm\sqrt{6}\,i}{2}$$
　　　　　　　　　　　　　　　　　　　　　　　　$\Leftarrow x=\dfrac{-b'\pm\sqrt{b'^2-ac}}{a}$

（イ）　$x^2+kx+k+3=0$ の判別式 D は，
$$D=k^2-4(k+3)=k^2-4k-12=(k-6)(k+2)$$
よって，この2次方程式は，

$D>0$，すなわち　**$k<-2$ または $6<k$** のとき，異なる2つの実数解を持つ．

$D=0$，すなわち　**$k=-2$，6** のとき，重解を持つ．

$D<0$，すなわち　**$-2<k<6$** のとき，異なる2つの虚数解を持つ．

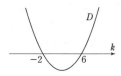

▶2 演習題 （解答は p.30）

（ア）　次の2次方程式を解け．
（1）　$x^2-3x+5=0$　　　　　　（2）　$3x^2-4x+5=0$

（イ）　実数を係数とする方程式 $2x^2+kx+k+1=0$ は，□□のとき異なる2つの実数解を持ち，□□のとき重解を持ち，□□のとき異なる2つの虚数解を持つ．
□□にあてはまる k の条件を求めよ．

🕐 5分

◆ 3 2次方程式の解と係数の関係

（ア） $2x^2-4x+3=0$ の2解を α, β とするとき，次の式の値を求めよ．

（1） $\alpha^2+\beta^2$ 　　　（2） $\alpha^3+\beta^3$ 　　　（3） $\dfrac{\beta}{\alpha}+\dfrac{\alpha}{\beta}$

（イ） 2次方程式 $x^2+(k+4)x+6k=0$ の2つの解の比が $2:3$ になるとき，定数 k の値と2つの解を求めよ．

解と係数の関係 　2次方程式 $ax^2+bx+c=0$ $(a\neq0)$ の2つの解を α, β とするとき，

$$\alpha+\beta=-\frac{b}{a}, \quad \alpha\beta=\frac{c}{a}$$

という関係式が成り立つ．これを2次方程式の解と係数の関係という．

解のおき方 　2つの解の比が $m:n$ のときは，2解を $m\alpha$, $n\alpha$ とおく．
一方の解が他方の解の2乗になるとき，2解を α, α^2 とおく．

▓ 解 答 ▓

（ア） α, β が $2x^2-4x+3=0$ の2解のとき，解と係数の関係より，

$$\alpha+\beta=-\frac{(-4)}{2}=2, \quad \alpha\beta=\frac{3}{2}$$

（1） $\alpha^2+\beta^2=(\alpha+\beta)^2-2\alpha\beta=2^2-2\cdot\dfrac{3}{2}=\mathbf{1}$

（2） $\alpha^3+\beta^3=(\alpha+\beta)(\alpha^2-\alpha\beta+\beta^2)=(\alpha+\beta)\{(\alpha+\beta)^2-3\alpha\beta\}$

$$=2\left(2^2-3\cdot\frac{3}{2}\right)=-\mathbf{1}$$

（3） $\dfrac{\beta}{\alpha}+\dfrac{\alpha}{\beta}=\dfrac{\beta^2+\alpha^2}{\alpha\beta}=\dfrac{1}{\frac{3}{2}}=\dfrac{\mathbf{2}}{\mathbf{3}}$

▓ （2）の別解
$2\alpha^2-4\alpha+3=0$ より，

$$\alpha^2=2\alpha-\frac{3}{2}$$

両辺に α をかけて，

$$\alpha^3=2\alpha^2-\frac{3}{2}\alpha$$

同様にして，$\beta^3=2\beta^2-\dfrac{3}{2}\beta$

これらを辺々足して，

$$\alpha^3+\beta^3=2(\alpha^2+\beta^2)-\frac{3}{2}(\alpha+\beta)$$

$$=2\cdot1-\frac{3}{2}\cdot2=-\mathbf{1}$$

とすることができる．

（イ） 2つの解は 2α, 3α とおける．解と係数の関係より，

$$2\alpha+3\alpha=-(k+4)\cdots\cdots①, \quad 2\alpha\cdot3\alpha=6k\cdots\cdots②$$

②より，$k=\alpha^2\cdots\cdots③$ 　これを①に代入して，

$$5\alpha=-(\alpha^2+4) \quad \therefore \quad \alpha^2+5\alpha+4=0$$

$$\therefore \quad (\alpha+1)(\alpha+4)=0 \quad \therefore \quad \alpha=-1, \ -4$$

$\alpha=-1$ のとき，③より，$\boldsymbol{k=\alpha^2=(-1)^2=1}$

　　2つの解は，$2\alpha=-2$, $3\alpha=-3$

$\alpha=-4$ のとき，③より，$\boldsymbol{k=\alpha^2=(-4)^2=16}$

　　2つの解は，$2\alpha=-8$, $3\alpha=-12$

▶ 3 演習題 （解答は p.30）

（ア） $3x^2-2x+4=0$ の2解を α, β とするとき，次の値を求めよ．

（1） $\alpha^3+\beta^3$ 　　　　　　　（2） $\alpha^4+\beta^4$

（3） $\dfrac{\beta}{\alpha+1}+\dfrac{\alpha}{\beta+1}$

（イ） 2次方程式 $x^2-2kx+k+5=0$ の2つの実数解において，一方の解が他方の解の2乗になるとき実数の定数 k の値を求めよ．

（ア）（2） $\alpha^2+\beta^2$ を求めておく．
（イ） 2解を α, α^2 とおいて k を消去すると α の3次方程式が現れる．

🕐 10分

◆ 4 2解から2次方程式を作る

（ア） 次の2数を解とする2次方程式を1つ作れ. 答えは, $ax^2+bx+c=0$ (a, b, c は整数）の形で表せ.

（1） -6, 2　　　　　（2） $-\dfrac{5}{3}$, $\dfrac{3}{2}$　　　　　（3） $2-\sqrt{5}$, $2+\sqrt{5}$

（イ） $x^2+2x+3=0$ の2つの解を α, β とするとき, 次の2数を解として持つ2次方程式を1つ作れ. 答えは, $ax^2+bx+c=0$ (a, b, c は整数）の形で表せ.

（1） α^2, β^2　　　　　（2） $\alpha-1$, $\beta-1$　　　　　（3） $\dfrac{\beta}{\alpha}$, $\dfrac{\alpha}{\beta}$

> **2解 α, β を持つ方程式**　α, β を2解として持つ2次方程式（の1つ）は,
> $(x-\alpha)(x-\beta)=0$. 展開して, $x^2-(\alpha+\beta)x+\alpha\beta=0$ ［$x^2-(2解の和)x+(2解の積)=0$］
> となる. 係数に, 整数以外に分数（整数/整数）があるときは, 分母（整数のときは分母を1と見なす）
> の最小公倍数を掛けると, 係数をすべて整数に直すことができる.

▤ 解 答 ▤

（ア）（1） $\{x-(-6)\}(x-2)=(x+6)(x-2)=x^2+4x-12$

より, 答えは, $\boldsymbol{x^2+4x-12=0}$

（2） $\left\{x-\left(-\dfrac{5}{3}\right)\right\}\left(x-\dfrac{3}{2}\right)=\left(x+\dfrac{5}{3}\right)\left(x-\dfrac{3}{2}\right)=x^2+\dfrac{1}{6}x-\dfrac{5}{2}$　　　　⇦ $\dfrac{5}{3}-\dfrac{3}{2}=\dfrac{10-9}{6}=\dfrac{1}{6}$

　　　これより, 求める方程式は, $x^2+\dfrac{1}{6}x-\dfrac{5}{2}=0$. 6倍して, $\boldsymbol{6x^2+x-15=0}$

（3） $\{x-(2-\sqrt{5})\}\{x-(2+\sqrt{5})\}=\{(x-2)+\sqrt{5}\}\{(x-2)-\sqrt{5}\}$

　　　$=(x-2)^2-(\sqrt{5})^2=x^2-4x+4-5=x^2-4x-1$

より, 答えは, $\boldsymbol{x^2-4x-1=0}$

（イ） α, β が $x^2+2x+3=0$ の2解のとき, $\alpha+\beta=-2$, $\alpha\beta=3$　　　⇦解と係数の関係. ちなみに2解
　　　　　　　　　　　　　　　　　　　　　　　　　　　　　　　　　　　は $-1\pm\sqrt{2}\,i$

（1） $\alpha^2+\beta^2=(\alpha+\beta)^2-2\alpha\beta=(-2)^2-2\cdot3=-2$

　　　$\alpha^2\beta^2=(\alpha\beta)^2=3^2=9$

　　　これより, 求める方程式は, $x^2-(-2)x+9=0$　∴　$\boldsymbol{x^2+2x+9=0}$　　　⇦$x^2-(2解の和)x+(2解の積)$
　　　　　　　　　　　　　　　　　　　　　　　　　　　　　　　　　　　$=0$
　　　　　　　　　　　　　　　　　　　　　　　　　　　　　　　　　　　が求める方程式.

（2） $(\alpha-1)+(\beta-1)=(\alpha+\beta)-2=-2-2=-4$

　　　$(\alpha-1)(\beta-1)=\alpha\beta-(\alpha+\beta)+1=3-(-2)+1=6$

　　　これより, 求める方程式は, $\boldsymbol{x^2+4x+6=0}$

（3） $\dfrac{\beta}{\alpha}+\dfrac{\alpha}{\beta}=\dfrac{\beta^2+\alpha^2}{\alpha\beta}=\dfrac{-2}{3}$,　$\dfrac{\beta}{\alpha}\cdot\dfrac{\alpha}{\beta}=1$　　　⇦（1）より, $\alpha^2+\beta^2=-2$

　　　これより, 求める方程式は, $x^2+\dfrac{2}{3}x+1=0$. 3倍して, $\boldsymbol{3x^2+2x+3=0}$

▰4 演習題 （解答は p.31）

（ア） 次の2数を解とする2次方程式を1つ作れ. 答えは, $ax^2+bx+c=0$ (a, b, c は整数）の形で表せ.

　　（1） $-\dfrac{3}{5}$, $\dfrac{5}{2}$　　　　　　　（2） $3-\sqrt{2}\,i$, $3+\sqrt{2}\,i$

（イ） $2x^2-3x+4=0$ の2つの解を α, β とするとき, 次の2数を解として持つ2次方程式を1つ作れ. 答えは, $ax^2+bx+c=0$ (a, b, c は整数）の形で表せ.

　　（1） $2\alpha+1$, $2\beta+1$　　　　　（2） $\alpha^2+\beta$, $\beta^2+\alpha$　　　　　🕐 12分

◆5 2次方程式の実数解の符号

2次方程式 $x^2+2(m-1)x+m+1=0$ が異なる2つの実数解を持ち，その2つがともに正であるような，定数 m の値の範囲を求めよ．

2数の正負 2つの実数 α, β について，次が成り立つ．

$\alpha>0$ かつ $\beta>0 \iff \alpha+\beta>0$ かつ $\alpha\beta>0$

$\alpha<0$ かつ $\beta<0 \iff \alpha+\beta<0$ かつ $\alpha\beta>0$

α と β が異符号 $\iff \alpha\beta<0$

解の正負の判別 実数係数の2次方程式 $ax^2+bx+c=0$ $(a\neq0)$ の2つの解 α, β の正負に関して次が成り立つ．D を判別式として，

α, β は異なる2つの正の解 $\iff D>0$ で，$\alpha+\beta>0$ かつ $\alpha\beta>0$

α, β は異なる2つの負の解 $\iff D>0$ で，$\alpha+\beta<0$ かつ $\alpha\beta>0$

α, β は異符号の解 $\iff \alpha\beta<0$ （なお，下の▨参照）

▤ 解 答 ▤

2次方程式 $x^2+2(m-1)x+m+1=0$ の解を α, β，判別式を D とする．
異なる2つの実数解を持つ条件は，

$$\frac{D}{4}=(m-1)^2-(m+1)=m^2-3m>0 \qquad \therefore \quad m(m-3)>0$$

$$\therefore \quad m<0 \text{ または } 3<m \cdots\cdots\cdots\cdots\cdots\cdots\cdots\cdots\cdots① $$

解と係数の関係より，

$$\alpha+\beta=-2(m-1), \quad \alpha\beta=m+1 \cdots\cdots\cdots\cdots\cdots② $$

①のもとで，α, β がともに正である条件は，

$$\alpha+\beta>0 \text{ かつ } \alpha\beta>0 \cdots\cdots\cdots\cdots\cdots\cdots\cdots\cdots③ $$

②，③より

$$-2(m-1)>0 \text{ かつ } m+1>0$$

これを解いて，$m<1$ かつ $m>-1$，すなわち $-1<m<1 \cdots\cdots\cdots④ $

①，④の共通範囲は，$\boldsymbol{-1<m<0}$

▨ 前文の「解の正負の判別」で，「α, β が異符号の解」となることの条件には，判別式 D は現れず，「$\alpha\beta<0$」だけでよい．これは「$\alpha\beta<0$」から「$D>0$」を導くことができるからである．実際に導いてみよう．解と係数の関係より，
$\dfrac{c}{a}=\alpha\beta<0$ であり，a と c は異符号になる．$ac<0$ であり，$D=b^2-4ac>0$

▨ 前文の2数の正負の不等式で，0を他の数にして，

$$\alpha>1 \text{ かつ } \beta>2 \iff \alpha+\beta>3 \text{ かつ } \alpha\beta>2$$

とするのは間違いである．$\Longrightarrow$ は成り立つが，$\Longleftarrow$ は成り立たない（反例 $\alpha=6$，$\beta=0.5$ のとき，$\alpha+\beta=6.5>3$，$\alpha\beta=3>2$）正しくは，右の傍注で．

$\Leftarrow \alpha>1$ かつ $\beta>2$
$\iff \alpha-1>0$ かつ $\beta-2>0$
$\iff (\alpha-1)+(\beta-2)>0$
$\quad$ かつ $(\alpha-1)(\beta-2)>0$

▨ 2つの実数 α, β について，「$\alpha\beta>0 \iff \alpha$ と β は同符号（ともに正またはともに負）」が成り立つ．「ともに正」か「ともに負」になるかを判定するために $\alpha+\beta$ の符号を調べる，と覚えておくとよい．

━━━ ▶5 **演習題**（解答は p.31）━━━

2次方程式 $x^2+(k+1)x+k+4=0$ の2つの解がともに負であるような定数 k の値の範囲を求めよ．

🕐 6分

◆6 剰余の定理

（ア） x^3-2x^2+kx-1 を $x-3$ で割ると余りが2となるような定数 k の値を定めよ.

（イ） 多項式 $P(x)$ を $x-2$ で割ると余りは1, $x+1$ で割ると余りは -8 である. このとき $P(x)$ を $(x-2)(x+1)$ で割った余りを求めよ.

剰余の定理 α を定数とする. 多項式 $P(x)$ を $x-\alpha$ で割った余りは, $P(x)$ の x に定数 α を代入して計算した $P(\alpha)$ になる.

余りの決定 $P(x)$ を $x-2$ で割った余りと, $P(x)$ を $x+1$ で割った余りから, $P(x)$ を $(x-2)(x+1)$ で割った余りを求めるときは, $P(x)$ を $(x-2)(x+1)$ で割った商を $Q(x)$, 余り［2次式で割るので余りは1次以下の式］を $ax+b$ として, $P(x)=(x-2)(x+1)Q(x)+ax+b$ という式を立てる. ここに剰余の定理を適用することで, a, b についての条件を求め, 連立1次方程式を解く. なお, この手の問題では $Q(x)$ はわからないままでよい.

▓ 解 答 ▓

（ア） $P(x)=x^3-2x^2+kx-1$ とおく.

$P(x)$ を $x-3$ で割った余りは, 剰余の定理より, $P(3)$ である.

⇦ $P(x)$ に $x=3$ を代入した $P(3)$ が余り.

ここで, $P(3)=3^3-2\cdot3^2+3k-1=3k+8$

$P(x)$ を $x-3$ で割った余りが2なので, $P(3)=2$ である. よって,

$$3k+8=2 \quad \therefore \quad 3k=-6 \quad \therefore \quad \boldsymbol{k=-2}$$

（イ） $P(x)$ を $(x-2)(x+1)$ で割ったときの商を $Q(x)$, 余りを $ax+b$ とすると,

$$P(x)=(x-2)(x+1)Q(x)+ax+b \cdots\cdots\cdots\cdots①$$

⇦ 余りは割る式の次数（2次）より低い次数なので1次以下の式.

$P(x)$ を $x-2$ で割った余りは, 剰余の定理より, $P(2)$ である.

①に $x=2$ を代入して, $P(2)=2a+b$

これが1なので, $2a+b=1 \cdots\cdots\cdots\cdots\cdots\cdots②$

$P(x)$ を $x+1$ で割った余りは, 剰余の定理より, $P(-1)$ である.

①に $x=-1$ を代入して, $P(-1)=-a+b$

これが -8 なので, $-a+b=-8 \cdots\cdots\cdots\cdots③$

②$-$③より, $3a=9 \quad \therefore \quad a=3$

③より, $b=a-8=3-8=-5$

よって, 求める余りは, $\boldsymbol{3x-5}$

▓ **剰余の定理の証明** 多項式 $P(x)$ を1次式 $x-\alpha$ で割ったときの商を $Q(x)$, 余り［余りは1次式で割るから定数］を R とすると,

$$P(x)=(x-\alpha)Q(x)+R$$

これは x の恒等式なので $x=\alpha$ を代入して, $P(\alpha)=R$

▓ 多項式 $P(x)$ を1次式 $ax+b$ で割った余りは, $P\left(-\dfrac{b}{a}\right)$ になる.

⇦ $P(x)=a\left(x+\dfrac{b}{a}\right)Q(x)+R$

に $x=-\dfrac{b}{a}$ を代入すると分かる.

▶6 演習題 （解答は p.31）

（ア） $2x^3+ax^2+bx-3$ を $x+1$ で割ると余りが2, $x-2$ で割ると余りが11となるような a, b を求めよ.

（イ） 多項式 $P(x)$ を $x-3$ で割ると余りが5, $2x+1$ で割ると余りが -2 である. このとき $P(x)$ を $(x-3)(2x+1)$ で割った余りを求めよ.

🕐8分

◆7 因数定理と高次方程式

(ア) 次の式を有理数係数の範囲で因数分解せよ．

(1) x^3-2x^2-5x+6　　(2) $2x^3-x^2-3x-6$

(イ) 次の方程式を解け．

(1) $x^3+5x^2+6x+2=0$　　(2) $x^3+x+10=0$

因数定理 多項式 $P(x)$ を $x-\alpha$ で割った余りは $P(\alpha)$ になる．これを剰余の定理という．これより多項式 $P(x)$ が $x-\alpha$ で割り切れるのは，$P(\alpha)=0$ のときである．これを因数定理という．3次以上の多項式 $P(x)$ を因数分解をするときは，$P(\alpha)=0$ となる α を見つけ因数定理を用いるとよい．

因数の見つけ方 多項式 $P(x)$ に対して，$P(\alpha)=0$ となる α を見つけるには，定数項の約数（負の数も含む）を $P(x)$ の x に代入して計算するとよい．それでも見つからないときは，$\pm\dfrac{(\text{定数項の約数})}{(\text{最高次の係数の約数})}$ の形をした数を $P(x)$ の x に代入して探そう．α が見つかったら $x-\alpha$ で実際に割る．その商が3次以上の場合はこれをくり返す．

組立除法 組立除法については，☞p.7

解 答

(ア) (1) $f(x)=x^3-2x^2-5x+6$ とおく．

$f(1)=1^3-2\cdot1^2-5\cdot1+6=0$ なので，$f(x)$ は $x-1$ で割り切れる．

実際に割って，$f(x)=(x-1)(x^2-x-6)=\boldsymbol{(x-1)(x+2)(x-3)}$

⇦
1	1	−2	−5	6
		1	−1	−6
	1	−1	−6	0

他の問題も同様に組立除法で計算する．

(2) $f(x)=2x^3-x^2-3x-6$ とおく．

$f(2)=2\cdot2^3-2^2-3\cdot2-6=0$ なので，$f(x)$ は $x-2$ で割り切れる．

実際に割って，$f(x)=\boldsymbol{(x-2)(2x^2+3x+3)}$

➡注 右の▨と同様に考えると，$2x^2+3x+3$ は複素数係数の範囲で因数分解できるが，実数係数や有理数係数の範囲ではできない．

⇦$2x^2+3x+3=0$ の解は虚数解．

(イ) (1) $f(x)=x^3+5x^2+6x+2$ とおく．

$f(-1)=(-1)^3+5(-1)^2+6(-1)+2=0$ なので，$f(x)$ は $x+1$ で割り切れる．実際に割って，$f(x)=(x+1)(x^2+4x+2)$

$f(x)=0$ のとき，$x+1=0$ または $x^2+4x+2=0$

ここで，$x^2+4x+2=0$ の解は，$x=-2\pm\sqrt{2^2-1\cdot2}=-2\pm\sqrt{2}$

$f(x)=0$ の解は，$\boldsymbol{x=-1,\ -2\pm\sqrt{2}}$

▨ $x^2+px+q=0$ の2解が α，β のとき，この左辺は
$x^2+px+q=(x-\alpha)(x-\beta)$
と因数分解できる．
したがって，x^2+4x+2 ……①
は実数係数の範囲なら，
①$=(x+2+\sqrt{2})(x+2-\sqrt{2})$
と因数分解できる．

(2) $f(x)=x^3+x+10$ とおく．

$f(-2)=(-2)^3+(-2)+10=0$ なので，$f(x)$ は $x+2$ で割り切れる．

実際に割って，$f(x)=(x+2)(x^2-2x+5)$

$f(x)=0$ のとき，$x+2=0$ または $x^2-2x+5=0$

ここで，$x^2-2x+5=0$ の解は，$x=1\pm\sqrt{(-1)^2-1\cdot5}=1\pm2i$

$f(x)=0$ の解は，$\boldsymbol{x=-2,\ 1\pm2i}$

▨ x^2-2x+5 ……② は，複素数係数の範囲なら，
②$=(x-1-2i)(x-1+2i)$
と因数分解できる．

▶7 演習題 (解答は p.32)

(ア) 次の式を因数分解せよ．

(1) $x^3-3x^2-10x+24$　　(2) $12x^3+8x^2-3x-2$

(イ) 次の方程式を解け．

(1) $x^3-4x-3=0$　　(2) $4x^3+5x+3=0$

🕒12分

◆8 3次方程式の解の条件から係数を求める

（ア）　3次方程式 $x^3-5x^2+ax+b=0$ が -1，4 を解に持つ．このとき，定数 a，b の値を求めよ．

（イ）　3次方程式 $x^3+4x^2+ax+b=0$ が $-1+2i$ を解に持つ．このとき，実数の定数 a，b の値を求めよ．

方程式の解　α が方程式 $f(x)=0$ の解であるとき，$f(x)$ の x に α を代入すると値は 0 になる．α が解という条件は，$f(\alpha)=0$ として処理すればよい．

3次方程式の解と係数の関係　3次方程式 $ax^3+bx^2+cx+d=0$ $(a\neq0)$ の解が α，β，γ であるとき，

$$\alpha+\beta+\gamma=-\frac{b}{a}, \quad \alpha\beta+\beta\gamma+\gamma\alpha=\frac{c}{a}, \quad \alpha\beta\gamma=-\frac{d}{a}$$

が成り立つ．これを3次方程式の解と係数の関係という．

▨ 3次方程式の解と係数の関係は，$ax^3+bx^2+cx+d=a(x-\alpha)(x-\beta)(x-\gamma)$ [恒等式] の右辺を展開して両辺の係数を比較することで求めることができる．

▦ 解 答 ▦

（ア）　$f(x)=x^3-5x^2+ax+b$ とおく．-1，4 が解であることから，

$f(-1)=0$：　$(-1)^3-5(-1)^2+a(-1)+b=0$　∴　$-a+b=6$ ……①

$f(4)=0$：　$4^3-5\cdot4^2+a\cdot4+b=0$　∴　$4a+b=16$ ………………②

これを解いて，**$a=2$，$b=8$**

⇦「：」は「つまり」の意味で使っている．

⇦②−①より，$5a=10$ であり，$a=2$
①より $b=a+6=8$

別解　-1，4 以外の解を γ とおくと，解と係数の関係により，

$$(-1)+4+\gamma=5 \quad ∴ \quad \gamma=2$$

3次方程式の3解は，-1，2，4 である．解と係数の関係により，

$-1\cdot2+2\cdot4+4\cdot(-1)=a$，$-1\cdot2\cdot4=-b$．これより，**$a=2$，$b=8$**

（イ）　$f(x)=x^3+4x^2+ax+b$ とおく．$-1+2i$ が解であることから，

$f(-1+2i)=0$：　$(-1+2i)^3+4(-1+2i)^2+a(-1+2i)+b=0$

∴　$(11-2i)+(-12-16i)+a(-1+2i)+b=0$

整理して，$-a+b-1+(2a-18)i=0$

a，b が実数なので，$-a+b-1$，$2a-18$ も実数である．

実部，虚部は 0 になり，$-a+b-1=0$，$2a-18=0$

これを解いて，**$a=9$，$b=10$**

⇦$(-1+2i)^2=1-4i-4=-3-4i$
$(-1+2i)^3=(-1+2i)^2(-1+2i)$
⇦$=(-3-4i)(-1+2i)$
$=3-6i+4i+8=11-2i$

⇦$2a=18$ より，$a=9$
$b=a+1=10$

▨ 係数が実数である n 次方程式が虚数解 $a+bi$ を持つならば，これと共役な複素数 $a-bi$ もこの方程式の解である．次の（イ）の別解ではこれを用いる．

別解　係数が実数なので，$-1+2i$ を解に持つとき，$-1-2i$ も解である．

$-1\pm2i$ 以外の解を γ とおくと，解と係数の関係により，

$$(-1+2i)+(-1-2i)+\gamma=-4 \quad ∴ \quad \gamma=-2$$

3次方程式の3解は $-1+2i$，$-1-2i$，-2 である．解と係数の関係により，

$(-1+2i)(-1-2i)+(-1-2i)\cdot(-2)+(-2)\cdot(-1+2i)=a$

$(-1+2i)(-1-2i)(-2)=-b$．これより，**$a=5+4=9$，$b=5\times2=10$**

▶8 演習題 （解答は p.32）

（ア）　3次方程式 $x^3+ax^2-13x+b=0$ が 1，-3 を解に持つ．このとき，定数 a，b の値を求めよ．

（イ）　3次方程式 $x^3+ax^2-7x+b=0$ が $2-i$ を解に持つ．このとき，実数の定数 a，b の値を求めよ．

🕐 6分

複素数と方程式
演習題の解答

$D=0$　すなわち $k=4\pm2\sqrt{6}$ のとき，重解を持つ.

$D<0$　すなわち，$4-2\sqrt{6}<k<4+2\sqrt{6}$ のとき，異なる 2 つの虚数解を持つ.

■ $k^2-8k-8=0$ の解が $k=4\pm2\sqrt{6}$ であることから，
$$D=\{k-(4-2\sqrt{6})\}\{k-(4+2\sqrt{6})\}$$
と因数分解できる. この式を使って，例題の解答のような答案を作ってもよい.

1　(ア)　左辺を実部と虚部に整理.

(イ)(3)　分母の $\sqrt{\ }$ の中の負の数をすぐに計算する.

解　(ア)　$(2+3i)x+(1-i)y=7+8i$
$$\therefore\quad 2x+y+(3x-y)i=7+8i$$
実部どうし，虚部どうしが等しく，
$$2x+y=7\ \cdots\cdots① ,\quad 3x-y=8\cdots\cdots②$$
①+② より，$5x=15$　$\therefore$　$x=3$

①より，$y=7-2x=7-6=1$

(イ)　(1)　$\sqrt{3}\,i+1-(2+3i)=-1+(\sqrt{3}-3)i$

(2)　$(\sqrt{2}+\sqrt{5}\,i)(\sqrt{6}-\sqrt{15}\,i)$
$$=\sqrt{2}\sqrt{6}-\sqrt{2}\sqrt{15}\,i+(\sqrt{5}\,i)\sqrt{6}-(\sqrt{5}\,i)(\sqrt{15}\,i)$$
$$=2\sqrt{3}-\sqrt{30}\,i+\sqrt{30}\,i-5\sqrt{3}\,i^2$$
$$=2\sqrt{3}+5\sqrt{3}=7\sqrt{3}$$

(3)　$\dfrac{\sqrt{27}}{\sqrt{-12}}=\dfrac{3\sqrt{3}}{2\sqrt{3}\,i}=\dfrac{3}{2i}=\dfrac{3i}{2i^2}=-\dfrac{3}{2}i$

(4)　$\dfrac{\sqrt{2}+i}{\sqrt{2}-i}=\dfrac{(\sqrt{2}+i)^2}{(\sqrt{2}-i)(\sqrt{2}+i)}=\dfrac{2+2\sqrt{2}\,i+i^2}{(\sqrt{2})^2-i^2}$
$$=\dfrac{1+2\sqrt{2}\,i}{3}=\dfrac{1}{3}+\dfrac{2\sqrt{2}}{3}i$$

2　(ア)　解の公式を使う.

(イ)　判別式の符号を調べる.

解　(ア)　(1)　$x=\dfrac{3\pm\sqrt{(-3)^2-4\cdot5}}{2}=\dfrac{3\pm\sqrt{11}\,i}{2}$

(2)　$x=\dfrac{2\pm\sqrt{(-2)^2-3\cdot5}}{3}=\dfrac{2\pm\sqrt{11}\,i}{3}$

(イ)　$2x^2+kx+k+1=0$ の判別式 D は，
$$D=k^2-4\cdot2(k+1)=k^2-8k-8$$
$k^2-8k-8=0$ の解は，解の公式より，
$$k=4\pm\sqrt{(-4)^2+8}$$
$$=4\pm2\sqrt{6}$$
であり，$D=k^2-8k-8$ のグラフは右のようになることに注意すると，

$D>0$　すなわち，$k<4-2\sqrt{6}$ または $4+2\sqrt{6}<k$ のとき，異なる 2 つの実数解を持つ.

3　(ア)(2)　$(\alpha^2+\beta^2)^2$ に着目.

(イ)　解を α，α^2 とおき，解と係数の関係を用いる. そこから k を消去すると α の 3 次方程式が得られる. ここからは ◆7 (☞ p.28) のようにして解く.

解　(ア)　解と係数の関係より，
$$\alpha+\beta=-\dfrac{(-2)}{3}=\dfrac{2}{3},\quad \alpha\beta=\dfrac{4}{3}$$

(1)　$\alpha^3+\beta^3=(\alpha+\beta)(\alpha^2-\alpha\beta+\beta^2)$
$$=(\alpha+\beta)\{(\alpha+\beta)^2-3\alpha\beta\}$$
$$=\dfrac{2}{3}\left\{\left(\dfrac{2}{3}\right)^2-3\cdot\dfrac{4}{3}\right\}=\dfrac{2}{3}\left(\dfrac{4}{9}-4\right)$$
$$=\dfrac{2}{3}\left(-\dfrac{32}{9}\right)=-\dfrac{64}{27}$$

(2)　$\alpha^2+\beta^2=(\alpha+\beta)^2-2\alpha\beta$
$$=\left(\dfrac{2}{3}\right)^2-2\cdot\dfrac{4}{3}=\dfrac{4}{9}-\dfrac{8}{3}=-\dfrac{20}{9}$$
$$\alpha^4+\beta^4=(\alpha^2+\beta^2)^2-2(\alpha\beta)^2$$
$$=\left(-\dfrac{20}{9}\right)^2-2\left(\dfrac{4}{3}\right)^2=\dfrac{400}{81}-\dfrac{32}{9}=\dfrac{112}{81}$$

⇨注　$\alpha^4+\beta^4=(\alpha^3+\beta^3)(\alpha+\beta)-\alpha\beta(\alpha^2+\beta^2)$ に着目してもよい.

(3)　$\dfrac{\beta}{\alpha+1}+\dfrac{\alpha}{\beta+1}=\dfrac{\beta(\beta+1)+\alpha(\alpha+1)}{(\alpha+1)(\beta+1)}$
$$=\dfrac{\alpha^2+\beta^2+\alpha+\beta}{\alpha\beta+\alpha+\beta+1}\ \cdots\cdots\cdots\cdots①$$

ここで，

$$(分子)=\alpha^2+\beta^2+\alpha+\beta=-\dfrac{20}{9}+\dfrac{2}{3}=-\dfrac{14}{9}$$

$$(分母)=\alpha\beta+\alpha+\beta+1=\dfrac{4}{3}+\dfrac{2}{3}+1=3$$

よって，$①=-\dfrac{14}{9}\div3=-\dfrac{14}{27}$

(イ)　2 解を α，α^2 とおくと，解と係数の関係より，
$$\alpha+\alpha^2=2k\ \cdots\cdots\cdots①,\quad \alpha\cdot\alpha^2=k+5\ \cdots\cdots\cdots②$$
②より，$k=\alpha^3-5\ \cdots\cdots\cdots\cdots\cdots③$
①に代入して，$\alpha+\alpha^2=2(\alpha^3-5)$
$$\therefore\quad 2\alpha^3-\alpha^2-\alpha-10=0\ \cdots\cdots\cdots\cdots\cdots④$$

$\alpha=2$ を代入すると，左辺$=0$ となり，$\alpha=2$ が 1 つの解と分かる．そこで，④の左辺の多項式を $\alpha-2$ で割る．組立除法を用いて，実際に割って，

$$\begin{array}{r|rrrr}
2 & 2 & -1 & -1 & -10 \\
  &   & 4 & 6 & 10 \\
\hline
  & 2 & 3 & 5 & \lfloor\,0 \\
\end{array}$$

よって④は，

$$(\alpha-2)(2\alpha^2+3\alpha+5)=0$$
$$\therefore\ \alpha-2=0\ \text{または}\ 2\alpha^2+3\alpha+5=0$$

ここで，$2\alpha^2+3\alpha+5=0$ の判別式を D とすると，$D=3^2-4\cdot2\cdot5=-31<0$ であるから，$2\alpha^2+3\alpha+5=0$ は実数解を持たない．

よって，④を満たす実数は $\alpha=2$ のみ．

③に代入して，$k=2^3-5=\boldsymbol{3}$

4 （イ）まず，解と係数の関係を用いて $\alpha+\beta$，$\alpha\beta$ を求める．これを用いて，2解の和，2解の積を求め，$x^2-(2\text{解の和})x+(2\text{解の積})=0$ とすれば，答えの方程式を求めることができる．

解 （ア）（1）$\left(x+\dfrac{3}{5}\right)\left(x-\dfrac{5}{2}\right)$

$$=x^2+\left(\dfrac{3}{5}-\dfrac{5}{2}\right)x-\dfrac{3}{5}\cdot\dfrac{5}{2}=x^2-\dfrac{19}{10}x-\dfrac{3}{2}$$

これに分母の 10 と 2 の最小公倍数 10 を掛けた式を左辺として，求める方程式は，

$$10\left(x^2-\dfrac{19}{10}x-\dfrac{3}{2}\right)=0\quad\therefore\ \boldsymbol{10x^2-19x-15=0}$$

（2）$\{x-(3-\sqrt{2}\,i)\}\{x-(3+\sqrt{2}\,i)\}$

$$=\{(x-3)+\sqrt{2}\,i\}\{(x-3)-\sqrt{2}\,i\}=(x-3)^2-(\sqrt{2}\,i)^2$$
$$=x^2-6x+9+2=x^2-6x+11$$

求める方程式は，$\boldsymbol{x^2-6x+11=0}$

（イ）解と係数の関係より，

$$\alpha+\beta=\dfrac{3}{2},\ \alpha\beta=\dfrac{4}{2}=2$$

（1）$(2\alpha+1)+(2\beta+1)=2(\alpha+\beta)+2=2\cdot\dfrac{3}{2}+2=5$

$(2\alpha+1)(2\beta+1)=4\alpha\beta+2(\alpha+\beta)+1$
$$=4\cdot2+2\cdot\dfrac{3}{2}+1=12$$

求める方程式は，$\boldsymbol{x^2-5x+12=0}$

（2）$(\alpha^2+\beta)+(\beta^2+\alpha)=(\alpha^2+\beta^2)+(\alpha+\beta)$

$$=(\alpha+\beta)^2-2\alpha\beta+(\alpha+\beta)$$
$$=\left(\dfrac{3}{2}\right)^2-2\cdot2+\dfrac{3}{2}=\dfrac{9}{4}-4+\dfrac{3}{2}=-\dfrac{1}{4}$$

$(\alpha^2+\beta)(\beta^2+\alpha)=\alpha^2\beta^2+\alpha^3+\beta^3+\alpha\beta$

$$=(\alpha\beta)^2+(\alpha+\beta)(\alpha^2-\alpha\beta+\beta^2)+\alpha\beta$$
$$=(\alpha\beta)^2+(\alpha+\beta)\{(\alpha+\beta)^2-3\alpha\beta\}+\alpha\beta$$
$$=2^2+\dfrac{3}{2}\left\{\left(\dfrac{3}{2}\right)^2-3\cdot2\right\}+2=4-\dfrac{3}{2}\cdot\dfrac{15}{4}+2=\dfrac{3}{8}$$

求める方程式は，$x^2+\dfrac{1}{4}x+\dfrac{3}{8}=0$

8 倍して，$\boldsymbol{8x^2+2x+3=0}$

5 判別式 D，$\alpha+\beta$，$\alpha\beta$ の符号の条件に言い換えて解く．

解 2 次方程式 $x^2+(k+1)x+k+4=0$ の 2 つの解を α，β，判別式を D とする．

$$D=(k+1)^2-4(k+4)=k^2-2k-15=(k-5)(k+3)$$

2 次方程式が異なる 2 つの実数解を持つ条件は，$D>0$ より，$k<-3$ または $5<k$ ………………①

解と係数の関係より，

$$\alpha+\beta=-(k+1),\ \alpha\beta=k+4\ \cdots\cdots\cdots②$$

①のもとで，α，β がともに負である条件は，

$$\alpha+\beta<0\ \text{かつ}\ \alpha\beta>0\ \cdots\cdots\cdots③$$

②，③より，$-(k+1)<0$ かつ $k+4>0$

これを解いて，$-1<k$ かつ $-4<k$

すなわち，$-1<k$ ………………④

①，④より，$\boldsymbol{5<k}$

6 （ア）剰余の定理を 2 度用いる．
（イ）割り算の等式を用いる．

解 （ア）$f(x)=2x^3+ax^2+bx-3$ とおく．

$f(x)$ を $x+1$ で割った余りが 2 なので，$f(-1)=2$

$$-2+a-b-3=2\quad\therefore\ a-b=7\ \cdots\cdots\cdots①$$

$f(x)$ を $x-2$ で割った余りが 11 なので，$f(2)=11$

$$16+4a+2b-3=11\quad\therefore\ 4a+2b=-2\ \cdots②$$

①$\times2+$②を計算して，$6a=12\quad\therefore\ \boldsymbol{a=2}$

①より，$\boldsymbol{b}=a-7=2-7=\boldsymbol{-5}$

（イ）$P(x)$ を $(x-3)(2x+1)$ で割った商を $Q(x)$，余りを $ax+b$ とすると，

$$P(x)=(x-3)(2x+1)Q(x)+ax+b\ \cdots\cdots①$$

$P(x)$ を $x-3$ で割った余りが 5 なので，$P(3)=5$

①に $x=3$ を代入して，$P(3)=3a+b$

これが 5 なので，$3a+b=5$ ………………②

$P(x)$ を $2x+1$ で割った余りが -2 なので，$P\left(-\dfrac{1}{2}\right)=-2$

①に $x=-\dfrac{1}{2}$ を代入して，$P\left(-\dfrac{1}{2}\right)=-\dfrac{1}{2}a+b$

これが -2 なので，$-\dfrac{1}{2}a+b=-2$ ……………③

②$-$③より，$\dfrac{7}{2}a=7$ ∴ $a=2$

②より，$b=-3a+5=-6+5=-1$. 答えは $\boldsymbol{2x-1}$

7 （ア）（1） 24 の約数（負の数も含む）を調べる．

（2） $\pm\dfrac{（2 の約数）}{（12 の約数）}$ となる数を調べる．

解 （ア）（1） $f(x)=x^3-3x^2-10x+24$ とおく．

$f(2)=2^3-3\cdot2^2-10\cdot2+24=0$ なので，$f(x)$ は $x-2$ で割り切れる．実際に割って，

$$
\begin{array}{r|rrrr}
2 & 1 & -3 & -10 & 24 \\
  &   & 2 & -2 & -24 \\
\hline
  & 1 & -1 & -12 & \underline{0}
\end{array}
$$

$f(x)=(x-2)(x^2-x-12)=(\boldsymbol{x-2})(\boldsymbol{x+3})(\boldsymbol{x-4})$

（2） $f(x)=12x^3+8x^2-3x-2$ とおく．

$f\left(\dfrac{1}{2}\right)=12\left(\dfrac{1}{2}\right)^3+8\left(\dfrac{1}{2}\right)^2-3\left(\dfrac{1}{2}\right)-2=0$ なので，

$f(x)$ は $x-\dfrac{1}{2}$ で割り切れる．実際に割って，

$$
\begin{array}{r|rrrr}
\frac{1}{2} & 12 & 8 & -3 & -2 \\
            &   & 6 & 7 & 2 \\
\hline
            & 12 & 14 & 4 & \underline{0}
\end{array}
$$

$f(x)=\left(x-\dfrac{1}{2}\right)(12x^2+14x+4)$

$=(2x-1)(6x^2+7x+2)=(\boldsymbol{2x-1})(\boldsymbol{3x+2})(\boldsymbol{2x+1})$

（イ）（1） $f(x)=x^3-4x-3$ とおく．

$f(-1)=(-1)^3-4(-1)-3=0$ なので，$f(x)$ は $x+1$ で割り切れる．実際に割ると，

$$
\begin{array}{r|rrrr}
-1 & 1 & 0 & -4 & -3 \\
   &   & -1 & 1 & 3 \\
\hline
   & 1 & -1 & -3 & \underline{0}
\end{array}
$$

$f(x)=(x+1)(x^2-x-3)$

$f(x)=0$ のとき，$x+1=0$ または $x^2-x-3=0$

ここで，$x^2-x-3=0$ の解は，解の公式より，

$$
x=\frac{1\pm\sqrt{(-1)^2-4\cdot1\cdot(-3)}}{2}=\frac{1\pm\sqrt{13}}{2}
$$

よって，$f(x)=0$ の解は，$\boldsymbol{x=-1}$，$\dfrac{\boldsymbol{1\pm\sqrt{13}}}{\boldsymbol{2}}$

（2） $f(x)=4x^3+5x+3$ とおく．

$f\left(-\dfrac{1}{2}\right)=4\left(-\dfrac{1}{2}\right)^3+5\left(-\dfrac{1}{2}\right)+3=0$ なので，$f(x)$ は

$x+\dfrac{1}{2}$ で割り切れる．実際に割ると，

$$
\begin{array}{r|rrrr}
-\frac{1}{2} & 4 & 0 & 5 & 3 \\
             &   & -2 & 1 & -3 \\
\hline
             & 4 & -2 & 6 & \underline{0}
\end{array}
$$

$f(x)=\left(x+\dfrac{1}{2}\right)(4x^2-2x+6)=(2x+1)(2x^2-x+3)$

$f(x)=0$ のとき，$2x+1=0$ または $2x^2-x+3=0$

ここで，$2x^2-x+3=0$ の解は，解の公式より，

$$
x=\frac{1\pm\sqrt{(-1)^2-4\cdot2\cdot3}}{4}=\frac{1\pm\sqrt{23}\,i}{4}
$$

よって，$f(x)=0$ の解は，$\boldsymbol{x=-\dfrac{1}{2}}$，$\dfrac{\boldsymbol{1\pm\sqrt{23}\,i}}{\boldsymbol{4}}$

8 α が方程式 $f(x)=0$ の解のとき $f(\alpha)=0$ を使う．

解 （ア） $f(x)=x^3+ax^2-13x+b$ とおく．

1 が $f(x)=0$ の解であることから，$f(1)=0$

$1+a-13+b=0$ ∴ $a+b=12$ ……………①

-3 が $f(x)=0$ の解であることから，$f(-3)=0$

$(-3)^3+a(-3)^2-13(-3)+b=0$

∴ $9a+b=-12$ ……………………②

②$-$①より，$8a=-24$ ∴ $\boldsymbol{a=-3}$

①より，$b=-a+12=\boldsymbol{15}$

（イ） $f(x)=x^3+ax^2-7x+b$ とおく．$2-i$ が $f(x)=0$ の解であることから，$f(2-i)=0$

$(2-i)^3+a(2-i)^2-7(2-i)+b=0$

∴ $8-12i-6+i+a(3-4i)-14+7i+b=0$

∴ $3a+b-12+(-4a-4)i=0$

a，b が実数なので，$3a+b-12$，$-4a-4$ は実数である．実部，虚部は 0 になり，

$3a+b-12=0$ ………①，$-4a-4=0$ ………②

②より，$4a=-4$ ∴ $\boldsymbol{a=-1}$

①より，$\boldsymbol{b}=-3a+12=-3(-1)+12=\boldsymbol{15}$

別解 （イ） $f(x)=x^3+ax^2-7x+b$ とおく．$f(x)$ の係数が実数なので，$f(x)=0$ の解として $2-i$ を持つとき，$2+i$ も解である．残りの解を γ とすると，解と係数の関係より，

$$
\begin{cases}
(2-i)+(2+i)+\gamma=-a & \text{………………③} \\
(2-i)(2+i)+(2+i)\gamma+\gamma(2-i)=-7 & \text{………④} \\
(2-i)(2+i)\gamma=-b & \text{………………⑤}
\end{cases}
$$

④より，$5+4\gamma=-7$ ∴ $\gamma=-3$

③より，$\boldsymbol{a}=-4-\gamma=-4+3=\boldsymbol{-1}$

⑤より，$\boldsymbol{b}=-5\gamma=(-5)(-3)=\boldsymbol{15}$

第1部 図形と方程式

図形と方程式
公式など

【点】

A$(x_1,\ y_1)$, B$(x_2,\ y_2)$, C$(x_3,\ y_3)$ とする.

（1） **2点間の距離**

$$AB=\sqrt{(x_2-x_1)^2+(y_2-y_1)^2}$$

（2） **内分点の座標**

線分 AB を $m:n$ に内分する点の座標は

$$\left(\frac{nx_1+mx_2}{m+n},\ \frac{ny_1+my_2}{m+n}\right)$$

（3） **外分点の座標**

線分 AB を $m:n$ に外分する点の座標は

$$\left(\frac{-nx_1+mx_2}{m-n},\ \frac{-ny_1+my_2}{m-n}\right)$$

⇨注　外分点は, 内分点の式で m か n の一方にマイナスをつける（なお, ☞ p.37）.

（4） **三角形の重心の座標**

△ABC の重心の座標は,

$$\left(\frac{x_1+x_2+x_3}{3},\ \frac{y_1+y_2+y_3}{3}\right)$$

【図形の方程式】

$x,\ y$ についての方程式を満たす点 $(x,\ y)$ の全体からできる図形を, その方程式の表す図形という. また, その方程式を, その図形の方程式という.

【直線】

（1） **直線の x 切片, y 切片**

直線が x 軸と $(a,\ 0)$, y 軸と $(0,\ b)$ で交わるとき, a をこの直線の x 切片, b をこの直線の y 切片という.

（2） **直線の方程式**

（ア）　x 軸に垂直でない直線の方程式は, $y=mx+n$

（傾きが m で y 切片が n の直線）

x 軸に垂直な直線の方程式は, $x=c$

（イ）　$ax+by+c=0$（$a,\ b,\ c$ は定数で $a\neq0$ または $b\neq0$）は, 直線の方程式である.

（3） **直線の平行条件・垂直条件**

傾きが $m_1,\ m_2$ である2直線 $l_1,\ l_2$ について,

$$l_1 /\!/ l_2 \iff m_1=m_2$$
$$l_1 \perp l_2 \iff m_1m_2=-1$$

（4） **点と直線の距離**

点 P$(x_1,\ y_1)$ と直線 $ax+by+c=0$ の距離 d は

$$d=\frac{|ax_1+by_1+c|}{\sqrt{a^2+b^2}}$$

【円】

（1） **円の方程式**

点 $(a,\ b)$ を中心とする半径 r の円の方程式は,

$$(x-a)^2+(y-b)^2=r^2$$

（2） **円の接線の公式**

円 $x^2+y^2=r^2$ 上の点 $(x_1,\ y_1)$ におけるこの円の接線の方程式は,

$$x_1x+y_1y=r^2$$

⇨注　点 $(x_1,\ y_1)$ は円上にあるから, $x_1{}^2+y_1{}^2=r^2$ を満たす.

（3） **円と直線の位置関係——判別式を利用**

円の方程式と直線の方程式から y（または x）を消去して x（または y）の2次方程式が得られるとき, その判別式を D とすると,

　ⅰ）　$D>0 \iff$ 異なる2点で交わる

　ⅱ）　$D=0 \iff$ 接する（共有点は1個）

　ⅲ）　$D<0 \iff$ 共有点をもたない

（4） **円と直線の位置関係——距離と半径を利用**

半径 r の円 C の中心と直線 l の距離を d とすると

　ⅰ）　$d<r \iff$ 異なる2点で交わる

　ⅱ）　$d=r \iff$ 接する（共有点は1個）

　ⅲ）　$d>r \iff$ 共有点をもたない

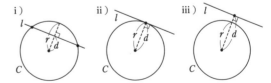

（5） 2円の位置関係

　　O_1 を中心とする半径 r_1 の円と，O_2 を中心とする半径 r_2 の円との位置関係は，$O_1O_2 = d$ として，

　　（ア）　2円が互いに他の外側にある $\iff d > r_1 + r_2$

　　（イ）　2円が外接する $\iff d = r_1 + r_2$

　　（ウ）　2円が内接する $\iff d = |r_1 - r_2|$

　　（エ）　一方が他方の内側にある $\iff d < |r_1 - r_2|$

であり，以上の否定として，

　　（オ）　2円が2点で交わる $\iff |r_1 - r_2| < d < r_1 + r_2$

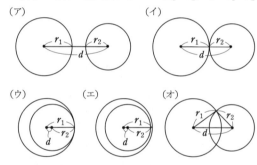

【軌跡】

　　与えられた条件を満たす点が動いてできる図形を，その条件を満たす点の軌跡という．軌跡は，その条件を満たす点全体の集合である．

【領域】

（1）　不等式の表す領域

　　x，y についての不等式を満たす点 (x, y) 全体の集合を，その不等式が表す領域という．

（2）　直線の上側・下側

　　直線 $y = mx + n$ を l とすると，

　　不等式 $y > mx + n$ の表す領域は直線 l の上側

　　不等式 $y < mx + n$ の表す領域は直線 l の下側

　　である．

　➡注　$y > mx + n$ や $y < mx + n$ の表す領域の境界線は $y = mx + n$ であるが，これらの領域にはこの境界線は含まれない．

　　一方，$y \geqq mx + n$ や $y \leqq mx + n$ の表す領域には，$y = mx + n$ を含む．

（3）　関数のグラフの上側・下側

　　$y = f(x)$ のグラフを C とすると，

　　不等式 $y > f(x)$ の表す領域は C の上側

　　不等式 $y < f(x)$ の表す領域は C の下側

　　である．

（4）　円の内部・外部

　　円 $(x - a)^2 + (y - b)^2 = r^2$ を C とすると，

　　$(x - a)^2 + (y - b)^2 < r^2$ の表す領域は円 C の内部

　　$(x - a)^2 + (y - b)^2 > r^2$ の表す領域は円 C の外部

　　である．

　➡注　$(x - a)^2 + (y - b)^2 \leqq r^2$ や $(x - a)^2 + (y - b)^2 \geqq r^2$ の表す領域には，境界線の円 $(x - a)^2 + (y - b)^2 = r^2$ を含む．

◆ 1 座標平面上の2点間の距離，中点，重心

（ア） 3点 A$(1, -2)$，B$(3, -5)$，C$(7, 2)$ を頂点とする △ABC の三辺の長さを求めよ．また △ABC は ☐ 三角形である（☐ に，二等辺，直角のうち，適切なものを入れよ）．

（イ） 3点 A$(-2, 5)$，B$(6, -3)$，C$(5, 4)$ を頂点とする △ABC の重心を G とし，AG の中点を M とする．G と M の座標を求めよ．

（ウ） 3点 O$(0, 0)$，A$(1, 3a)$，B$(5, 0)$（ただし $a>0$）を頂点とする △OAB の重心を G とする．OG：GB＝4：5 となるときの a の値を求めよ．

A(x_1, y_1)，B(x_2, y_2)，C(x_3, y_3) とする．

2点間の距離 2点 A，B 間の距離 AB は，AB$=\sqrt{(x_2-x_1)^2+(y_2-y_1)^2}$，つまり，$\sqrt{(x\,座標の差)^2+(y\,座標の差)^2}$ である．

線分の中点 線分 AB の中点の座標は，$\left(\dfrac{x_1+x_2}{2}, \dfrac{y_1+y_2}{2}\right)$

三角形の重心 △ABC の重心の座標は，$\left(\dfrac{x_1+x_2+x_3}{3}, \dfrac{y_1+y_2+y_3}{3}\right)$

➡**注** 重心は中線を 2：1 に内分することから，次頁の内分点の公式を使って導かれる．

▒ 解 答 ▒

（ア） AB$=\sqrt{(3-1)^2+\{-5-(-2)\}^2}=\sqrt{2^2+(-3)^2}=\sqrt{13}$

BC$=\sqrt{(7-3)^2+\{2-(-5)\}^2}=\sqrt{4^2+7^2}=\sqrt{65}$

CA$=\sqrt{(1-7)^2+(-2-2)^2}=\sqrt{(-6)^2+(-4)^2}$
$=\sqrt{(2\cdot3)^2+(2\cdot2)^2}=2\sqrt{3^2+2^2}=2\sqrt{13}$

BC^2＝AB^2＋CA^2 であるから，△ABC は，**直角**三角形である．

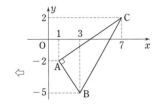

（イ） 重心は，$\left(\dfrac{-2+6+5}{3}, \dfrac{5-3+4}{3}\right)$ により，**G$(3, 2)$**

AG の中点は，$\left(\dfrac{-2+3}{2}, \dfrac{5+2}{2}\right)$ により，**M$\left(\dfrac{1}{2}, \dfrac{7}{2}\right)$**

（ウ） 重心は，$\left(\dfrac{0+1+5}{3}, \dfrac{0+3a+0}{3}\right)$ により，G$(2, a)$

OG$=\sqrt{2^2+a^2}=\sqrt{4+a^2}$，GB$=\sqrt{(5-2)^2+a^2}=\sqrt{9+a^2}$

であるから，OG：GB＝4：5 のとき，

$\sqrt{4+a^2}:\sqrt{9+a^2}=4:5$ ∴ $4\sqrt{9+a^2}=5\sqrt{4+a^2}$

両辺を2乗して，$16(9+a^2)=25(4+a^2)$ ∴ $44=9a^2$

$a>0$ であるから，$a=\sqrt{\dfrac{44}{9}}=\dfrac{2\sqrt{11}}{3}$

▨AB の長さの計算などは，慣れてくれば，各座標の差を暗算して
AB$=\sqrt{2^2+3^2}=\sqrt{13}$
などとしよう．

▷1 演習題（解答は p.52）

（ア） 3点 A$(-1, -1)$，B$(-4, -2)$，C$(-5, 1)$ を頂点とする △ABC の三辺の長さを求めよ．また，△ABC は ☐ 三角形である（☐ に，正，二等辺，直角，直角二等辺のうち，適切なものを入れよ）．

（イ） （ア）の △ABC の重心 G の座標と，AG の中点 M の座標を求めよ．

（ウ） $a>0$ とする．3点 A$(5, 3a)$，B$(1, 1)$，C$(3, -1)$ を頂点とする △ABC の重心を G，BC の中点を M とする．BG：GM＝2：1 となるときの a の値を求めよ．

🕐8分

◆2 内分点，外分点の座標

（ア）　A$(-2, 3)$，B$(5, -1)$とする．ABを$2:3$に内分する点をC，ABを$2:3$に外分する点を
　　Dとする．C，Dの座標を求めよ．

（イ）　平面上の線分ABを$3:2$に内分する点の座標が$(1, 3)$，$3:2$に外分する点の座標が$(5, 7)$
　　であるとき，点Aと点Bの座標をそれぞれ求めよ．　　　　　　　　　　（名城大・経営，経済，外）

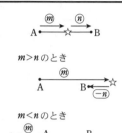

　線分の内分点，外分点　　A(x_1, y_1)，B(x_2, y_2)のとき，

・線分ABを$m:n$に内分する点の座標は，$\left(\dfrac{nx_1+mx_2}{m+n}, \dfrac{ny_1+my_2}{m+n} \right)$

　　　　　　　　　　　　　　　　　　　　[分子はn, mの順であることに注意]

・線分ABを$m:n$に外分する点の座標は，

$$\left(\frac{-nx_1+mx_2}{m-n}, \frac{-ny_1+my_2}{m-n} \right) \left[= \left(\frac{nx_1-mx_2}{-m+n}, \frac{ny_1-my_2}{-m+n} \right) \right]$$

$m:n$に外分する場合は，$m:(-n)$あるいは$(-m):n$に"内分"すると
考えて，内分点の公式を使えばよい．

　（イ）について　　求めたい点A，Bの座標を文字で設定して，内分点，外分
点の公式を使う．

$m>n$のとき

$m<n$のとき

（「－」は進む向きが逆を表す）

▨解答▨

（ア）　Cの座標は$\left(\dfrac{3\cdot(-2)+2\cdot5}{2+3}, \dfrac{3\cdot3+2\cdot(-1)}{2+3} \right)$　　∴　$\mathbf{C\left(\dfrac{4}{5}, \dfrac{7}{5} \right)}$

　　Dの座標は，$\left(\dfrac{3\cdot(-2)-2\cdot5}{-2+3}, \dfrac{3\cdot3-2\cdot(-1)}{-2+3} \right)$　　∴　$\mathbf{D(-16, 11)}$　　　　⇦ m, nが具体的なときは，分母が正となるようにマイナスをつける．

（イ）　A(a, b)，B(c, d)とする．

　　ABを$3:2$に内分する点が$(1, 3)$であるから，

$$\left(\frac{2a+3c}{3+2}, \frac{2b+3d}{3+2} \right) = (1, 3)$$

　　∴　$2a+3c=5$ ……①，$2b+3d=15$ ……②

　　ABを$3:2$に外分する点が$(5, 7)$であるから，

$$\left(\frac{-2a+3c}{3-2}, \frac{-2b+3d}{3-2} \right) = (5, 7)$$

　　∴　$-2a+3c=5$ ……③，$-2b+3d=7$ ……④

①，③を解いて，$a=0$，$c=\dfrac{5}{3}$，②，④を解いて，$b=2$，$d=\dfrac{11}{3}$　　　　⇦①－③，①＋③，②－④，②＋④を作って解いた．

　　∴　$\mathbf{A(0, 2)}$，$\mathbf{B\left(\dfrac{5}{3}, \dfrac{11}{3} \right)}$

══════ ▶2　演習題（解答は p.52）══════

（ア）　A$(-3, -4)$，B$(-1, 2)$とする．ABを$5:2$に内分する点をC，ABを$5:2$に外
　　分する点をDとするとき，C，Dの座標を求めよ．

（イ）　△ABCがあり，ABを$1:2$に外分する点が$(2, -1)$，BCを$2:3$に外分する点が
　　$(4, 3)$，CAを$3:4$に外分する点が$(16, 9)$であるとき，3点A，B，Cの座標を求めよ．　　　🕐 10分

◆ 3 点に関する対称点

（ア） 点 A$(1, 2)$ に関して，点 P$(4, 3)$ と対称な点の座標を求めよ． （北海道工大，一部）

（イ） 3 点 A$(-1, 2)$，B$(4, 1)$，C(a, b) を頂点とする △ABC の重心を G とする．点 G に関して，点 A と対称な点の座標が (b, a) であるとき，a，b の値を求めよ．

（ウ） A$(1, 1)$，B$(4, -1)$，C$(5, 3)$，D を頂点とする平行四辺形 ABCD がある．このとき，AC の中点 M と，D の座標をそれぞれ求めよ．

点に関して対称な点の求め方 点 A(a, b) に関して，点 P(p, q) と対称な点 Q の座標を求めたいとしよう．このとき，A が線分 PQ の中点であることに着目する．点 Q の座標を (x, y) とおき，$\dfrac{p+x}{2}=a$，$\dfrac{q+y}{2}=b$ から x，y を求めればよい．

（ウ）について 点 M に関して，点 B と点 D は対称であることに着目する．

▓ 解 答 ▓

（ア） 求める点を Q(x, y) とすると，PQ の中点が A であるから，

$$\frac{4+x}{2}=1, \quad \frac{3+y}{2}=2 \quad \therefore \quad x=-2, \ y=1 \quad \therefore \quad \textbf{Q}(-2, \ 1)$$

（イ） 重心は，$\left(\dfrac{-1+4+a}{3}, \ \dfrac{2+1+b}{3}\right)$ により，$G\left(\dfrac{3+a}{3}, \ \dfrac{3+b}{3}\right)$

点 (b, a) を D とすると，AD の中点が G であるから，

$$\left(\frac{-1+b}{2}, \ \frac{2+a}{2}\right)=\left(\frac{3+a}{3}, \ \frac{3+b}{3}\right)$$

$$\therefore \quad 3(-1+b)=2(3+a), \ 3(2+a)=2(3+b)$$

$$\therefore \quad 3b=2a+9, \ 3a=2b$$

後者から $b=\dfrac{3}{2}a$ で，前者に代入して，$\dfrac{9}{2}a=2a+9$

$$\therefore \quad \boldsymbol{a=\frac{18}{5}}, \ \boldsymbol{b=\frac{3}{2}a=\frac{27}{5}}$$

（ウ） M の座標は $\left(\dfrac{1+5}{2}, \ \dfrac{1+3}{2}\right)$ $\quad \therefore \quad$ M$(3, 2)$

D の座標を (x, y) とおくと，BD の中点が M であるから，

$$\frac{4+x}{2}=3, \quad \frac{-1+y}{2}=2$$

$$\therefore \quad x=2, \ y=5 \quad \therefore \quad \textbf{D}(2, \ 5)$$

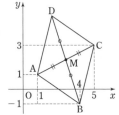

▓ 平行四辺形 ABCD というとき，四角形の頂点は，A, B, C, D の順に並んでいる．平行四辺形 ABDC や四角形 ABDC というときは，四角形の頂点は A, B, D, C の順に並んでいる．

▶3 演習題 （解答は p.53）

（ア） 点 A$(3, -2)$ に関して，点 P$(-2, -3)$ と対称な点 Q の座標を求めよ．

（イ） 3 点 A$(-2, -1)$，B$(a, 2b)$，C$(-b, 2a)$ を頂点とする △ABC の重点を G とする．点 G に関して，点 A と対称な点の座標が (a, b) であるとき，a，b の値を求めよ．

（ウ） 例題（ウ）の A, B, C に対して，四角形 ABDC が平行四辺形になるような点 D の座標を求めよ．

点に関する対称点は，中点を利用して求めることができる．

⏱8分

◆ 4 直線の方程式

（ア） 次の直線の方程式を求めよ.
  （1）　点 $(1, -2)$ を通り, 傾きが 3 （2）　$(-1, -3)$ を通り, y 軸に平行
（イ） 次の 2 点を通る直線の方程式を求めよ.
  （1）　$(1, 2),\ (-3, -5)$ （2）　$(2, -1),\ (2, 5)$
  （3）　$(-3, 1),\ (7, 1)$ （4）　$(3, 0),\ (0, 2)$

（1次関数のグラフ） 1 次関数 $y = mx + n$ のグラフは, 傾きが m の直線を表す.
直線と y 軸との交点の y 座標（この直線の場合 n）を y 切片という（同様に x 切片
も定義される）. $y = mx + n$ を満たす点 (x, y) の全体は直線になるので,
$y = mx + n$ を直線の方程式をいう.

（通る1点と傾きで直線は決まる） 点 (p, q) を通り, 傾き m の直線の方程式は
$$y - q = m(x - p) \cdots\cdots\cdots\cdots\cdots ①$$
である. 点 (p, q) を通ることは, $x = p$, $y = q$ を代入すると両辺とも 0 になり成立することから分かる.

  一般に, ある図形の方程式が点 A を通る $\iff$ 方程式に A の座標を代入すると成立

  ところで, 点 (p, q) を通る直線は①だけではない. ①の形では, y 軸に平行な直線が抜けてしまう.
点 (p, q) を通り, y 軸に平行な直線の方程式は, $x = p \cdots\cdots ②$ である.
▨ ①を $y = \cdots$ の形にした $y = m(x - p) + q$ の形を使うのもよい.

（直線の方程式の一般形） 直線の方程式は, $y = mx + n$ か $x = p$ の形で表される. x, y の 1 次式
$ax + by + c = 0 \cdots\cdots ③$ (a, b, c は定数で, $a \neq 0$ または $b \neq 0$) は, このいずれかの形に変形できるので,
直線の方程式である. ③であらゆる直線が表せるので, 一般形と呼ばれる.

（切片形） x 切片が a, y 切片が b ($a \neq 0$, $b \neq 0$) の直線の方程式は $\dfrac{x}{a} + \dfrac{y}{b} = 1$ である.

これは x, y の 1 次式であるから直線を表し, $(a, 0)$, $(0, b)$ を代入すると成り立つから, この 2 点を通る.

（イ）について 2 点の x 座標が異なるときは, まず傾きを求めよう.

解 答

（ア）（1）　$y - (-2) = 3(x - 1)$ ∴ **$y = 3x - 5$**
（2）　**$x = -1$**

（イ）（1）　2 点を通る直線の傾きは, $\dfrac{-5-2}{-3-1} = \dfrac{7}{4}$ であるから,

    $y - 2 = \dfrac{7}{4}(x - 1)$ ∴ **$y = \dfrac{7}{4}x + \dfrac{1}{4}$**   ⇦ $(1, 2)$ を通り, 傾き $\dfrac{7}{4}$ の直線

（2）　2 点の x 座標が等しいから, **$x = 2$**

（3）　2 点の y 座標が等しいから, **$y = 1$**   ⇦ 傾きが 0 で, ①の右辺は 0

（4）　$\dfrac{x}{3} + \dfrac{y}{2} = 1$ ∴ **$y = -\dfrac{2}{3}x + 2$**   ⇦ $\dfrac{x}{3} + \dfrac{y}{2} = 1$ を答えにしてもよい.

▷ 4 演習題 （解答は p.53）

（ア） 次の直線の方程式を求めよ.
  （1）　点 $(-2, -3)$ を通り, 傾きが -2 （2）　点 $(2, 1)$ を通り, y 軸に平行
（イ） 次の 2 点を通る直線の方程式を求めよ.
  （1）　$(-1, 5),\ (-5, -3)$ （2）　$(-3, 1),\ (-3, -10)$
  （3）　$(-3, -7),\ (4, -7)$ （4）　$(-2, 0),\ (0, 5)$ 🕐 4 分

◆5 2直線の平行と垂直

（ア） 点 $(-1, -2)$ を通り，直線 $2x+5y+3=0$ に平行な直線の方程式と，垂直な直線の方程式を
それぞれ求めよ．

（イ） 2直線 $ax+2y=1$ ……① ，$x+(a+1)y=1$ ……② が平行（一致するときも含める）となる
ときの定数 a の値と，垂直となるときの定数 a の値をそれぞれ求めよ．

2直線の平行条件・垂直条件 2直線がともに $y=mx+n$ の形の場合は，傾きに着目する．
2直線の $l_1 : y=m_1x+n_1$，$l_2 : y=m_2x+n_2$ について，

$$l_1 \parallel l_2 \iff m_1=m_2 \text{（傾きが同じ）}, \quad l_1 \perp l_2 \iff m_1m_2=-1 \text{（傾きの積が} -1\text{）}$$

直線の方程式が一般形の場合，平行条件は，次のようにとらえることができる．
2直線 $a_1x+b_1y+c_1=0$，$a_2x+b_2y+c_2=0$ が平行である（一致するときも含む）条件は，

$$a_1 : b_1 = a_2 : b_2 \quad \text{（} x, y \text{ の係数の比が等しい）}$$

垂直条件については（数Cで習うベクトルを使う方法もあるが），一方が y 軸に平行なら他方が x 軸
に平行であることで，ともに y 軸に平行でないときは，傾きの積 $=-1$ を使えばよい．

一般形の直線に平行な直線 直線 $ax+by+c=0$ に平行で，点 (p, q) を通る直線の方程式は，

$$a(x-p)+b(y-q)=0$$

（この方程式の左辺に，$x=p$，$y=q$ を代入すると 0 になるから，点 (p, q) を通る）

≣ 解 答 ≣

（ア） 点 $(-1, -2)$ を通り，直線 $2x+5y+3=0$ に平行な直線の方程式は

$$2\{x-(-1)\}+5\{y-(-2)\}=0 \quad \therefore \quad \boldsymbol{2x+5y+12=0}$$

直線 $2x+5y+3=0$ ……① の傾きは $-\dfrac{2}{5}$ である．①に垂直な直線の傾きを

m とすると，$-\dfrac{2}{5}m=-1$ $\quad \therefore \quad m=\dfrac{5}{2}$

よって，点 $(-1, -2)$ を通り，①に垂直な直線の方程式は，

$$y-(-2)=\frac{5}{2}\{x-(-1)\} \quad \therefore \quad \boldsymbol{y=\frac{5}{2}x+\frac{1}{2}}$$

⇦ $5x-2y+1=0$ でもよい．

（イ） ①と②が平行となるとき，$a : 2 = 1 : (a+1)$ $\quad \therefore \quad a(a+1)=2$

$\therefore \quad a^2+a-2=0$ $\quad \therefore \quad (a-1)(a+2)=0$ $\quad \therefore \quad \boldsymbol{a=1, \ -2}$

⇦ $a=1$ のとき，一致する．

①は y 軸に平行になることはなく，②が y 軸に平行になるのは $a=-1$ に限ら
れ，このとき①は x 軸に平行でないから，①と②が垂直のとき $a \neq -1$ である．

⇦ ②が y 軸に平行となる $a=-1$ の
ときを調べておく．

$a \neq -1$ のとき，①の傾きは $-\dfrac{a}{2}$，②の傾きは $-\dfrac{1}{a+1}$ であるから，①と②が

垂直となるとき，$-\dfrac{a}{2}\cdot\left(-\dfrac{1}{a+1}\right)=-1$ $\quad \therefore \quad \dfrac{a}{2(a+1)}=-1$

$\therefore \quad a=-2(a+1)$ $\quad \therefore \quad \boldsymbol{a=-\frac{2}{3}}$

▶5 **演習題** （解答は p.53）

（ア） 点 $(-1, -2)$ を通り，直線 $4x-3y+5=0$ に平行な直線の方程式と，垂直な直線の
方程式をそれぞれ求めよ（答えは一般形で表せ）．

（イ） 2直線 $ax+(a+2)y=3$，$x+ay=1$ が平行となるときの定数 a の値と，垂直となる
ときの定数 a の値をそれぞれ求めよ．

（愛知学院大／一部追加）

🕐 6分

◆ 6 平行条件の活用／3点が一直線上，連立方程式への応用

(ア) 次の3点が一直線上にあるように，定数 a の値を求めよ.

(1) $(1, 2)$, $(3, -4)$, $(-2, a)$　　　(2) $(1, 2)$, $(a, 4)$, $(2, a)$

(イ) 次の連立方程式が，解をもたないための条件を求めよ. ただし，$a > 0$ とする.

$$ax + y + 1 = 0 \cdots\cdots ①, \quad 4x + ay + 2b = 0 \cdots\cdots ②$$

異なる3点が一直線上にあるとき　異なる3点 A, B, C が一直線上にあるときのとらえ方として

方法1：　直線 AB の式を求め，その直線上に点 C があるとき

方法2：　A, B, C の x 座標がすべて等しいか，AB の傾きと AC の傾きが等しいとき

とする方法がある. 方法1で直線の方程式に文字が入ってくるようなときは，その方程式を求めるのはやや面倒である. 方法2の方が計算がラクなことが多く，おすすめである. 方法2では，A, B, C が一直線上にある条件を，直線 AB と直線 AC が平行なときと言い換えている.

2直線の共有点と連立方程式　問題(イ)の連立方程式は，座標平面上の2直線

$$ax + y + 1 = 0 \cdots\cdots ①, \quad 4x + ay + 2b = 0 \cdots\cdots ②$$

の共有点を求めるときに現れる. この連立方程式が解をもつ・もたないは，①，②が表す2直線が，共有点をもつ・もたないことと対応する. 以下のことが成り立つ.

ただ1組の解をもつ　$\Longleftrightarrow$　2直線が1点で交わる

解をもたない　　　$\Longleftrightarrow$　2直線が平行で一致しない

無数の解をもつ　　$\Longleftrightarrow$　2直線が一致する

▧ 解 答 ▧

(ア) 3点を順に A, B, C とする.

(1) AB の傾きは $\dfrac{-4-2}{3-1} = -3$, AC の傾きは $\dfrac{a-2}{-2-1} = \dfrac{a-2}{-3}$

⇦「AB の傾き＝BC の傾き」としてもよい.

よって，A, B, C が一直線上にあるとき，これらが等しく，$-3 = \dfrac{a-2}{-3}$

両辺を -3 倍して，$9 = a - 2$　　∴ ***a = 11***

(2) A, B, C の x 座標がすべて等しくなることはないから，A, B, C が一直線上にあるとき，$a \neq 1$, $a \neq 2$ で，AB の傾きと AC の傾きが等しい.

⇦A の座標は文字がないので，2つの傾きとして，ともに A を使う AB と AC の傾きを採用する.

AB の傾きは $\dfrac{4-2}{a-1} = \dfrac{2}{a-1}$, AC の傾きは $\dfrac{a-2}{2-1} = a-2$

よって，$\dfrac{2}{a-1} = a - 2$　　∴ $a^2 - 3a = 0$　　∴ ***a = 0, 3***

⇦$2 = (a-2)(a-1)$

(イ) 解をもたない条件は，座標平面上で①と②の表す2直線が平行で一致しないことである. ①と②が平行のとき，$a : 1 = 4 : a$　　∴ $a^2 = 4$

$a > 0$ により $a = 2$ であり，このとき①は $y = -2x - 1$, ②は $y = -2x - b$

これらが一致しないのは $b \neq 1$ のとき. よって答えは，***a = 2 かつ b ≠ 1***

⇦2直線 $a_1 x + b_1 y + c_1 = 0$, $a_2 x + b_2 y + c_2 = 0$ が平行である条件は，$a_1 : b_1 = a_2 : b_2$

▶ 6 演習題 （解答は p.54）

(ア) 次の3点が一直線上にあるように，定数 a の値を求めよ.

(1) $(-3, -1)$, $(-1, 1)$, $(1, a)$　　　(2) $(-1, 2)$, $(a, 3)$, $(3, a)$

(イ) 次の x, y の連立方程式が，ただ1組の解をもつ，解をもたない，無数の解をもつための条件をそれぞれ求めよ.

$$2x + y + 1 = 0 \cdots\cdots ①, \quad ax + y + c = 0 \cdots\cdots ②$$

🕐 7分

◆7 直線に関する対称点

（ア）　点 A$(2, -3)$ と点 B$(-4, -1)$ が直線 l に関して対称であるとき，直線 l の方程式を求めよ．
（イ）　O$(0, 0)$, A$(1, 2)$, P$(4, 3)$ とする．直線 OA に関して，点 P と対称な点の座標は □ である．

（北海道工大／一部）

$\boxed{\text{A と B が直線 } l \text{ に関して対称なとき}}$　A と B が直線 l に関して対称なとき，l は AB の垂直二等分線である．

$\boxed{\text{直線 } l \text{ に関して，点 A と対称な点 B の座標の求め方}}$　直線 l の方程式と，点 A の座標が分かっているとき，l に関して A と対称な点 B の座標の求め方を考えてみよう．B の座標を B(a, b) などと設定して，
$$AB \perp l \quad \text{かつ} \quad AB \text{ の中点が } l \text{ 上}$$
としてとらえればよい．

▤ 解 答 ▤

（ア）　直線 l は AB の垂直二等分線である．

AB の中点の座標は，$\left(\dfrac{2-4}{2}, \dfrac{-3-1}{2}\right)$ により $(-1, -2)$

AB の傾きは，$\dfrac{-1-(-3)}{-4-2} = \dfrac{2}{-6} = -\dfrac{1}{3}$ であるから，AB に垂直な直線 l の傾きは 3 である．

よって，l は，$(-1, -2)$ を通り傾き 3 の直線であるから，l の方程式は
$$y-(-2) = 3\{x-(-1)\} \quad \therefore \ \boldsymbol{y = 3x + 1}$$

（イ）　直線 OA の方程式は，$y = 2x$ …………①

求める点を Q(a, b) とすると，
$$PQ \perp OA \cdots\cdots② \quad \text{かつ} \quad PQ \text{ の中点が①上}$$

PQ の傾きは，$\dfrac{b-3}{a-4}$ であり，①の傾きは 2 であるから，②により，$\dfrac{b-3}{a-4} \times 2 = -1$ …………③

PQ の中点は $\left(\dfrac{4+a}{2}, \dfrac{3+b}{2}\right)$ であり，これが①上にあるから，
$$\dfrac{3+b}{2} = 2 \cdot \dfrac{4+a}{2} \quad \therefore \ b = 2a+5$$

これを③に代入し，分母を払うと，$(2a+2) \times 2 = -(a-4)$　$\therefore$　$a = 0$
よって，$b = 5$ であるから，Q$(\boldsymbol{0}, \boldsymbol{5})$

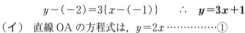

⇦ l 上の任意の点 P は，AP＝BP を満たし，これから l の方程式を求めることもできる（☞◆15）．

l の傾きを m とすると，
⇦ $m \cdot \left(-\dfrac{1}{3}\right) = -1$ により $m = 3$

▨ P から直線 OA に垂線 PH を引き H の座標を利用する方法もある．P を通り①に垂直な直線は
$$y-3 = -\dfrac{1}{2}(x-4)$$
$$\therefore \ y = -\dfrac{1}{2}x+5$$

これと①を連立させて，交点 H の座標は，H$(2, 4)$

H は PQ の中点であるから，
$$\dfrac{4+a}{2} = 2, \ \dfrac{3+b}{2} = 4$$
$$\therefore \ a = 0, \ b = 5$$

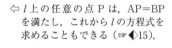

=== ▶◀7 演習題（解答は p.54）===

（ア）　点 A$(-5, 2)$ と点 B$(3, 6)$ が直線 l に関して対称であるとき，直線 l の方程式を求めよ．

（イ）　直線 $y = 2x+1$ において，点 $(3, 1)$ と線対称な位置にある点を (a, b) とすると，$a =$ □，$b =$ □ である．

（甲南大・文系）

🕐 10分

◆8 点と直線の距離

（ア）　点 $\mathrm{A}(-3, \ -2)$ と直線 $l : y = 2x - 1$ の距離 d を求めよ．

（イ）　直線 $l : 3x + 2y + 1 = 0$ と直線 $m : 3x + 2y + 8 = 0$ の間の距離 d を求めよ．

（ウ）　xy 平面上に 3 点 $\mathrm{A}(-1, \ 2)$，$\mathrm{B}(3, \ -2)$，$\mathrm{C}(5, \ 0)$ があった．

（1）　直線 AB と点 C の距離を求めると □ である．

（2）　△ABC の面積を求めると □ である．

（神戸薬大／一部略）

点と直線の距離　点 $\mathrm{P}(x_1, \ y_1)$ と直線 $ax + by + c = 0$ の距離 d は

$$d = \frac{|ax_1 + by_1 + c|}{\sqrt{a^2 + b^2}}$$

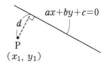

（イ）について　l と m は平行である．l 上の 1 点（何でもよい）と m との距離を求めればよい．

▤解 答▤

（ア）　$l : 2x - y - 1 = 0$ であるから，$\mathrm{A}(-3, \ -2)$ との距離 d は，

$$d = \frac{|2(-3) - (-2) - 1|}{\sqrt{2^2 + (-1)^2}} = \frac{|-5|}{\sqrt{5}} = \sqrt{5}$$

⇦ l の方程式を一般形に直して公式を使う．

（イ）　l の y 切片は，$\left(0, \ -\dfrac{1}{2}\right)$ である．$l /\!/ m$ により，点 $\left(0, \ -\dfrac{1}{2}\right)$ と直線 m の距離が求める値に等しく，

$$d = \frac{\left|3 \cdot 0 + 2\left(-\dfrac{1}{2}\right) + 8\right|}{\sqrt{3^2 + 2^2}} = \frac{7}{\sqrt{13}} \left(= \frac{7\sqrt{13}}{13}\right)$$

⇦ l 上の点として y 切片を採用した（x 座標が 0 で，計算しやすい．なお，x 座標と y 座標がともに整数の点，例えば $(-1, \ 1)$ を採用するのもよい）．

（ウ）（1）　直線 AB の方程式は，$y - 2 = \dfrac{-2 - 2}{3 - (-1)}\{x - (-1)\}$

$\therefore \ y - 2 = -x - 1$　　$\therefore \ x + y - 1 = 0$

これと点 $\mathrm{C}(5, \ 0)$ の距離 d は，$d = \dfrac{|5 + 0 - 1|}{\sqrt{1^2 + 1^2}} = \dfrac{4}{\sqrt{2}} = 2\sqrt{2}$

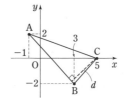

（2）　△ABC の底辺を AB と見たときの高さが d である．

$\mathrm{AB} = \sqrt{\{3 - (-1)\}^2 + (-2 - 2)^2} = \sqrt{4^2 + 4^2} = 4\sqrt{2}$ であるから，

$$\triangle \mathrm{ABC} = \frac{1}{2}\mathrm{AB} \cdot d = \frac{1}{2} \cdot 4\sqrt{2} \cdot \frac{4}{\sqrt{2}} = 8$$

▷8 演習題（解答は p.54）

（ア）　点 $\mathrm{A}(-4, \ 3)$ と直線 $l : y = 3x + 2$ の距離 d を求めよ．

（イ）　直線 $l : 3x + 4y + 1 = 0$ と直線 $m : 3x + 4y + 5 = 0$ の間の距離 d を求めよ．

（ウ）　3 点 $\mathrm{A}(3, \ 1)$，$\mathrm{B}(-3, \ 5)$，$\mathrm{C}(-1, \ -1)$ について，

（1）　直線 AB と点 C の距離を求めると □ である．

（2）　△ABC の面積を求めると □ である．

🕐 5分

◆9 円の方程式

（ア）　2点 A$(-3, -2)$, B$(1, 4)$ を直径の両端とする円の方程式を求めよ.

（イ）　中心が A$(-2, 3)$ で, x 軸に接する円の方程式を求めよ.

（ウ）　方程式 $x^2+y^2-10x-6y+30=0$ が表す円の中心と半径を求めよ.　　　　（関東学院大／一部）

中心 (a, b), 半径 r の円　中心 (a, b), 半径 r の円の方程式は,
$$(x-a)^2+(y-b)^2=r^2 \quad\quad\quad\quad\quad\quad\quad\quad\quad\quad ⑦$$

円の方程式の一般形　上式の左辺を展開し整理すると, $x^2+y^2-2ax-2by+a^2+b^2-r^2=0$
よって, 一般に, l, m, n を定数として, 円は,
$$x^2+y^2+lx+my+n=0 \quad\quad\quad\quad\quad\quad\quad\quad\quad ④$$
の形の方程式で表すこともできる（④の形の円の方程式を, 円の方程式の一般形という）.

　④の形の円の方程式の中心と半径を求めるには, x, y それぞれについて平方完成し, ⑦の形の円の方程式を導けばよい.

（ア）について　中心と半径を求め, ⑦を使えばよい.

（イ）について　中心が x 軸より上側にあるとき, x 軸に接する円の半径は中心の y 座標に等しい.

▓ 解 答 ▓

（ア）　円の中心は AB の中点 M で, $\left(\dfrac{-3+1}{2}, \dfrac{-2+4}{2}\right)$ により, M$(-1, 1)$

　半径は, AM$=\sqrt{\{-1-(-3)\}^2+\{1-(-2)\}^2}=\sqrt{2^2+3^2}=\sqrt{13}$

よって, 求める円の方程式は, $\{x-(-1)\}^2+(y-1)^2=(\sqrt{13})^2$
$$\therefore \quad \boldsymbol{(x+1)^2+(y-1)^2=13}$$

（イ）　中心 A の y 座標は正であるから, x 軸に接するとき, 円の半径は A の y 座標 3 に等しい. よって, 求める円の方程式は, $\{x-(-2)\}^2+(y-3)^2=3^2$
$$\therefore \quad \boldsymbol{(x+2)^2+(y-3)^2=9}$$

（ウ）　$x^2+y^2-10x-6y+30=0$ を変形して, $(x^2-10x)+(y^2-6y)+30=0$
$$\therefore \quad (x-5)^2-5^2+(y-3)^2-3^2+30=0$$
$$\therefore \quad (x-5)^2+(y-3)^2=4(=2^2)$$

よって, この方程式が表す円の中心は $\boldsymbol{(5, 3)}$, 半径は $\boldsymbol{2}$ である.

▨円の方程式を答えるとき, 方程式の形は, 上の⑦, ④どちらでもよい（演習題（ア）,（エ）のように, 空欄の形などで指定されることもある）.

⇦

上図により, 半径 3 としてもよい.

▶9　演習題（解答は p.55）

（ア）　点 $(3, 2)$ を中心とし半径 $2\sqrt{2}$ の円の方程式は
$x^2+y^2-\boxed{}x-\boxed{}y+\boxed{}=0$ となる.　　　　（大阪産大／一部）

（イ）　2点 A$(3, -2)$, B$(7, 1)$ を直径の両端とする円の方程式を求めよ.

（ウ）　中心が A$(-3, -4)$ で, y 軸に接する円の方程式を求めよ.

（エ）　点 $\left(\dfrac{3}{2}, \dfrac{3}{2}\right)$ を中心とし, 点 $(-1, -1)$ を通る円の方程式は
$x^2+y^2-\boxed{}x-\boxed{}y-\boxed{}=0$ である.　　　　（常葉大）

（オ）　円 $x^2+y^2+3x+5y-4=0$ の中心の座標と半径を求めよ.

（カ）　円 $x^2+y^2-x+\dfrac{10}{3}y+\dfrac{37}{36}=0$ の中心と直線 $3x-4y-10=0$ の距離は $\boxed{}$ である.

（東海大）

🕐 15分

44

◆ 10 3点を通る円

（ア） 3点 $(5, 2)$, $(2, -1)$, $(-1, 2)$ を通る円の方程式を求めよ． （摂南大・経済，経営）

（イ） 3点 $(1, 0)$, $(0, 1)$, $(7, 8)$ を通る円の中心の座標は（□，□）であり，半径は □ である． （日大・工）

3点を通る円の求め方 3点を通る円の方程式を $x^2+y^2+lx+my+n=0$ ……………⑦
とおき，この方程式に通る3点の座標を代入して，l, m, n の満たす方程式を作って解けばよい．

3点を通る円は，三角形の外接円 3点 A, B, C を通る円は，△ABC の外接円である．この円の中心が△ABC の外心である．

3点を通る円の中心と半径の求め方 中心と半径を設定する方法などもあるが，本書では，まず⑦の形の円の方程式を求め，これを平方完成して求めることにする．

▤ 解 答 ▤

（ア） 題意の3点を通る円の方程式を $x^2+y^2+lx+my+n=0$ とおく．

この円が，$(5, 2)$, $(2, -1)$, $(-1, 2)$ を通るから，

$$\begin{cases} 5^2+2^2+5l+2m+n=0 \\ 2^2+(-1)^2+2l-m+n=0 \\ (-1)^2+2^2-l+2m+n=0 \end{cases} \therefore \begin{cases} 5l+2m+n=-29 \cdots\cdots① \\ 2l-m+n=-5 \cdots\cdots② \\ -l+2m+n=-5 \cdots\cdots③ \end{cases}$$

⇦ 円の方程式に $x=5$, $y=2$ を代入．

①−③，②−③により，$6l=-24$, $3l-3m=0$ ∴ $l=-4$, $m=l=-4$

⇦ まず n を消去した．

これらを②に代入して，$n=-1$

したがって，答えは，**$x^2+y^2-4x-4y-1=0$**

（イ） 題意の3点を通る円の方程式を $x^2+y^2+lx+my+n=0$ とおく．

この円が，$(1, 0)$, $(0, 1)$, $(7, 8)$ を通るから，

$$\begin{cases} 1^2+0^2+l+0+n=0 \\ 0^2+1^2+0+m+n=0 \\ 7^2+8^2+7l+8m+n=0 \end{cases} \therefore \begin{cases} l+n=-1 \cdots\cdots① \\ m+n=-1 \cdots\cdots② \\ 7l+8m+n=-113 \cdots\cdots③ \end{cases}$$

①−②，③−①により，$l-m=0$, $6l+8m=-112$

よって，$l-m=0$, $3l+4m=-56$ で，$l=m=-8$．これと①から $n=7$

したがって，円の方程式は，$x^2+y^2-8x-8y+7=0$

∴ $(x^2-8x)+(y^2-8y)+7=0$

∴ $(x-4)^2-4^2+(y-4)^2-4^2+7=0$

∴ $(x-4)^2+(y-4)^2=25(=5^2)$

よって，この円の中心の座標は **$(4, 4)$**，半径は **5** である．

⇦ 左の解答では，まず n を消去したが，①，②から l, m を n で表し $l=m=-n-1$ を③に代入して，まず n を求めてもよい．

―――― ▶10 **演習題**（解答は p.56）――――

（ア） 3点 A$(-1, 7)$, B$(2, 1)$, C$(3, 4)$ を通る円の方程式は □ である．
（北九州市大・国際環境工／一部）

（イ） 3点 A$(5, -1)$, B$(4, 6)$, C$(1, 7)$ を頂点とする△ABC の外心の座標は □ であり，外接円の半径は □ である． （類 京都産大・文系）

🕐 15分

◆11 円と直線／共有点の x 座標，共有点の個数

（ア）　円 $x^2+y^2=10$ と直線 $y=2x+1$ の共有点の座標を求めよ．

（イ）　円 $x^2+y^2=10$ と直線 $y=2x+k$ が異なる 2 点で交わるとき，定数 k の値の範囲を求めよ．

共有点の座標　2 つの図形の共有点の座標は，それらの図形を表す方程式を連立させた連立方程式の解である．

円と直線の共有点の個数の調べ方——その1　円の方程式と直線の方程式（y の係数は 0 でないとする）から y を消去すると x の 2 次方程式が得られる．共有点の x 座標は，この 2 次方程式の実数解である．したがって，この 2 次方程式の判別式を D とすると，

$D>0 \iff$ 共有点は 2 個（異なる 2 点で交わる）

$D=0 \iff$ 共有点は 1 個（接する）

$D<0 \iff$ 共有点は 0 個（共有点を持たない）

円と直線の共有点の個数の調べ方——その2

半径 r の円の中心と直線 l の距離を d とするとき，右図から，

$d<r \iff$ 異なる 2 点で交わる　　$d=r \iff$ 接する　　$d>r \iff$ 共有点を持たない

共有点の個数を調べるときは，「その2」の方が計算が楽なことが多く，おすすめである．

▤解答▤

（ア）　$y=2x+1$ ……① を $x^2+y^2=10$ に代入して，$x^2+(2x+1)^2=10$

∴　$5x^2+4x-9=0$　　∴　$(x-1)(5x+9)=0$　　∴　$x=1,\ -\dfrac{9}{5}$

これと①とから，答えは，$(\mathbf{1},\ \mathbf{3})$, $\left(-\dfrac{\mathbf{9}}{\mathbf{5}},\ -\dfrac{\mathbf{13}}{\mathbf{5}}\right)$

（イ）　［判別式で解くと］　$x^2+y^2=10$ に $y=2x+k$ を代入すると，

$x^2+(2x+k)^2=10$　　∴　$5x^2+4kx+k^2-10=0$

この x の 2 次方程式の判別式を D とすると，

$D/4=(2k)^2-5(k^2-10)=-k^2+50$

円と直線が異なる 2 点で交わる条件は，$D/4>0$ であるから，

$-k^2+50>0$　　∴　$-5\sqrt{2}<k<5\sqrt{2}$

［距離で解くと］　円 $x^2+y^2=10$ の中心は原点 O で，半径 r は $\sqrt{10}$ である．

O と直線 $2x-y+k=0$ の距離 d は，　　　　　　　　　　　　　　⇦直線を一般形に直した．

$$d=\frac{|k|}{\sqrt{2^2+(-1)^2}}=\frac{|k|}{\sqrt{5}}$$

円と直線が異なる 2 点で交わる条件は，$d<r$ であるから，

$\dfrac{|k|}{\sqrt{5}}<\sqrt{10}$　　∴　$|k|<5\sqrt{2}$　　∴　$-5\sqrt{2}<k<5\sqrt{2}$

━━━━━━━ ▷◁11　演習題（解答は p.56）━━━━━━━

（ア）　円 $x^2+y^2-4x+2y-4=0$ と直線 $y=2x+1$ の共有点の座標を求めよ．

（イ）　中心 $(2,\ 3)$，半径 4 の円と直線 $y=3x+k$ が異なる 2 点で交わるような k の値の範囲を求めよ．　　　　　　　　　　　　　　　　　　　　（東京電機大）　　🕐8分

◆12 円の接線の公式，円と直線が接する条件

（ア）　円 $x^2+y^2=5$ 上の点 $(-1, 2)$ における接線の方程式を求めよ．

（イ）　円 $(x+1)^2+(y-2)^2=20$ と直線 $x-2y-k=0$ が接するとき，k の値を求めよ．

（ウ）　中心が点 $(1, -3)$ である円 C と直線 $3x-4y=6$ が接しているとき，C の半径は □ である．

（千葉工大）

（円の接線の公式）　円 $x^2+y^2=r^2$ 上の点 $\mathrm{P}(x_1, y_1)$ における接線 l の方程式は，
$$x_1x+y_1y=r^2$$
である．P は円上にあるから，$x_1{}^2+y_1{}^2=r^2$ を満たす．（この公式は，$\mathrm{OP}\perp l$ から導かれる．）

（円と直線が接する条件）　円と直線の共有点が1個の場合で，◆11 が使える．

円の半径を r とし，円の中心と直線との距離を d とすると，円と直線が接する条件は，$d=r$ である．

（中心と接線が分かっているとき）　半径は，中心からその接線までの距離に等しく，点と直線の距離の公式が使える……☆　また，接点の座標は，中心を通り接線に垂直な直線と接線の交点として求められる．接点の座標が求まれば半径も計算できるが，半径は☆で求めればよいだろう（多くの場合，☆の方が計算が楽）．

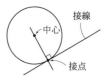

▤解答▤

（ア）　円 $x^2+y^2=5$ 上の点 $(-1, 2)$ における接線の方程式は，
$$(-1)x+2y=5 \qquad \therefore \quad \boldsymbol{-x+2y=5}$$

（イ）　円 $(x+1)^2+(y-2)^2=20$ の中心は $(-1, 2)$，半径は $\sqrt{20}=2\sqrt{5}$ である．

直線 $x-2y-k=0$ が円と接するとき，円の中心とこの直線の距離が半径に等しいから，
$$\frac{|(-1)-2\cdot2-k|}{\sqrt{1^2+(-2)^2}}=2\sqrt{5} \qquad \therefore \quad |-5-k|=2\sqrt{5}\cdot\sqrt{5}$$
$$\therefore \quad |k+5|=10 \qquad \therefore \quad k+5=\pm10 \qquad \therefore \quad \boldsymbol{k=5, \ -15}$$

（ウ）　中心 $(1, -3)$ と直線 $3x-4y=6$ との距離が C の半径 r に等しいから，
$$r=\frac{|3\cdot1-4(-3)-6|}{\sqrt{3^2+(-4)^2}}=\frac{9}{5}$$

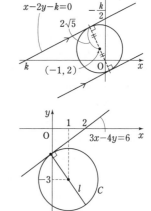

▨（ウ）で，接点の座標も求めてみよう．次のようになる．中心 $(1, -3)$ を通り，$3x-4y=6$ ……① に垂直な直線を l とする．①の傾きは $\dfrac{3}{4}$ であるから l の傾きは $-\dfrac{4}{3}$ であり，l の方程式は，$y-(-3)=-\dfrac{4}{3}(x-1)$

よって，$y=-\dfrac{4}{3}x-\dfrac{5}{3}$ であり，①と連立させて，$(x, y)=\left(-\dfrac{2}{25}, \ -\dfrac{39}{25}\right)$

これと中心の座標を使って，半径⇦を求めるのはやや面倒である．

=====▶12 **演習題**（解答は p.56）=====

（ア）　半円 $x^2+y^2=10$，$y\geqq0$ 上の x 座標が -1 の点における接線の方程式を求めよ．

（イ）　円 $(x+2)^2+(y+3)^2=5$ と直線 $x+3y+k=0$ が接するとき，k の値を求めよ．

（ウ）　点 $(2, 6)$ を中心とし，直線 $x+3y=15$ に接する円の半径は □ であり，接点の座標は □ である．

（南山大・経済）

🕙 10分

◆ 13 円外の点から円に引いた接線

（ア）　点 $(-1, 3)$ を通り，円 $x^2+y^2=5$ に接する直線の方程式と接点の座標の組を求めよ.

（イ）　点 $(2, 1)$ を通り，傾き m の直線 l が，円 $C : x^2+y^2=2$ に接するとき，m の値を求めよ.

円外の点から円に引いた接線の方程式の代表的な求め方は，次の2つである.

円の接線の公式の活用　上の例題（ア）の場合，円 $x^2+y^2=5$ 上の点 $P(x_1, y_1)$ におけるこの円の接線 $x_1x+y_1y=5$ が点 $(-1, 3)$ を通るような x_1, y_1 を求める，と考える．このとき，P がこの円上にある条件 $x_1{}^2+y_1{}^2=5$ を忘れないようにしよう（忘れると x_1, y_1 が求まらない）．例題（ア）のように，接点の座標も必要なときは，この方法がよいだろう.

点と直線の距離の公式の活用　円と直線が接する条件は，

$$（円の中心と直線との距離）＝（半径）\quad\cdots\cdots\cdots\cdots\cdots（\ast）$$

である．円外の点 $A(a, b)$ を通り，円に接する直線 l の方程式を求めるには，l を $y-b=m(x-a)$ とおき，$(\ast)$ を使えばよい．ただし，このおき方だと，A を通る直線のうち $x=a$ だけは表せないことに注意しよう.

▓解 答▓

（ア）　接点を $P(x_1, y_1)$ とおくと，P は円上にあるから，　　　$x_1{}^2+y_1{}^2=5\cdots\cdots\cdots\cdots\cdots\cdots$①

P における円の接線の方程式は，

$$x_1x+y_1y=5\cdots\cdots\cdots\cdots\cdots\cdots②$$

これが点 $(-1, 3)$ を通るから，$x_1\cdot(-1)+y_1\cdot3=5$

$$\therefore\ x_1=3y_1-5\cdots\cdots\cdots\cdots\cdots\cdots③$$

③を①に代入して，$(3y_1-5)^2+y_1{}^2=5$

$$\therefore\ 10y_1{}^2-30y_1+20=0\quad\therefore\ y_1{}^2-3y_1+2=0\quad\therefore\ y_1=1, 2$$

⟸ $(y_1-1)(y_1-2)=0$

これと③とから，$(x_1, y_1)=(-2, 1), (1, 2)$

よって，接点の座標と接線の方程式の組は，②とから，

接点 $(-2, 1)$，接線の方程式 $-2x+y=5$

接点 $(1, 2)$，接線の方程式 $x+2y=5$

（イ）　直線 l の方程式は，$y-1=m(x-2)$

$$\therefore\ mx-y-2m+1=0$$

l が原点 O を中心とする半径 $\sqrt{2}$ の円 C に接するとき，中心 O と l との距離が半径に等しいから，

$$\frac{|m\cdot0-0-2m+1|}{\sqrt{m^2+(-1)^2}}=\sqrt{2}$$

分母を払い，両辺を2乗し，$(-2m+1)^2=2(m^2+1)$

$$\therefore\ 2m^2-4m-1=0\quad\therefore\ m=\frac{2\pm\sqrt{2^2+2}}{2}=\boldsymbol{\frac{2\pm\sqrt{6}}{2}}$$

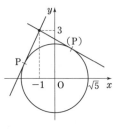

⟸ l は $(2, 1)$ を通り，傾き m の直線.

⟸ $C : x^2+y^2=2$

⟸ 点と直線の距離の公式を使った.

▷|13 演習題（解答は p.57）

（ア）　点 $(4, 2)$ を通り，円 $x^2+y^2=10$ に接する直線の方程式と接点の座標の組を求めよ.

（イ）　方程式 $x^2+y^2-4x-6y+12=0$ で表される円がある．原点を通り，この円に接する直線の傾きを求めよ.　　　　　　　　　　　　　　　　　（名城大・経済，経営）

（ウ）　点 $(2, 4)$ を通り，円 $x^2+y^2+2x-4y-4=0$ に接する直線の方程式を求めよ.

🕐 15分

◆ 14 2円の位置関係／接する，2点で交わる

（ア） r を正の定数とし，2つの円 $O_1: x^2+y^2=4r^2$ と $O_2: (x+3)^2+(y-4)^2=r^4$ を考える．この2つの円の中心間の距離は $\boxed{(1)}$ である．この2つの円が接するとき，r の値は $\boxed{(2)}$ または $\boxed{(3)}$ となる． （北里大・医療衛生）

（イ） 円 $x^2+y^2=4$ と，点 $(-3, 4)$ を中心とする半径 r の円が異なる2点で交わるとき，r の範囲は $\boxed{}<r<\boxed{}$ である． （大妻女子大）

> **2円の位置関係のとらえ方** 2円の位置関係は，中心間の距離 d と半径でとらえることができる．
> 例えば，下の右端のように2点で交わる条件は，$|r_1-r_2|<d<r_1+r_2$

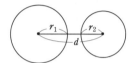 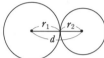

▒ 解 答 ▒

（ア） $O_1: x^2+y^2=(2r)^2$, $O_2: (x+3)^2+(y-4)^2=(r^2)^2$

（1） 円 O_1 の中心 O_1 は $(0, 0)$，円 O_2 の中心 O_2 は $(-3, 4)$ であるから，中心間の距離 O_1O_2 は，$O_1O_2=\sqrt{(-3)^2+4^2}=\mathbf{5}$

（2）（3） 円 O_1 と円 O_2 が接するのは，中心間の距離 O_1O_2 が2円の半径の和または差に等しいときである．$r>0$ により，円 O_1 の半径は $2r$，円 O_2 の半径は r^2 であるから，

$$r^2+2r=5 \cdots\cdots① \quad \text{または} \quad |r^2-2r|=5 \cdots\cdots②$$

①のとき，$r^2+2r-5=0$ を $r>0$ に注意して解いて，$r=\mathbf{-1+\sqrt{6}}$

②のとき，$r^2-2r=5 \cdots\cdots③$ または $r^2-2r=-5 \cdots\cdots④$

③のとき，$r^2-2r-5=0$ を $r>0$ に注意して解いて，$r=\mathbf{1+\sqrt{6}}$

④のとき，$r^2-2r+5=0$ を解くと，$r=1\pm2i$ となり不適． ⇐i は虚数単位．

（イ） 中心 $(0, 0)$，半径2の円と，中心 $(-3, 4)$，半径 r の円が異なる2点で交わる条件は， ⇐$x^2+y^2=4(=2^2)$ の半径は2

$$|r-2|<\sqrt{(-3)^2+4^2}<r+2$$ ⇐解答の前文を使った．

$$\therefore \quad |r-2|<5<r+2$$

$5<r+2$ により $r>3$ で，このとき $|r-2|<5$ は $r-2<5$

したがって，$\mathbf{3<r<7}$

▶ 14 演習題 （解答は p.58）

r を正の定数とする．2つの円 $O_1: (x-5)^2+(y-4)^2=9$，$O_2: (x-1)^2+(y-1)^2=r^2$ が共有点をもつような r の値の範囲は $\boxed{(1)}$ である．O_1 と O_2 が2点で交わるとき，この2点を通る直線 l の傾きは $\boxed{(2)}$ となる．

（神奈川大・理，工／一部追加） 🕐6分

◆ 15 軌跡

A$(-3, 0)$, B$(0, 6)$ について,
（1） AP：BP＝1：1 となる動点 P の軌跡は，直線 [____] である.
（2） AQ：BQ＝1：2 となる動点 Q の軌跡は，中心 [____]，半径 [____] の円である.
（3） （2）で求めた軌跡上を動点 Q が動くとき，線分 BQ の中点 R の軌跡は，中心 [____]，半径 [____] の円である.

（図形の方程式） 曲線 $C : y = x^2$ は放物線である. $y = x^2$ は，C 上の点の x 座標と y 座標が満たす関数式である. $y = x^2$ のような，曲線上の点 (x, y) が満たす関係式を，その曲線の方程式という.

（軌跡を表す式の求め方） 動点 P の軌跡を表す式の求め方を考えてみよう. P の x 座標と y 座標が満たす（$y = x^2$ のような）関係式を求めればよい. そこで，P の座標を (x, y) と設定して，x, y の満たす条件式を上の問題（1）なら，AP：BP＝1：1 から求めればよい（x, y の満たす条件式を求める際に，等式の条件式だけでなく，不等式の条件式（x, y の範囲）が出てくることもある）.

（AP：BP＝a：b のとらえ方） AP：BP＝a：b のとき，bAP＝aBP，すなわち b^2AP^2＝a^2BP^2 としてとらえるのがよいだろう.

（（3）の解き方） 動点 R の軌跡を求めたいから，R(x, y) とおく. この x, y を用いて Q の座標を表す. Q は円上を動く. Q の座標を円の方程式に代入することで，x, y の満たす関係式が得られる.

▓ 解 答 ▓

（1） P(x, y) とおくと，AP：BP＝1：1 により，AP＝BP
よって，AP^2＝BP^2 であるから，
$$(x+3)^2 + y^2 = x^2 + (y-6)^2$$
$$\therefore \ 6x + 12y - 27 = 0 \qquad \therefore \ \boldsymbol{2x + 4y - 9 = 0}$$

（2） Q(x, y) とおくと，AQ：BQ＝1：2 により，2AQ＝BQ
よって，4AQ^2＝BQ^2 であるから，$4(x+3)^2 + 4y^2 = x^2 + (y-6)^2$
$$\therefore \ 3x^2 + 24x + 3y^2 + 12y = 0 \qquad \therefore \ x^2 + 8x + y^2 + 4y = 0$$
$$\therefore \ (x+4)^2 - 4^2 + (y+2)^2 - 2^2 = 0 \qquad \therefore \ (x+4)^2 + (y+2)^2 = 20 \ \cdots\cdots ①$$
よって，Q の軌跡は，中心 $\boldsymbol{(-4, -2)}$，半径 $\boldsymbol{2\sqrt{5}}$ の円である.

（3） R(x, y)，Q(s, t) とおくと，BQ の中点が R であるから，
$$\frac{0+s}{2} = x, \quad \frac{6+t}{2} = y \qquad \therefore \ s = 2x, \ t = 2y - 6$$
Q(s, t) は①上にあるから，$(2x+4)^2 + \{(2y-6)+2\}^2 = 20$
両辺を 4 で割って，$(x+2)^2 + (y-2)^2 = 5$
よって，R の軌跡は，中心 $\boldsymbol{(-2, 2)}$，半径 $\boldsymbol{\sqrt{5}}$ の円である.

➡注 Q, R の軌跡を C, D とし，C の中心を E とする. D は，点 B を中心として C を $1/2$ 倍に相似拡大したもの. よって D の中心は BE の中点，半径は $\sqrt{5}$ の円である.

⇦AP＝BP により，P は AB の垂直二等分線を描く. これを使って解いてもよい（$\left(-\dfrac{3}{2}, 3\right)$ を通り傾き $-\dfrac{1}{2}$ の直線である）.

⇦2AQ＝BQ の両辺を 2 乗した.

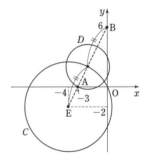

⇦D の半径は C の半径の $1/2$ 倍.

▷◁ 15 演習題 （解答は p.58）

（ア） 2 点 A$(1, -2)$, B$(2, -3)$ に対して，AP：BP＝1：1 となる動点 P の軌跡は直線 [①] であり，AQ：BQ＝1：3 となる動点 Q の軌跡は中心 [②]，半径 [③] の円である.

（イ） 点 P が円 $x^2 + y^2 = 9$ 上を動くとき，点 A$(4, 1)$ と P を結ぶ線分 AP を 3：1 に内分する点 Q の軌跡は，中心 [____]，半径 [____] の円である. （武庫川女子大／一部略）

🕐 15 分

◆ 16 不等式が表す領域

以下の連立不等式，あるいは不等式の表す領域を図示せよ．境界線どうしの交点の座標を明記する必要はないが，境界線と座標軸との交点の座標（切片）は明記せよ．

（ア）　連立不等式 $\begin{cases} 2x+y<4 \\ x^2+y^2\leqq 4 \end{cases}$　　　　（イ）　連立不等式 $\begin{cases} x-y+2\geqq 0 \\ y>x^2 \end{cases}$

（ウ）　不等式 $(x-y+1)(2x+y+5)>0$

$\boxed{y>mx+n \text{ の表す領域}}$　直線 $y=mx+n$ の上側の部分（境界の直線 $y=mx+n$ は含まない）を表す．$y\geqq mx+n$ なら，境界を含む．なお，$y<mx+n$ は直線 $y=mx+n$ の下側の部分を表す．

　（イ）の $x-y+2\geqq 0$ の場合は，$y\leqq x+2$ と変形してとらえればよい．

$\boxed{y>x^2 \text{ の表す領域}}$　放物線 $y=x^2$ の上側の部分を表す．一般に，不等式 $y>f(x)$ の表す領域は，曲線 $y=f(x)$ の上側である．（$y<f(x)$ なら“下側”）

$\boxed{(x-a)^2+(y-b)^2<r^2 \text{ の表す領域}}$　円 $(x-a)^2+(y-b)^2=r^2$ を C とすると，これは円 C の内部を表す．$(x-a)^2+(y-b)^2>r^2$ なら，円 C の外部を表す．

$\boxed{\text{連立不等式の表す領域}}$　各不等式が表す領域の共通部分である．

$\boxed{(x-y+1)(2x+y+5)>0 \text{ の表す領域}}$　このように積の形で表される領域を考えるときは，
$$AB>0 \iff \text{「}A>0 \text{かつ} B>0\text{」または「}A<0 \text{かつ} B<0\text{」}$$
に着目する．$AB<0$ の場合も同様である．

≡ 解 答 ≡

（ア）　$2x+y<4$ を変形すると，$y<-2x+4$

　求める領域は，直線 $y=-2x+4$ の下側と，円 $x^2+y^2=4$ の周および内部の共通部分で，図 1 の網目部（境界は実線を含み破線と白丸を含まない）．

（イ）　$x-y+2\geqq 0$ を変形すると，$y\leqq x+2$

　求める領域は，直線 $y=x+2$ とその下側と，放物線 $y=x^2$ の上側の共通部分で，図 2 の網目部（境界は実線を含み破線と白丸を含まない）．

（ウ）　与式は，$\begin{cases} x-y+1>0 \\ 2x+y+5>0 \end{cases}$　または　$\begin{cases} x-y+1<0 \\ 2x+y+5<0 \end{cases}$

　　　　∴ $\begin{cases} y<x+1 \\ y>-2x-5 \end{cases}$　または　$\begin{cases} y>x+1 \\ y<-2x-5 \end{cases}$

求める領域は，図 3 の網目部（境界は含まない）．

⇐ 境界線の交点は $y=-2x+4\cdots$①
と $x^2+y^2=4$ を連立させて，
$x^2+(-2x+4)^2=4$
∴ $(x-2)(5x-6)=0$
①とから $(2,\ 0)$, $(6/5,\ 8/5)$

⇐ 境界線の交点は，$y=x+2\cdots$②
と $y=x^2$ を連立させて，
$x^2=x+2$
∴ $(x+1)(x-2)=0$
②とから $(-1,\ 1)$, $(2,\ 4)$

⇐ $x+1=-2x-5$ ∴ $x=-2$
により，境界線の交点は
$(-2,\ -1)$

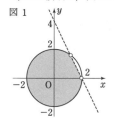
図 1

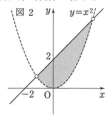
図 2

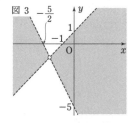
図 3

▶ 16 演習題（解答は p.59）

以下の連立不等式または不等式の表す領域を図示せよ．境界の交点の座標を明記せよ．

（ア）　$\begin{cases} x+2y\geqq 4 \\ x^2+y^2>5 \end{cases}$　　　　（イ）　$\begin{cases} x^2+y^2<2 \\ y\geqq x^2 \end{cases}$

（ウ）　$(3x-y+1)(x^2+y^2-5)<0$

🕐 15 分

図形と方程式 演習題の解答

1 2点間の距離，線分の中点，三角形の重心の座標の公式を使う．三角形の重心の公式は，重心の x, y 座標は，3頂点の x, y 座標の平均であることを意味する．

解 （ア） $A(-1, -1)$, $B(-4, -2)$, $C(-5, 1)$ のとき，

$$AB = \sqrt{\{-4-(-1)\}^2 + \{-2-(-1)\}^2}$$
$$= \sqrt{(-4+1)^2 + (-2+1)^2}$$
$$= \sqrt{(-3)^2 + (-1)^2} = \sqrt{9+1} = \sqrt{10}$$
$$BC = \sqrt{(-5+4)^2 + (1+2)^2} = \sqrt{(-1)^2 + 3^2} = \sqrt{10}$$
$$CA = \sqrt{(-1+5)^2 + (-1-1)^2}$$
$$= \sqrt{4^2 + 2^2} = \sqrt{(2 \cdot 2)^2 + 2^2} = 2\sqrt{2^2 + 1} = 2\sqrt{5}$$

よって，$AB : BC : CA = 1 : 1 : \sqrt{2}$ であるから，$\triangle ABC$ は，$BA = BC$ の **直角二等辺** 三角形である．

（イ）$\triangle ABC$ の重心は，

$$\left(\frac{-1-4-5}{3}, \frac{-1-2+1}{3} \right) \text{ により，} G\left(-\frac{10}{3}, -\frac{2}{3} \right)$$

AG の中点は，

$$\left(\frac{-1-\frac{10}{3}}{2}, \frac{-1-\frac{2}{3}}{2} \right) \text{ により，} M\left(-\frac{13}{6}, -\frac{5}{6} \right)$$

（ウ）$A(5, 3a)$, $B(1, 1)$, $C(3, -1)$ のとき，$\triangle ABC$ の重心は，$\left(\frac{5+1+3}{3}, \frac{3a+1-1}{3} \right)$ により，$G(3, a)$

BC の中点は，$\left(\frac{1+3}{2}, \frac{1-1}{2} \right)$ により，$M(2, 0)$

$$BG = \sqrt{(3-1)^2 + (a-1)^2} = \sqrt{4+(a-1)^2}$$
$$GM = \sqrt{(2-3)^2 + (0-a)^2} = \sqrt{1+a^2}$$

よって，$BG : GM = 2 : 1$ となるとき，

$$2GM = BG \quad \therefore \quad 4GM^2 = BG^2$$
$$\therefore \quad 4(1+a^2) = 4+(a-1)^2$$
$$\therefore \quad 3a^2 + 2a - 1 = 0 \quad \therefore \quad (a+1)(3a-1) = 0$$

$a > 0$ により，$\boldsymbol{a = \dfrac{1}{3}}$

▨ G は $\triangle ABC$ の重心であるから，$AG : GM = 2 : 1$
これと，$BG : GM = 2 : 1$
により，$GA = GB$ が成立し，AB の中点を N とすると，

$GN \perp AB$，よって，$CN \perp AB$ が成立する．これから，$CA = CB$ が導かれる．

2 （イ）A，B，C の座標を文字で設定して，連立方程式を解く．

解 （ア）$A(-3, -4)$, $B(-1, 2)$ である．
AB を $5 : 2$ に内分する点は，

$$\left(\frac{2 \cdot (-3) + 5 \cdot (-1)}{5+2}, \frac{2 \cdot (-4) + 5 \cdot 2}{5+2} \right) \text{ により，}$$

$$C\left(-\frac{11}{7}, \frac{2}{7} \right)$$

AB を $5 : 2$ に外分する点は，

$$\left(\frac{-2 \cdot (-3) + 5 \cdot (-1)}{5-2}, \frac{-2 \cdot (-4) + 5 \cdot 2}{5-2} \right) \text{ により，}$$

$$D\left(\frac{1}{3}, 6 \right)$$

（イ）$A(a, b)$, $B(c, d)$, $C(e, f)$ とおく．
AB を $1 : 2$ に外分する点が $(2, -1)$ であるから，

$$\left(\frac{2a-c}{-1+2}, \frac{2b-d}{-1+2} \right) = (2, -1)$$
$$\therefore \quad 2a-c=2 \cdots\cdots① , \quad 2b-d=-1 \cdots\cdots②$$

BC を $2 : 3$ に外分する点が $(4, 3)$ であるから，

$$\left(\frac{3c-2e}{-2+3}, \frac{3d-2f}{-2+3} \right) = (4, 3)$$
$$\therefore \quad 3c-2e=4 \cdots\cdots③ , \quad 3d-2f=3 \cdots\cdots④$$

CA を $3 : 4$ に外分する点が $(16, 9)$ であるから，

$$\left(\frac{4e-3a}{-3+4}, \frac{4f-3b}{-3+4} \right) = (16, 9)$$
$$\therefore \quad 4e-3a=16 \cdots\cdots⑤ , \quad 4f-3b=9 \cdots\cdots⑥$$

①，③から a, e を c で表すと，

$$a = \frac{c+2}{2}, \quad e = \frac{3c-4}{2} \cdots\cdots⑦$$

⑤に代入して，$4 \cdot \dfrac{3c-4}{2} - 3 \cdot \dfrac{c+2}{2} = 16$

両辺2倍して，$9c - 22 = 32 \quad \therefore \quad c = 6$

⑦に代入して，$a = 4$, $e = 7$

②，④から，b, f を d で表すと，

$$b = \frac{d-1}{2}, \quad f = \frac{3d-3}{2} \cdots\cdots⑧$$

⑥に代入して，$4 \cdot \dfrac{3d-3}{2} - 3 \cdot \dfrac{d-1}{2} = 9$

両辺2倍して，$9d - 9 = 18 \quad \therefore \quad d = 3$

⑧に代入して，$b = 1$, $f = 3$
以上により，

$$A(4, 1), \quad B(6, 3), \quad C(7, 3)$$

3 中点に着目する．（ア），（ウ）では，求める点の座標を文字でおく．

解 （ア） Q の座標を (x, y) とおく．PQ の中点が A であるから，P$(-2, -3)$，A$(3, -2)$ により，

$$\frac{-2+x}{2}=3, \quad \frac{-3+y}{2}=-2$$

$$\therefore \quad x=8, \ y=-1 \quad \therefore \quad \mathbf{Q(8, \ -1)}$$

（イ） A$(-2, -1)$，B$(a, 2b)$，C$(-b, 2a)$ のとき，$\triangle$ABC の重心 G は，

$$G\left(\frac{-2+a-b}{3}, \ \frac{-1+2b+2a}{3}\right)$$

G に関して A と対称な点 (a, b) を D とおくと，AD の中点が G であるから，

$$\frac{-2+a}{2}=\frac{-2+a-b}{3}, \quad \frac{-1+b}{2}=\frac{-1+2b+2a}{3}$$

$$\therefore \quad a+2b=2 \cdots\cdots① , \quad -4a-b=1 \cdots\cdots\cdots\cdots②$$

①＋②×2 により，$-7a=4$

$$\boldsymbol{a=-\frac{4}{7}} \quad \therefore \quad \boldsymbol{b=-4a-1=\frac{9}{7}}$$

（ウ） BC の中点を N とすると，N の座標は

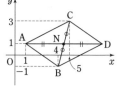

$$\left(\frac{4+5}{2}, \ \frac{-1+3}{2}\right)$$

$$\therefore \quad N\left(\frac{9}{2}, \ 1\right)$$

D の座標を (x, y) とおくと，AD の中点が N であるから，

$$\frac{1+x}{2}=\frac{9}{2}, \quad \frac{1+y}{2}=1 \quad \therefore \quad x=8, \ y=1$$

よって，$\mathbf{D(8, \ 1)}$ である．

4 （イ）（4）は，切片形の公式が使える．切片形の公式も使えるようにしておこう．

解 （ア）（1） $y-(-3)=-2\{x-(-2)\}$

$$\therefore \quad y+3=-2(x+2)$$

$$\therefore \quad \boldsymbol{y=-2x-7}$$

（2） $\boldsymbol{x=2}$

（イ）（1） 2 点を通る直線の傾きは，$\dfrac{-3-5}{-5-(-1)}=2$ であるから，$y-5=2\{x-(-1)\}$

$$\therefore \quad \boldsymbol{y=2x+7}$$

（2） 2 点の x 座標が等しいから，$\boldsymbol{x=-3}$

（3） 2 点の y 座標が等しいから，$\boldsymbol{y=-7}$

（4） $\dfrac{x}{-2}+\dfrac{y}{5}=1\left(\text{つまり，}\boldsymbol{y=\dfrac{5}{2}x+5}\right)$

5 （イ） まず $a=-2$，$a=0$ のとき垂直になるかどうかを調べておこう．

解 （ア） 点 $(-1, -2)$ を通り，直線

$4x-3y+5=0\cdots\cdots①$ に平行な直線の方程式は，

$$4\{x-(-1)\}-3\{y-(-2)\}=0$$

$$\therefore \quad 4(x+1)-3(y+2)=0 \quad \therefore \quad \boldsymbol{4x-3y-2=0}$$

①の傾きは $\dfrac{4}{3}$ である．①に垂直な直線の傾きを m とすると，$\dfrac{4}{3}m=-1 \quad \therefore \quad m=-\dfrac{3}{4}$

よって，点 $(-1, -2)$ を通り，①に垂直な直線の方程式は，$y-(-2)=-\dfrac{3}{4}\{x-(-1)\}$

$$\therefore \quad y+2=-\frac{3}{4}(x+1) \quad \therefore \quad y=-\frac{3}{4}x-\frac{11}{4}$$

$$\therefore \quad \boldsymbol{3x+4y+11=0}$$

（イ） 平行：$ax+(a+2)y=3\cdots\cdots①$，$x+ay=1\cdots\cdots②$ が平行となるとき，$a:(a+2)=1:a$

$$\therefore \quad a^2=a+2 \quad \therefore \quad a^2-a-2=0$$

$$\therefore \quad (a-2)(a+1)=0 \quad \therefore \quad \boldsymbol{a=2, \ -1}$$

垂直：①が y 軸に平行となるとき $a=-2$ で，このとき②は y 軸と垂直にならないから，①と②は垂直ではない．

②が y 軸と平行となるとき $a=0$ で，このとき①は y 軸と垂直であるから，①と②は垂直である．

$a\neq-2$ かつ $a\neq0$ のとき，（①，②を $y=\cdots$ の形に直すことにより）①の傾きは $-\dfrac{a}{a+2}$，②の傾きは $-\dfrac{1}{a}$ であるから，①と②が垂直となるとき，

$$-\frac{a}{a+2}\cdot\left(-\frac{1}{a}\right)=-1 \quad \therefore \quad \frac{1}{a+2}=-1$$

$$\therefore \quad a+2=-1 \quad \therefore \quad a=-3$$

以上により，①と②が垂直となるとき，$\boldsymbol{a=0, \ -3}$

6 （イ） 座標平面上の2直線の関係を調べる．直線の方程式を $y=mx+n$ の形に直すのがよいだろう．

解 （ア）　3点を順に A，B，C とする．

（1）　A$(-3, -1)$, B$(-1, 1)$, C$(1, a)$

AB の傾きは，$\left(\dfrac{1-(-1)}{-1-(-3)}=\right)\dfrac{1+1}{-1+3}=1$

AC の傾きは，$\left(\dfrac{a-(-1)}{1-(-3)}=\right)\dfrac{a+1}{1+3}=\dfrac{a+1}{4}$

A，B，C が一直線上にあるとき，これらが等しく，

$$1=\frac{a+1}{4}\qquad\therefore\ \boldsymbol{a=3}$$

➡**注**　慣れてくれば……は省略できるだろう．

（2）　A$(-1, 2)$, B$(a, 3)$, C$(3, a)$

A，B，C の x 座標がすべて等しくなることはない．

AB の傾きは $\dfrac{3-2}{a+1}=\dfrac{1}{a+1}$

AC の傾きは $\dfrac{a-2}{3+1}=\dfrac{a-2}{4}$

A，B，C が一直線上にあるとき，これらが等しく，

$$\frac{1}{a+1}=\frac{a-2}{4}\qquad[\text{この両辺を }4(a+1)\text{ 倍して}]$$

$\therefore\ 4=(a-2)(a+1)\qquad\therefore\ 4=a^2-a-2$

$\therefore\ a^2-a-6=0\qquad\therefore\ (a-3)(a+2)=0$

$$\therefore\ \boldsymbol{a=3,\ -2}$$

➡**注**　$\dfrac{p}{q}=\dfrac{r}{s}$ のとき $ps=qr$（斜めにかけた2数の積が等しい）が成立（元の両辺を qs 倍して得られる）．

（イ）　①，②をそれぞれ変形すると，

$$y=-2x-1\cdots\cdots①',\quad y=-ax-c\cdots\cdots②'$$

・ただ1組の解をもつ条件は，座標平面上で①'，②'の表す2直線が平行でないこと．傾きを考えて，その条件は

$$-2\neq-a\qquad\therefore\ \boldsymbol{a\neq2}$$

・解をもたない条件は，2直線①'，②'が平行で一致しないこと．平行となるのは $a=2$ のときであり，①'の y 切片は -1，②'の y 切片は $-c$ であるから，一致しないとき，$-1\neq-c$　$\therefore\ c\neq1$

よって，解をもたない条件は，$\boldsymbol{a=2,\ c\neq1}$

・無数の解をもつ条件は，2直線①'，②'が一致することで，以上の経過から，その条件は，$\boldsymbol{a=2,\ c=1}$

---

7 （ア）（イ）とも例題と同様に考えればよい．

解 （ア）　A$(-5, 2)$, B$(3, 6)$ である．

直線 l は AB の垂直二等分線である．

AB の中点は，$\left(\dfrac{-5+3}{2}, \dfrac{2+6}{2}\right)$ により $(-1, 4)$

AB の傾きは，$\dfrac{6-2}{3+5}=\dfrac{1}{2}$ であるから，AB に垂直な直線 l の傾きは -2 である．

よって，l は $(-1, 4)$ を通り傾き -2 の直線であるから，l の方程式は，$y-4=-2(x+1)$

$$\therefore\ \boldsymbol{y=-2x+2}$$

（イ）　$l:y=2x+1$,
A$(3, 1)$, B(a, b)
とする．A と B は l に関して
対称であるから，

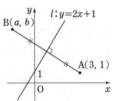

$$AB\perp l\cdots\cdots①\quad\text{かつ}$$

AB の中点が l 上．

AB の傾きは，$\dfrac{b-1}{a-3}$ であり，l の傾きは 2 であるから，

①により，$\dfrac{b-1}{a-3}\times2=-1\cdots\cdots\cdots\cdots\cdots\cdots②$

AB の中点は $\left(\dfrac{3+a}{2}, \dfrac{1+b}{2}\right)$ であり，これが l 上にあるから，

$$\frac{1+b}{2}=2\cdot\frac{3+a}{2}+1\qquad\therefore\ b=2a+7$$

これを②に代入し，分母を払うと，

$$(2a+6)\times2=-(a-3)\qquad\therefore\ 5a=-9$$

よって，$\boldsymbol{a=-\dfrac{9}{5}}$, $\boldsymbol{b=2a+7=\dfrac{17}{5}}$

8　いずれも例題と同様に，点と直線の公式を使って解く．

解 （ア）　$l:3x-y+2=0$ であるから，A$(-4, 3)$ との距離 d は，

$$d=\frac{|3(-4)-3+2|}{\sqrt{3^2+(-1)^2}}=\frac{13}{\sqrt{10}}\left(=\frac{13\sqrt{10}}{10}\right)$$

（イ）　$l:3x+4y+1=0$, $m:3x+4y+5=0$

l の y 切片は $\left(0, -\dfrac{1}{4}\right)$ である．$l\ /\!/\ m$ により，点 $\left(0, -\dfrac{1}{4}\right)$ と m の距離が求める値に等しく，

$$d=\frac{\left|3\cdot0+4\left(-\dfrac{1}{4}\right)+5\right|}{\sqrt{3^2+4^2}}=\frac{4}{5}$$

（ウ）（1）　直線 AB の式は

$$y-1=\frac{5-1}{-3-3}(x-3)$$

$$\therefore\quad y=-\frac{2}{3}x+3$$

$$\therefore\quad -2x-3y+9=0$$

点 C$(-1,\ -1)$ とこの直線
の距離 d は，

$$d=\frac{|-2(-1)-3(-1)+9|}{\sqrt{(-2)^2+(-3)^2}}=\frac{\mathbf{14}}{\sqrt{\mathbf{13}}}\left(=\frac{\mathbf{14}\sqrt{\mathbf{13}}}{\mathbf{13}}\right)$$

（2）　$AB=\sqrt{(-6)^2+4^2}=2\sqrt{3^2+2^2}=2\sqrt{13}$ であるから，

$$\triangle ABC=\frac{1}{2}AB\cdot d=\frac{1}{2}\cdot2\sqrt{13}\cdot\frac{14}{\sqrt{13}}=\mathbf{14}$$

9　（ア）　中心と半径から円の方程式を立式し，それを展開する．

（ウ）　y 軸に接するから，$|$中心の x 座標$|=$半径

（エ）　A を中心とし B を通る円の半径は AB に等しい．

（オ）（カ）　平方完成して，中心を求める．

解　（ア）　中心 $(3,\ 2)$，半径 $2\sqrt{2}$ の円の方程式は，

$$(x-3)^2+(y-2)^2=(2\sqrt{2})^2$$

$$\therefore\quad x^2-6x+9+y^2-4y+4=8$$

$$\therefore\quad \mathbf{x^2+y^2-6x-4y+5=0}$$

（イ）　A$(3,\ -2)$，B$(7,\ 1)$ を直径の両端とする円の中心は AB の中点 M である．M の座標は，

$\left(\dfrac{3+7}{2},\ \dfrac{-2+1}{2}\right)$ により，M$\left(5,\ -\dfrac{1}{2}\right)$

半径は，$AM=\sqrt{(5-3)^2+\left(-\dfrac{1}{2}+2\right)^2}=\sqrt{2^2+\left(\dfrac{3}{2}\right)^2}$

$$=\frac{\sqrt{4^2+3^2}}{2}=\frac{5}{2}$$

よって，求める円の方程式は，

$$(x-5)^2+\left(y+\frac{1}{2}\right)^2=\frac{\mathbf{25}}{\mathbf{4}}$$

⇨注　答えは，$x^2+y^2-10x+y+19=0$ でもよい．

（ウ）　右図により，半径は 3 であるから，この円の方程式は，

$$(\mathbf{x+3})^2+(\mathbf{y+4})^2=\mathbf{9}$$

⇨注　答えは
$x^2+y^2+6x+8y+16=0$
でもよい．

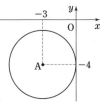

（エ）　A$\left(\dfrac{3}{2},\ \dfrac{3}{2}\right)$ を中心とし，B$(-1,\ -1)$ を通る円の半径は AB に等しいから，この円の方程式は，

$$\left(x-\frac{3}{2}\right)^2+\left(y-\frac{3}{2}\right)^2=\left(-1-\frac{3}{2}\right)^2+\left(-1-\frac{3}{2}\right)^2$$

$$\therefore\quad \left(x-\frac{3}{2}\right)^2+\left(y-\frac{3}{2}\right)^2=\frac{25}{2}$$

$$\therefore\quad \mathbf{x^2+y^2-3x-3y-8=0}$$

（オ）　$x^2+y^2+3x+5y-4=0$ を変形すると，

$$(x^2+3x)+(y^2+5y)-4=0$$

$$\therefore\quad \left(x+\frac{3}{2}\right)^2-\frac{9}{4}+\left(y+\frac{5}{2}\right)^2-\frac{25}{4}-4=0$$

$$\therefore\quad \left(x+\frac{3}{2}\right)^2+\left(y+\frac{5}{2}\right)^2=\frac{25}{2}$$

この円の**中心**は$\left(-\dfrac{3}{2},\ -\dfrac{5}{2}\right)$，**半径**は$\dfrac{5}{\sqrt{2}}\left(=\dfrac{5\sqrt{2}}{2}\right)$

（カ）　$x^2+y^2-x+\dfrac{10}{3}y+\dfrac{37}{36}=0$ を変形すると，

$$\left(x^2-x\right)+\left(y^2+\frac{10}{3}y\right)+\frac{37}{36}=0$$

$$\therefore\quad \left(x-\frac{1}{2}\right)^2-\frac{1}{4}+\left(y+\frac{5}{3}\right)^2-\frac{25}{9}+\frac{37}{36}=0$$

$$\therefore\quad \left(x-\frac{1}{2}\right)^2+\left(y+\frac{5}{3}\right)^2=定数（☞注）$$

この中心は $\left(\dfrac{1}{2},\ -\dfrac{5}{3}\right)$ であり，この点と直線
$3x-4y-10=0$ の距離は，

$$\frac{\left|3\cdot\frac{1}{2}-4\left(-\frac{5}{3}\right)-10\right|}{\sqrt{3^2+(-4)^2}}=\frac{\frac{11}{6}}{5}=\frac{\mathbf{11}}{\mathbf{30}}$$

⇨注　半径を求める必要はないので，この定数を計算する必要はない．

10 （ア），（イ）とも，まず3点 A, B, C を通る円を，$x^2+y^2+lx+my+n=0$ とおき，3点を通ることから l, m, n を求める．（イ）では，この式を平方完成して，円の中心と半径を求める．

解 （ア） $A(-1, 7), B(2, 1), C(3, 4)$ を通る円の方程式を，$x^2+y^2+lx+my+n=0$ ……………① とおく．①が3点 A, B, C を通るから，

$$\begin{cases} (-1)^2+7^2-l+7m+n=0 \\ 2^2+1^2+2l+m+n=0 \\ 3^2+4^2+3l+4m+n=0 \end{cases}$$

$$\therefore \begin{cases} -l+7m+n=-50 \quad\cdots\cdots\cdots② \\ 2l+m+n=-5 \quad\cdots\cdots\cdots③ \\ 3l+4m+n=-25 \quad\cdots\cdots\cdots④ \end{cases}$$

②−③，④−③ により，

$-3l+6m=-45\cdots⑤$，$l+3m=-20\cdots⑥$

⑥×2−⑤ により，$5l=5$ $\therefore$ $l=1$

これを⑥に代入して，$3m=-21$ $\therefore$ $m=-7$

$l=1, m=-7$ を③に代入して，$n=0$

よって，①は，$\boldsymbol{x^2+y^2+x-7y=0}$

（イ） $A(5, -1), B(4, 6), C(1, 7)$ を通る円の方程式を，$x^2+y^2+lx+my+n=0$ ……………① とおく．①が3点 A, B, C を通るから，

$$\begin{cases} 5^2+(-1)^2+5l-m+n=0 \\ 4^2+6^2+4l+6m+n=0 \\ 1^2+7^2+l+7m+n=0 \end{cases}$$

$$\therefore \begin{cases} 5l-m+n=-26 \quad\cdots\cdots\cdots② \\ 4l+6m+n=-52 \quad\cdots\cdots\cdots③ \\ l+7m+n=-50 \quad\cdots\cdots\cdots④ \end{cases}$$

②−③，③−④ により，

$$l-7m=26, \quad 3l-m=-2$$

後者により $m=3l+2$ で前者に代入して，

$l-7(3l+2)=26$ $\therefore$ $-20l=40$

よって，$l=-2, m=3l+2=-4$

これらを②に代入して，$n=-26-5l+m=-20$

よって，①は，

$$x^2+y^2-2x-4y-20=0$$

$\therefore$ $(x^2-2x)+(y^2-4y)-20=0$

$\therefore$ $(x-1)^2-1^2+(y-2)^2-2^2-20=0$

$\therefore$ $(x-1)^2+(y-2)^2=25$

よって，△ABC の外心の座標は $(\boldsymbol{1, 2})$ であり，外接円の半径は **5** である．

11 （イ）は，例題と同様に，2通り（判別式と距離）の方法で解いてみる．

解 （ア） $y=2x+1$……① を

$x^2+y^2-4x+2y-4=0$ に代入して，

$x^2+(2x+1)^2-4x+2(2x+1)-4=0$

$\therefore$ $5x^2+4x-1=0$

$\therefore$ $(x+1)(5x-1)=0$ $\therefore$ $x=-1, \dfrac{1}{5}$

これと①とから，答えは，$(\boldsymbol{-1, -1})$, $\left(\dfrac{\boldsymbol{1}}{\boldsymbol{5}}, \dfrac{\boldsymbol{7}}{\boldsymbol{5}}\right)$

（イ） [**判別式で解くと**] 中心 $(2, 3)$，半径4の円の方程式は．$(x-2)^2+(y-3)^2=16$ ……………① である．①に $y=3x+k$ を代入して，

$(x-2)^2+\{3x+(k-3)\}^2=16$

$\therefore$ $10x^2+(6k-22)x+k^2-6k-3=0$

この x の2次方程式の判別式を D とすると，

$D/4=(3k-11)^2-10(k^2-6k-3)$

$\qquad\qquad =-k^2-6k+151$

円と直線が異なる2点で交わる条件は，$D/4>0$

よって，$k^2+6k-151<0$

$\therefore$ $\boldsymbol{-3-4\sqrt{10}<k<-3+4\sqrt{10}}$

[**距離で解くと**] 円の中心 $A(2, 3)$ と直線 $y=3x+k$，すなわち $3x-y+k=0$ の距離 d は，

$$d=\frac{|3\cdot2-3+k|}{\sqrt{3^2+(-1)^2}}=\frac{|k+3|}{\sqrt{10}}$$

円と直線が異なる2点で交わる条件は，$d<$半径4であるから，$\dfrac{|k+3|}{\sqrt{10}}<4$

$\therefore$ $|k+3|<4\sqrt{10}$

$\therefore$ $-4\sqrt{10}<k+3<4\sqrt{10}$

$\therefore$ $\boldsymbol{-3-4\sqrt{10}<k<-3+4\sqrt{10}}$

12 例題と同様に，（ア）は接線の公式，（イ）（ウ）は点と直線の距離の公式を使う．（ウ）の接点の座標は，中心を通り接線に垂直な直線と接線の交点として求めればよい．

解 （ア） $x^2+y^2=10$ に $x=-1$ を代入すると，

$(-1)^2+y^2=10$ $\therefore$ $y^2=9$ $\therefore$ $y=\pm3$

$y\geqq0$ のとき $y=3$

よって，$x^2+y^2=10$ 上の $(-1, 3)$ における接線の方程式を求めればよいから，その式は，

$-1\cdot x+3y=10$ $\therefore$ $\boldsymbol{-x+3y=10}$

（イ）　円 $(x+2)^2+(y+3)^2=5$ の中心は $(-2,\ -3)$, 半径は $\sqrt{5}$ である.

直線 $x+3y+k=0$ が円と接するとき, 円の中心とこの直線の距離が半径に等しいから,

$$\frac{|-2+3(-3)+k|}{\sqrt{1^2+3^2}}=\sqrt{5}\quad\therefore\quad |k-11|=\sqrt{5}\cdot\sqrt{10}$$

$$\therefore\quad |k-11|=5\sqrt{2}\quad\therefore\quad k-11=\pm5\sqrt{2}$$

$$\therefore\quad \boldsymbol{k=11\pm5\sqrt{2}}$$

（ウ）　中心 $(2,\ 6)$ と直線 $x+3y=15$ ……① との距離が半径 r に等しいから,

$$r=\frac{|2+3\cdot6-15|}{\sqrt{1^2+3^2}}=\frac{5}{\sqrt{10}}=\frac{5\sqrt{10}}{10}=\frac{\sqrt{10}}{2}$$

中心 $(2,\ 6)$ を通り①に垂直な直線を l とする. ①の傾きは $-\dfrac{1}{3}$ であるから l の傾きは 3 であり, l の方程式は, $y-6=3(x-2)\quad\therefore\quad y=3x$ ……………②

②を①に代入して, $10x=15\quad\therefore\quad x=\dfrac{3}{2}$

よって, ①と②の交点は $\left(\dfrac{3}{2},\ \dfrac{9}{2}\right)$ であり, これが求める接点の座標である.

⓭ （ア）接線の公式を使おう.

（イ）（ウ）円の中心と半径を求めて, 点と直線の距離の公式を使おう.（ウ）では $(2,\ 4)$ を通る直線の傾きを設定する. y 軸に平行な直線の考察を忘れないように.

解 （ア）接点を $P(x_1,\ y_1)$ とおくと, P は円上にあるから, $x_1{}^2+y_1{}^2=10$ ……………①

P における円の接線の方程式は, $x_1x+y_1y=10$ ……………②

これが点 $(4,\ 2)$ を通るから, $x_1\cdot4+y_1\cdot2=10$

$$\therefore\quad 2x_1+y_1=5\quad\therefore\quad y_1=-2x_1+5$$ ……………③

③を①に代入して, $x_1{}^2+(-2x_1+5)^2=10$

$$\therefore\quad 5x_1{}^2-20x_1+15=0\quad\therefore\quad x_1{}^2-4x_1+3=0$$

$$\therefore\quad (x_1-1)(x_1-3)=0\quad\therefore\quad x_1=1,\ 3$$

これと③とから, $(x_1,\ y_1)=(1,\ 3),\ (3,\ -1)$

よって, 接点の座標と接線の方程式の組は, ②とから,

接点 $(1,\ 3)$, 接線の方程式 $x+3y=10$

接点 $(3,\ -1)$, 接線の方程式 $3x-y=10$

（イ）　$x^2+y^2-4x-6y+12=0$ を変形すると,

$$(x^2-4x)+(y^2-6y)+12=0$$

$$\therefore\quad (x-2)^2-2^2+(y-3)^2-3^2+12=0$$

$$\therefore\quad (x-2)^2+(y-3)^2=1$$

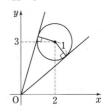

原点を通り, 傾き m の直線 $y=mx$, つまり $mx-y=0$ がこの円と接するとき, 中心 $(2,\ 3)$ とこの直線との距離が半径 1 に等しいから,

$$\frac{|m\cdot2-3|}{\sqrt{m^2+(-1)^2}}=1\quad\therefore\quad |2m-3|=\sqrt{m^2+1}$$

$$\therefore\quad (2m-3)^2=m^2+1\quad\therefore\quad 3m^2-12m+8=0$$

$$\therefore\quad m=\frac{6\pm\sqrt{6^2-3\cdot8}}{3}=\frac{6\pm2\sqrt{3}}{3}$$

（ウ）　$x^2+y^2+2x-4y-4=0$ を変形すると,

$$(x^2+2x)+(y^2-4y)-4=0$$

$$\therefore\quad (x+1)^2-1^2+(y-2)^2-2^2-4=0$$

$$\therefore\quad (x+1)^2+(y-2)^2=9$$ ……………①

これは右図の円を表し, 直線 $x=2$ はこの円と接する. $(2,\ 4)$ を通り, $x=2$ 以外の直線は, 傾きを m として

$$y-4=m(x-2)$$

$$\therefore\quad mx-y-2m+4=0$$

と表される. この直線と円①が接するとき, 中心 $(-1,\ 2)$ とこの直線の距離が半径 3 に等しいから,

$$\frac{|m(-1)-2-2m+4|}{\sqrt{m^2+(-1)^2}}=3$$

$$\therefore\quad |-3m+2|=3\sqrt{m^2+1}$$

$$\therefore\quad (-3m+2)^2=9(m^2+1)$$

$$\therefore\quad -12m-5=0\quad\therefore\quad m=-\frac{5}{12}$$

$$\therefore\quad y-4=-\frac{5}{12}(x-2)\quad\therefore\quad y=-\frac{5}{12}x+\frac{29}{6}$$

よって, 答えは, $\boldsymbol{x=2,\ y=-\dfrac{5}{12}x+\dfrac{29}{6}}$

14 （1）2円が共有点をもつための条件は，

|（半径の差）|≦（中心間の距離）≦（半径の和）

（2）O_1 と O_2 の交点の座標を求める必要はない．l は 2円の中心を通る直線に垂直である．

解 $O_1 : (x-5)^2+(y-4)^2=3^2$

$O_2 : (x-1)^2+(y-1)^2=r^2$ $(r>0)$

これらの中心を O_1，O_2 とする．

（1）中心 $O_1(5, 4)$，半径 3 の円 O_1 と，中心 $O_2(1, 1)$，半径 r の円 O_2 が共有点をもつための条件は，

$$|r-3| \leqq \sqrt{(5-1)^2+(4-1)^2} \leqq r+3$$

$$\therefore \quad |r-3| \leqq 5 \leqq r+3$$

$5 \leqq r+3$ により $r \geqq 2$

$|r-3| \leqq 5$ により，$-5 \leqq r-3 \leqq 5$

$$\therefore \quad -2 \leqq r \leqq 8$$

以上により，**$2 \leqq r \leqq 8$**

（2）円 O_1 と円 O_2 が 2 点で交わるとき，この 2 点を通る直線 l は，2円の中心を通る直線 O_1O_2 に垂直である．

O_1O_2 の傾きは $\dfrac{4-1}{5-1}=\dfrac{3}{4}$ であるから，l の傾きは

$$-\frac{4}{3}$$

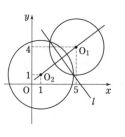

15 （イ）$Q(x, y)$，$P(s, t)$ とおき，s，t を x，y で表す．P は円 $x^2+y^2=9$ 上にあるので，$s^2+t^2=9$ が成り立ち，これから s，t を消去する．

解 （ア）$A(1, -2)$，$B(2, -3)$

（1）$P(x, y)$ とおくと，$AP:BP=1:1$ により，$AP=BP$．よって，$AP^2=BP^2$ であるから，

$$(x-1)^2+(y+2)^2=(x-2)^2+(y+3)^2$$

$$\therefore \quad 2x-2y-8=0 \quad \therefore \quad \boldsymbol{x-y-4=0}$$

（2），（3）$Q(x, y)$ とおくと，$AQ:BQ=1:3$ により，$3AQ=BQ$．よって $9AQ^2=BQ^2$ であるから，

$$9\{(x-1)^2+(y+2)^2\}=(x-2)^2+(y+3)^2$$

$$\therefore \quad 8x^2+8y^2-14x+30y+32=0$$

$$\therefore \quad \left(x^2-\frac{7}{4}x\right)+\left(y^2+\frac{15}{4}y\right)+4=0$$

$$\therefore \quad \left(x-\frac{7}{8}\right)^2-\frac{49}{64}+\left(y+\frac{15}{8}\right)^2-\frac{225}{64}+4=0$$

$$\therefore \quad \left(x-\frac{7}{8}\right)^2+\left(y+\frac{15}{8}\right)^2=\frac{18}{64}$$

これは，中心 $\left(\dfrac{7}{8}, -\dfrac{15}{8}\right)$，半径 $\sqrt{\dfrac{18}{64}}=\dfrac{3\sqrt{2}}{8}$ の円である．

（イ）$Q(x, y)$，$P(s, t)$ とおくと，AP を $3:1$ に内分する点が Q であるから，$A(4, 1)$ により，

$$\frac{4+3s}{3+1}=x, \quad \frac{1+3t}{3+1}=y$$

$$\therefore \quad s=\frac{4x-4}{3}, \quad t=\frac{4y-1}{3}$$

$P(s, t)$ は，円 $x^2+y^2=9$ 上にあるから，

$$\left(\frac{4x-4}{3}\right)^2+\left(\frac{4y-1}{3}\right)^2=9$$

$$\therefore \quad (4x-4)^2+(4y-1)^2=9^2$$

$$\therefore \quad \{4(x-1)\}^2+\left\{4\left(y-\frac{1}{4}\right)\right\}^2=9^2$$

両辺を 4^2 で割って，

$$(x-1)^2+\left(y-\frac{1}{4}\right)^2=\left(\frac{9}{4}\right)^2$$

これは中心 $\left(1, \dfrac{1}{4}\right)$，半径 $\dfrac{9}{4}$ の円である．

別解 （イ）[例題の注のように考えてみよう]

AP を $3:1$ に内分する点が Q である．よって，$AQ:AP=3:4$ であるから，Q の軌跡は，定点 A を中心に P の軌跡を $\dfrac{3}{4}$ 倍に相似拡大したものである．

P は原点 O を中心とする半径 3 の円周上を動くから，Q の軌跡は，AO を $3:1$ に内分する点 B を中心とする半径 $3 \times \dfrac{3}{4}=\dfrac{9}{4}$ の円である．

ここで中心 B の座標は，

$\left(\dfrac{1 \cdot 4+3 \cdot 0}{3+1}, \dfrac{1 \cdot 1+3 \cdot 0}{3+1}\right)$ により，$B\left(1, \dfrac{1}{4}\right)$

16 境界線は，まずは座標軸との交点に着目してその概形をかこう．

解 （ア） $x+2y\geqq4$ を変形すると，$y\geqq-\dfrac{1}{2}x+2$

求める領域は，直線 $y=-\dfrac{1}{2}x+2$ ……① およびその上側の部分と，円 $x^2+y^2=5$ ……② の外側の共通部分．

ここで，①と②の交点を求める．①を②に代入して，

$$x^2+\left(-\frac{1}{2}x+2\right)^2=5$$

$\therefore\quad \dfrac{5}{4}x^2-2x-1=0$

$\therefore\quad 5x^2-8x-4=0$

$\therefore\quad (x-2)(5x+2)=0$

①とから，交点の座標は，

$\left(2,\ 1\right),\ \left(-\dfrac{2}{5},\ \dfrac{11}{5}\right)$

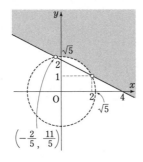

求める領域は，右図の網目部（境界は実線を含み破線と白丸を含まない）．

（イ） 求める領域は，円 $x^2+y^2=2$ ……① の内側と，放物線 $y=x^2$ ……② およびその上側の部分との共通部分．

①と②の交点を求める．②を①に代入し y を消去して，

$$x^2+(x^2)^2=2$$

$\therefore\quad (x^2-1)(x^2+2)=0$

$\therefore\quad x=\pm1$

②とから，交点の座標は

$(1,\ 1),\ (-1,\ 1)$

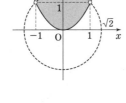

求める領域は，右図の網目部（境界は実線を含み破線と白丸を含まない）．

⇒注 ①，②から x^2 を消去するときは，$x^2\geqq0$ の条件を y に反映させること．つまり，②と $x^2\geqq0$ から，$y\geqq0$ の条件がついてくる．これに注意しよう．

①，②から x^2 を消去すると，$y+y^2=2$．よって $(y+2)(y-1)=0$ であり，$y\geqq0$ により，$y=1$

これと②から，$x=\pm1$

（ウ） $(3x-y+1)(x^2+y^2-5)<0$ のとき，

$\begin{cases}3x-y+1>0 \\ x^2+y^2-5<0\end{cases}$ または $\begin{cases}3x-y+1<0 \\ x^2+y^2-5>0\end{cases}$

$\therefore\quad \begin{cases}y<3x+1 \\ x^2+y^2<5\end{cases}$ または $\begin{cases}y>3x+1 \\ x^2+y^2>5\end{cases}$

ここで，直線 $y=3x+1$ ……① と円 $x^2+y^2=5$ ……② の交点の座標を求める．①を②に代入して，

$x^2+(3x+1)^2=5$

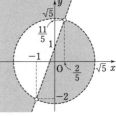

$\therefore\quad 10x^2+6x-4=0$

$\therefore\quad 5x^2+3x-2=0$

$\therefore\quad (x+1)(5x-2)=0$

①とから，交点の座標は，

$(-1,\ -2),\ \left(\dfrac{2}{5},\ \dfrac{11}{5}\right)$

求める領域は，右図の網目部（境界を含まない）．

第1部 三角関数

三角関数
公式など

【一般角の三角関数】

原点を中心とする半径 1 の円を単位円という.

点 A(1, 0) を原点を中心に反時計まわりに θ 回転して得られる単位円周上の点 P の座標を (x, y) とすると,

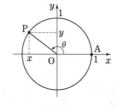

$$\cos\theta = x, \ \sin\theta = y, \ \tan\theta = \frac{y}{x} \ (x \neq 0 \text{ のとき})$$

であり，$P(\cos\theta, \ \sin\theta)$ と表せる.

単位円の弧 $\overset{\frown}{\mathrm{AP}}$ の長さを角度とする測り方を弧度法という．例えば，$2\pi = 360°$，$\pi = 180°$ である.

【扇形の弧の長さと面積】

角度を弧度法で測るとき，半径が r，中心角が θ の扇形の弧の長さを l，面積を S とすると，

$$l = r\theta, \ S = \frac{1}{2}r^2\theta = \frac{1}{2}lr$$

【三角関数の相互関係】

- $\cos^2\theta + \sin^2\theta = 1$

- $\tan\theta = \dfrac{\sin\theta}{\cos\theta}$ 　　　$\cdot \ 1 + \tan^2\theta = \dfrac{1}{\cos^2\theta}$

【$-\theta$ などの三角関数】

(1)　$\cos(-\theta) = \cos\theta, \ \sin(-\theta) = -\sin\theta$
　　　$\tan(-\theta) = -\tan\theta$

(2)　$\cos(\theta + \pi) = -\cos\theta, \ \sin(\theta + \pi) = -\sin\theta$
　　　$\tan(\theta + \pi) = \tan\theta$

(3)　$\cos\left(\theta + \dfrac{\pi}{2}\right) = -\sin\theta, \ \sin\left(\theta + \dfrac{\pi}{2}\right) = \cos\theta$
　　　$\tan\left(\theta + \dfrac{\pi}{2}\right) = -\dfrac{1}{\tan\theta}$

⇒注　他にもあるが（☞p.67），これらの公式は丸暗記するというものではなく，単位円と上図の OP をかくことで確認しつつ使う公式である．tan は OP の傾きを表す.

【奇関数・偶関数】

関数 $y = f(x)$ において

　常に $f(-x) = -f(x)$ が成り立つとき，

　　　　$f(x)$ は奇関数

　常に $f(-x) = f(x)$ が成り立つとき，

　　　　$f(x)$ は偶関数

であるという.

　奇関数のグラフは原点に関して対称

　偶関数のグラフは y 軸に関して対称

である.

【周期関数】

関数 $f(x)$ において，0 でない定数 p があって，等式 $f(x + p) = f(x)$ が，すべての x について成り立つとき，$f(x)$ は p を周期とする周期関数であるという．普通，周期といえば，そのうちの正で最小のものをいう.

【平行移動の公式】

関数 $y = f(x)$ のグラフを，x 軸方向に p，y 軸方向に q だけ平行移動して得られるグラフを表す式は

$$y = f(x - p) + q$$

【三角関数のグラフ】

三角関数のグラフは次のようになる.

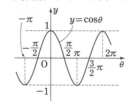
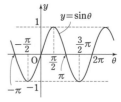

$y = \cos\theta$，$y = \sin\theta$ は周期 2π の周期関数で，$y = \cos\theta$ は $y = \sin\theta$ を θ 方向に $-\dfrac{\pi}{2}$ だけ平行移動したもの，$y = \tan\theta$ は周期 π の周期関数である.

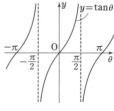

$y=\sin\theta$, $y=\tan\theta$ は奇関数で，そのグラフは原点に関して対称である．$y=\cos\theta$ は偶関数で，そのグラフは y 軸に関して対称である．

【漸近線】

　グラフが一定の直線に限りなく近づくとき，その直線を，そのグラフの漸近線という．

　$y=\tan\theta$ のグラフは，直線 $\theta=\dfrac{\pi}{2}+n\pi$（$n$ は整数）を漸近線にもつ．

【加法定理と諸公式】

（1）　加法定理

$$\cos(\alpha+\beta)=\cos\alpha\cos\beta-\sin\alpha\sin\beta$$
$$\cos(\alpha-\beta)=\cos\alpha\cos\beta+\sin\alpha\sin\beta$$
$$\sin(\alpha+\beta)=\sin\alpha\cos\beta+\cos\alpha\sin\beta$$
$$\sin(\alpha-\beta)=\sin\alpha\cos\beta-\cos\alpha\sin\beta$$
$$\tan(\alpha+\beta)=\frac{\tan\alpha+\tan\beta}{1-\tan\alpha\tan\beta}$$
$$\tan(\alpha-\beta)=\frac{\tan\alpha-\tan\beta}{1+\tan\alpha\tan\beta}$$

（2）　2倍角の公式

$$\cos 2\theta=\cos^2\theta-\sin^2\theta=2\cos^2\theta-1=1-2\sin^2\theta$$
$$\sin 2\theta=2\sin\theta\cos\theta$$
$$\tan 2\theta=\frac{2\tan\theta}{1-\tan^2\theta}$$

（3）　半角の公式

$$\cos^2\frac{\alpha}{2}=\frac{1+\cos\alpha}{2}$$
$$\sin^2\frac{\alpha}{2}=\frac{1-\cos\alpha}{2}$$

【座標平面上の2直線のなす角】

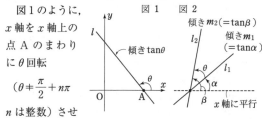

　図1のように，x 軸を x 軸上の点 A のまわりに θ 回転（$\theta\neq\dfrac{\pi}{2}+n\pi$ n は整数）させると直線 l になるとき，直線 l の傾きは $\tan\theta$ である．

　図2において，直線 l_1, l_2 の傾きをそれぞれ m_1, m_2 とする．図のように α, β を定めると，$m_1=\tan\alpha$, $m_2=\tan\beta$ である．

　直線 l_1 を，直線 l_1 と l_2 の交点のまわりに θ 回転すると l_2 になるとすると，$\theta=\beta-\alpha$ であり，l_1 と l_2 が垂直でないとき，$\tan\theta=\tan(\beta-\alpha)$ であるから，

$$\tan\theta=\frac{m_2-m_1}{1+m_2 m_1}$$

である．

【三角関数の合成】

　$a\sin\theta+b\cos\theta$ は，$\sqrt{a^2+b^2}$ でくくり，

$$\cos\alpha=\frac{a}{\sqrt{a^2+b^2}},\quad \sin\alpha=\frac{b}{\sqrt{a^2+b^2}}$$

を満たす α　$\left(\left(\dfrac{a}{\sqrt{a^2+b^2}}\right)^2+\left(\dfrac{b}{\sqrt{a^2+b^2}}\right)^2=1\right.$ であるから，このような角 α が存在する$\bigg)$ を用いると，

$$
\begin{aligned}
&a\sin\theta+b\cos\theta\\
&=\sqrt{a^2+b^2}\left(\sin\theta\cdot\frac{a}{\sqrt{a^2+b^2}}+\cos\theta\cdot\frac{b}{\sqrt{a^2+b^2}}\right)\\
&=\sqrt{a^2+b^2}\,(\sin\theta\cos\alpha+\cos\theta\sin\alpha)\\
&=\sqrt{a^2+b^2}\,\sin(\theta+\alpha)
\end{aligned}
$$

と変形できる．このような変形を三角関数の合成という．

◆ 1 一般角と弧度法

（ア） 次の角のうち，その角が表す動径が一致するのは，□ と □，□ と □，□ と □ である．

① $100°$　② $\dfrac{\pi}{6}$　③ $\dfrac{41}{9}\pi$　④ $-40°$　⑤ $750°$　⑥ $\dfrac{16}{9}\pi$

（イ） 次の値を求めよ．

（1） $\sin 240°$　　　　（2） $\cos(-690°)$　　　　（3） $\tan 300°$

（4） $\sin\left(-\dfrac{17}{6}\pi\right)$　　（5） $\cos\dfrac{15}{4}\pi$　　（6） $\tan\left(-\dfrac{31}{3}\pi\right)$

（ウ） 半径 2，中心角 $\dfrac{\pi}{5}$ の扇形の弧の長さ l と面積 S を求めよ．

（動径と一般角） 平面上で，点 O を中心として半直線 OP を回転させるとき，OP を動径といい，その最初の位置を示す半直線（ここでは，x 軸正の部分）を始線という．反時計回りを正の向き，正の向きの回転角を正の角という（時計回りなら“負”）．正と負（回転の向き），$360°$ より大きい場合を考えた角を一般角という．点 O のまわりに α だけ回転した動径を角 α の動径という．例えば角 $60°$ の動径と角 $60°+360°=420°$ の動径は等しい．角 $420°$ の動径と，角 $\theta=60°+360°\times n$（n は整数）の動径は一致する．$420°$ の動径が表す一般角 θ は $\theta=60°+360°\times n$（n は整数）と表される．

$60°+360°=420°$

（弧度法） 1 つの円において，弧の長さは中心角に比例する．そこで，中心角 α の大きさを，半径 1 の円の弧の長さで定義することができる．単位としてはラジアンまたは弧度を用い，このような角の表し方を弧度法という．

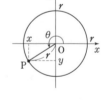

この長さで定義

$360°=2\pi$ ラジアン
$180°=\pi$ ラジアン

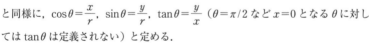

度数法	$0°$	$30°$	$45°$	$60°$	$90°$	$120°$	$135°$	$150°$	$180°$	$270°$	$360°$
弧度法	0	$\dfrac{\pi}{6}$	$\dfrac{\pi}{4}$	$\dfrac{\pi}{3}$	$\dfrac{\pi}{2}$	$\dfrac{2}{3}\pi$	$\dfrac{3}{4}\pi$	$\dfrac{5}{6}\pi$	π	$\dfrac{3}{2}\pi$	2π

➡注　弧度法では，上表のように，普通，単位のラジアンを省略する．

（一般角の三角関数） 座標平面上で，x 軸の正の部分を始線とする角 θ の動径と，原点を中心とする半径 r の円との交点 P の座標を (x, y) とする．このとき，比 $\dfrac{x}{r}$，$\dfrac{y}{r}$，$\dfrac{y}{x}$ の値は，半径 r に無関係に θ だけで定まる．そこで，三角比の場合と同様に，$\cos\theta=\dfrac{x}{r}$，$\sin\theta=\dfrac{y}{r}$，$\tan\theta=\dfrac{y}{x}$（$\theta=\pi/2$ など $x=0$ となる θ に対しては $\tan\theta$ は定義されない）と定める．

$r=1$（単位円）のとき，P の x 座標は $\cos\theta$ に，y 座標は $\sin\theta$ になる．$\tan\theta$ は OP の傾きである．よって，$-1\leqq\cos\theta\leqq 1$，$-1\leqq\sin\theta\leqq 1$ であり，$\tan\theta$ はあらゆる実数値を取り得る．

n が整数のとき，角 $\theta+2n\pi$ の動径と角 θ の動径が一致するから，次の公式が成り立つ．

$$\cos(\theta+2n\pi)=\cos\theta,\ \sin(\theta+2n\pi)=\sin\theta,\ \tan(\theta+2n\pi)=\tan\theta \quad (n \text{ は整数})$$

（扇形の弧の長さと面積） 弧度法を用いて，半径が r，中心角が θ の扇形について，その弧の長さ l，面積 S についての公式を導いてみよう．

1 つの円において，扇形の弧の長さと面積は，ともに中心角に比例するから，

$$l:2\pi r=\theta:2\pi,\ S:\pi r^2=\theta:2\pi,\ \text{よって，}\ l=r\theta,\ S=\dfrac{1}{2}r^2\theta=\dfrac{1}{2}lr$$

（（ア）について） 度数法と弧度法で表された角を比較する際は，どちらかに統一しよう．ここでは弧度法に慣れるために，弧度法に統一する．2 つの角の差が 2π の整数倍ならば，それらが表す動径は一致する．例えば，$\dfrac{8}{3}\pi$ は，$\dfrac{8}{3}\pi=2\pi+\dfrac{2}{3}\pi$ のように，$\alpha=2n\pi+\beta$（n は整数，$0\leqq\beta<2\pi$）の形で表そう．

（イ）について） 角が表す動径を図示して求めることにする．ここでは，動径を図示しやすいように，

例えば $\frac{10}{3}\pi$ を $\frac{10}{3}\pi=3\pi+\frac{\pi}{3}$ のように，$\alpha=n\pi+\beta$（n は整数，$0\leqq\beta<\pi$）の形に直して考えてみる．

ここで注意したいことは，角 $n\pi$ が表す動径は，必ずしも x 軸の正の部分とは限らないことである．

「n が偶数 $\Longrightarrow x$ 軸の正の部分，n が奇数 $\Longrightarrow x$ 軸の負の部分」に注意しよう．

▤ 解 答 ▤

（ア） ①：$100°=100\times\dfrac{\pi}{180}=\dfrac{5}{9}\pi$，②：$\dfrac{\pi}{6}$，③：$\dfrac{41}{9}\pi=4\pi+\dfrac{5}{9}\pi$　　　　⇦$180°=\pi$ により，$1°=\dfrac{\pi}{180}$

④：$-40°=-40\times\dfrac{\pi}{180}=-\dfrac{2}{9}\pi=-2\pi+\dfrac{16}{9}\pi$

⑤：$750°=750\times\dfrac{\pi}{180}=\dfrac{25}{6}\pi=4\pi+\dfrac{\pi}{6}$，⑥：$\dfrac{16}{9}\pi$

よって，答えは，①と③，②と⑤，④と⑥

（イ） $240°=180°+60°$，$-690°=-720°+30°$，$300°=180°+120°$　　⇦$\alpha=n\times180°+\beta$ or $\alpha=n\pi+\beta$

　　$-\dfrac{17}{6}\pi=-3\pi+\dfrac{\pi}{6}$，$\dfrac{15}{4}\pi=3\pi+\dfrac{3}{4}\pi$，$-\dfrac{31}{3}\pi=-11\pi+\dfrac{2}{3}\pi$　　　の形に直す．

であるから，各設問の角が表す動径は下図のようになる．

■ 角 $\alpha=n\pi+\beta$ が表す動径は，下のようになる．

(1) 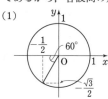　(2) 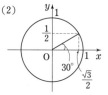　(3)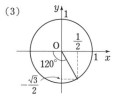

・n が奇数のとき

(4) 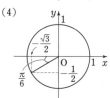　(5) 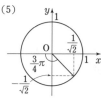　(6)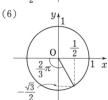

・n が偶数のとき

よって，$\sin240°=-\dfrac{\sqrt{3}}{2}$，$\cos(-690°)=\dfrac{\sqrt{3}}{2}$，$\tan300°=-\sqrt{3}$

$\sin\left(-\dfrac{17}{6}\pi\right)=-\dfrac{1}{2}$，$\cos\dfrac{15}{4}\pi=\dfrac{1}{\sqrt{2}}$，$\tan\left(-\dfrac{31}{3}\pi\right)=-\sqrt{3}$

（ウ） $l=2\times\dfrac{\pi}{5}=\dfrac{2}{5}\pi$，$S=\dfrac{1}{2}\times2^2\times\dfrac{\pi}{5}=\dfrac{2}{5}\pi$

―――――――― ▷◁ 1 **演習題**（解答は p.77） ――――――――

（ア） 次の角のうち，その角が表す動径が一致するのは，□□ と □□，□□ と

□□，□□ と □□ である．

① $132°$　② $\dfrac{2}{5}\pi$　③ $\dfrac{41}{15}\pi$　④ $-288°$　⑤ $255°$　⑥ $-\dfrac{7}{12}\pi$

（イ） 次の値を求めよ．

（1） $\sin(-210°)$　　（2） $\cos840°$　　（3） $\tan(-510°)$

（4） $\sin\dfrac{17}{3}\pi$　　（5） $\cos\left(-\dfrac{11}{6}\pi\right)$　　（6） $\tan\dfrac{31}{4}\pi$

（ウ） 半径 3，中心角 $\dfrac{\pi}{7}$ の扇形の弧の長さ l と面積 S を求めよ．

🕐 15分

◆2 三角関数の値, 三角関数の相互関係

（ア） $\pi<\theta<2\pi$ で, $\tan\theta=3$ のとき, $\sin\theta$, $\cos\theta$ の値を求めよ.

（イ） $\sin\theta+\cos\theta=\dfrac{1}{2}$ のとき, $\sin\theta\cos\theta=$ [(1)] であり, $\sin^3\theta+\cos^3\theta=$ [(2)] である.

（ウ） $\dfrac{1}{\cos^2\theta}+(1-\tan^4\theta)\cos^2\theta$ の値を求めよ.

【三角関数の相互関係】 次の公式が成り立つ. $\cos^2\theta+\sin^2\theta=1$, $\tan\theta=\dfrac{\sin\theta}{\cos\theta}$, $1+\tan^2\theta=\dfrac{1}{\cos^2\theta}$

【（ア）について】 上の公式を使ってもよいが, 本シリーズ「数Ⅰ」p.59 と同様に, 図を使おう.

【（イ）について】 $\sin\theta+\cos\theta$ が出てくるタイプは $\sin\theta$ と $\cos\theta$ の対称式と見るとうまく解ける.
$(\sin\theta+\cos\theta)^2$ を, $\sin^2\theta+\cos^2\theta=1$ を使って計算するのがポイントである.

【（ウ）について】 $\tan\theta=\dfrac{\sin\theta}{\cos\theta}$ を使って $\tan\theta$ を消去するのが基本方針である. $\tan\theta$ を消去した後は通分する.

▓ 解 答 ▓

（ア） 右図で, △OAP に三平方の定理を用いて,
$$OP^2=OA^2+AP^2=1^2+3^2=10$$
$$\therefore \quad OP=\sqrt{10}$$
$$\sin\theta=\frac{(\text{P の }y\text{ 座標})}{OP}=-\frac{3}{\sqrt{10}}$$
$$\cos\theta=\frac{(\text{P の }x\text{ 座標})}{OP}=-\frac{1}{\sqrt{10}}$$

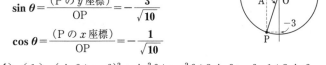

（イ）（1） $(\sin\theta+\cos\theta)^2=\sin^2\theta+\cos^2\theta+2\sin\theta\cos\theta=1+2\sin\theta\cos\theta$

により, $\left(\dfrac{1}{2}\right)^2=1+2\sin\theta\cos\theta$ $\therefore$ $\sin\theta\cos\theta=\dfrac{1}{2}\left(\dfrac{1}{4}-1\right)=-\dfrac{3}{8}$

（2） $\sin^3\theta+\cos^3\theta=(\sin\theta+\cos\theta)(\sin^2\theta-\sin\theta\cos\theta+\cos^2\theta)$
$$=(\sin\theta+\cos\theta)(1-\sin\theta\cos\theta)=\frac{1}{2}\left\{1-\left(-\frac{3}{8}\right)\right\}=\frac{11}{16}$$

（ウ） 与式$=\dfrac{1}{\cos^2\theta}+\left(1-\dfrac{\sin^4\theta}{\cos^4\theta}\right)\cos^2\theta=\dfrac{1}{\cos^2\theta}+\cos^2\theta-\dfrac{\sin^4\theta}{\cos^2\theta}$

$$=\frac{1+\cos^4\theta-\sin^4\theta}{\cos^2\theta}=\frac{1+(\cos^2\theta+\sin^2\theta)(\cos^2\theta-\sin^2\theta)}{\cos^2\theta}$$

$$=\frac{1+\cos^2\theta-\sin^2\theta}{\cos^2\theta}=\frac{(1-\sin^2\theta)+\cos^2\theta}{\cos^2\theta}=\frac{2\cos^2\theta}{\cos^2\theta}=2$$

⇦ 図の P(x, y) に対して,
$\tan\theta=\dfrac{y}{x}=3$ であり, $\pi<\theta<2\pi$
により $y<0$ であるから, $x=-1$,
$y=-3$ の図を描く.

▓ 公式で解くと:
$\pi<\theta<2\pi$ により $\sin\theta<0$ で,
$\tan\theta=\dfrac{\sin\theta}{\cos\theta}>0$ とから
$\cos\theta<0$ である.
$$\frac{1}{\cos^2\theta}=1+\tan^2\theta=10$$
$$\therefore \quad \cos\theta=-\frac{1}{\sqrt{10}}$$
$$\sin\theta=-\sqrt{1-\cos^2\theta}=-\frac{3}{\sqrt{10}}$$

▓ 次のように解くこともできる:
$1+\tan^2\theta=\dfrac{1}{\cos^2\theta}$ により,
$(1-\tan^4\theta)\cos^2\theta$
$=(1-\tan^2\theta)(1+\tan^2\theta)\cos^2\theta$
$=1-\tan^2\theta$ ……………………①
与式$=(1+\tan^2\theta)+$①$=2$

▶2 演習題 （解答は p.77）

（ア） $\pi<\theta<2\pi$ で, $\tan\theta=-4$ のとき, $\sin\theta$, $\cos\theta$ の値を求めよ.

（イ） $0\leqq\theta\leqq\pi$ で $\sin\theta+\cos\theta=\dfrac{1}{4}$ のとき, $\sin\theta\cos\theta=$ [(1)], $\sin\theta-\cos\theta=$ [(2)],

$\sin^3\theta-\cos^3\theta=$ [(3)] である.

（ウ） $\dfrac{\tan^2\theta}{\sin^2\theta(\sin^2\theta+\cos^2\theta+\tan^2\theta)}$ の値を求めよ. （九州共立大）

（イ）（2）は, まず
$(\sin\theta-\cos\theta)^2$ を計算
する.

🕐10分

◆3 $\sin(-\theta)=-\sin\theta$, $\sin(\pi+\theta)=-\sin\theta$ など

（ア）　$3\sin^2(90°+\theta)+\sin^2(180°-\theta)+4\cos^2(90°+\theta)+2\cos^2(180°-\theta)=\boxed{}$ である.

（宮崎産業経営大）

（イ）　$5\sin160°+6\sin150°-5\cos70°=\boxed{}$ である.

（埼玉工大）

（ウ）　$\tan15°+\sin115°+\cos125°+\sin145°+\cos155°+\tan165°=\boxed{}$ である.

（山梨学院大）

（単位円と公式）　以下の公式は丸暗記するというものではなく，単位円上に動径をかくことで確認しつつ使う公式である（◆5 の加法定理を使って確認することもできる）. tan は動径の傾きを表す.

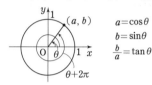

$a=\cos\theta$
$b=\sin\theta$
$\dfrac{b}{a}=\tan\theta$

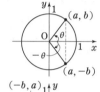 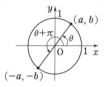

- $\cos(\theta+2n\pi)=\cos\theta$, $\sin(\theta+2n\pi)=\sin\theta$,
  $\tan(\theta+2n\pi)=\tan\theta$　（n は整数）
- $\cos(-\theta)=\cos\theta$, $\sin(-\theta)=-\sin\theta$,
  $\tan(-\theta)=-\tan\theta$
- $\cos(\theta+\pi)=-\cos\theta$, $\sin(\theta+\pi)=-\sin\theta$,
  $\tan(\theta+\pi)=\tan\theta$
- $\cos\left(\theta+\dfrac{\pi}{2}\right)=-\sin\theta$, $\sin\left(\theta+\dfrac{\pi}{2}\right)=\cos\theta$, $\tan\left(\theta+\dfrac{\pi}{2}\right)=-\dfrac{1}{\tan\theta}$
- $\cos(\pi-\theta)=-\cos\theta$, $\sin(\pi-\theta)=\sin\theta$, $\tan(\pi-\theta)=-\tan\theta$
- $\cos\left(\dfrac{\pi}{2}-\theta\right)=\sin\theta$, $\sin\left(\dfrac{\pi}{2}-\theta\right)=\cos\theta$, $\tan\left(\dfrac{\pi}{2}-\theta\right)=\dfrac{1}{\tan\theta}$

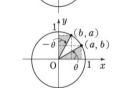

（ $0°\sim45°$ の三角関数に帰着できる ）　上の公式を使って，どんな角度の三角関数についても $0°\sim45°$ の三角関数で表せる（☞ 本シリーズ「数 I」p.58）. 本問（イ）（ウ）でこれに着目しよう.

▤解 答▤

（ア）　$\sin(90°+\theta)=\cos\theta$, $\sin(180°-\theta)=\sin\theta$, $\cos(90°+\theta)=-\sin\theta$,
$\cos(180°-\theta)=-\cos\theta$ であるから，
　　　与式 $=3\cos^2\theta+\sin^2\theta+4\sin^2\theta+2\cos^2\theta=5(\cos^2\theta+\sin^2\theta)=\mathbf{5}$

（イ）　$\sin160°=\sin(180°-20°)=\sin20°$, $\cos70°=\cos(90°-20°)=\sin20°$　　　　　$\Leftarrow\sin(180°-\theta)=\sin\theta$
　　$\cos(90°-\theta)=\sin\theta$

　　　よって，与式 $=5\sin20°+6\sin150°-5\sin20°=6\sin150°=6\cdot\dfrac{1}{2}=\mathbf{3}$

（ウ）　$\sin115°=\sin(90°+25°)=\cos25°$　　　　　　　　　　　　　　　　$\Leftarrow\sin(90°+\theta)=\cos\theta$
　　　　$\cos125°=\cos(90°+35°)=-\sin35°$　　　　　　　　　　　　　　　$\Leftarrow\cos(90°+\theta)=-\sin\theta$
　　　　$\sin145°=\sin(180°-35°)=\sin35°$　　　　　　　　　　　　　　　　$\Leftarrow\sin(180°-\theta)=\sin\theta$
　　　　$\cos155°=\cos(180°-25°)=-\cos25°$　　　　　　　　　　　　　　　$\Leftarrow\cos(180°-\theta)=-\cos\theta$
　　　　$\tan165°=\tan(180°-15°)=-\tan15°$　　　　　　　　　　　　　　　$\Leftarrow\tan(180°-\theta)=-\tan\theta$
　　　よって，与式 $=\tan15°+\cos25°-\sin35°+\sin35°-\cos25°-\tan15°=\mathbf{0}$

◁3 演習題（解答は p.78）

（ア）　$\sin(90°+\theta)+\cos(90°-\theta)+\sin(180°+\theta)+\cos(180°-\theta)=\boxed{}$ である.

（イ）　$\cos(-100°)+\cos490°+\sin140°+\sin(-190°)+\sin630°=\boxed{}$ である.

（ウ）　$\tan5°+\tan265°+\tan455°+\tan(-585°)+\tan535°=\boxed{}$ である.

🕐 12分

◆4 三角関数のグラフ

（ア）　$y=\dfrac{3}{2}\cos\left(2\theta-\dfrac{\pi}{3}\right)$ のグラフは，$y=\cos2\theta$ のグラフをどのように平行移動し，y 軸方向に拡大したものか答えよ．また，その周期を求めよ．さらに，そのグラフを $-\pi\leqq\theta\leqq2\pi$ でかけ．

（イ）　$y=\tan\left(\dfrac{\theta}{2}+\dfrac{\pi}{12}\right)$ のグラフは，$y=\tan\dfrac{\theta}{2}$ のグラフをどのように平行移動したものか答えよ．

また，その周期を求めよ．さらに，そのグラフを $-\dfrac{7}{6}\pi\leqq\theta\leqq\dfrac{17}{6}\pi$ でかけ．

（平行移動の公式）　本シリーズ「数Ⅰ」p.39 にも紹介してある．

曲線 $y=f(x)$ を x 軸方向に p，y 軸方向に q だけ平行移動して得られる曲線は，$y=f(x-p)+q$

（$y=\cos\theta$，$y=\sin\theta$，$y=\tan\theta$ のグラフ）

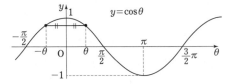
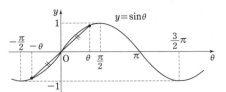

$y=\tan\theta$ のグラフの漸近線は，次の直線．

$\theta=\dfrac{\pi}{2}$，$\theta=-\dfrac{\pi}{2}$，$\theta=\dfrac{3}{2}\pi$，$\theta=-\dfrac{3}{2}\pi$，$\cdots$

（グラフの対称性）

$\cos(-\theta)=\cos\theta$，

$\sin(-\theta)=-\sin\theta$，$\tan(-\theta)=-\tan\theta$

であるから，$y=\cos\theta$ のグラフは y 軸対称，

$y=\sin\theta$，$y=\tan\theta$ のグラフは原点対称

である．一般に関数 $y=f(x)$ において次

が成り立つ．

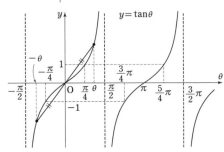

常に $f(-x)=f(x)$ が成り立つとき，$f(x)$ は偶関数であるといい，そのグラフは y 軸対称．

常に $f(-x)=-f(x)$ が成り立つとき，$f(x)$ は奇関数であるといい，そのグラフは原点対称．

（三角関数の周期）　一般に，関数 $f(x)$ において，0 でない定数 p があって，等式 $f(x+p)=f(x)$ が，すべての x について成り立つとき，$f(x)$ は p を周期とする周期関数であるという．普通，周期といえば，そのうちの正で最小のものをいう．$\cos(\theta+2\pi)=\cos\theta$，$\sin(\theta+2\pi)=\sin\theta$，$\tan(\theta+\pi)=\tan\theta$ が成立し，三角関数は周期関数で，$\cos\theta$，$\sin\theta$ の周期は 2π，$\tan\theta$ の周期は π である．

（$y=2\sin\theta$ のグラフ）　$y=2\sin\theta$ のグラフは，$y=\sin\theta$ のグラフを y 軸方向に 2 倍に拡大したものである．一般に，$y=kf(x)$ のグラフは，$y=f(x)$ のグラフを y 軸方向に k 倍に拡大したもの．

（$y=\sin2\theta$ のグラフ）　$\sin2\theta=0$

のとき，$2\theta=n\pi$，つまり $\theta=\dfrac{n}{2}\pi$

（n は整数）に注意して，$y=\sin2\theta$

のグラフをかくと，右のようになる．

$\theta=\dfrac{\alpha}{2}$ のときの $\sin2\theta$ の値と，

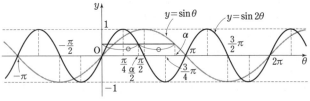

$\theta=\alpha$ のときの $\sin\theta$ の値はともに $\sin\alpha$ で一致するから，$y=\sin2\theta$ のグラフは，$y=\sin\theta$ のグラフを θ 軸方向に $1/2$ 倍したものである．$\sin2\theta$ の周期は，$\sin\theta$ の周期 2π の $1/2$ 倍になり，π である．

一般に，$y=f(k\theta)$ のグラフは，$y=f(x)$ のグラフを x 軸方向に $\dfrac{1}{k}$ 倍したものである．

$f(x)$ が周期関数のとき，$f(kx)$ の周期は，$f(x)$ の周期の $\dfrac{1}{k}$ 倍になる．（$k>0$ とする）

$\boxed{y=\cos\theta \text{ のグラフは } y=\sin\theta \text{ のグラフを平行移動したもの}}$　　$\cos\theta=\sin\left(\theta+\dfrac{\pi}{2}\right)$であるから，

$y=\cos\theta$ のグラフは，$y=\sin\theta$ のグラフをθ軸方向に $-\dfrac{\pi}{2}$ だけ平行移動したものである．

$\boxed{\text{どのように平行移動・拡大したか考える}}$　　例えば，$y=2\sin(3\theta-\pi)+1$ のグラフは，$y=\sin3\theta$ の
グラフをどのように平行移動・拡大したかを考えてみよう．まず，$\sin$ の中をθの係数3でくくる．

$$y=\underset{②}{2}\sin3\left(\theta-\underset{①}{\dfrac{\pi}{3}}\right)+\underset{③}{1}$$

①　θ軸方向の平行移動
②　y軸方向の拡大
③　y軸方向の平行移動

このグラフは，$y=\sin3\theta$ ……⑦　のグラフをθ軸方向に $\dfrac{\pi}{3}$ だけ平行移動（①）し，さらに y 軸方向に

2倍（②）したものを，y軸方向に 1 だけ平行移動（③）したものである．（なお，⑦のグラフは $y=\sin\theta$ の
グラフをθ軸方向に 1/3 倍したものである．）

▨ 解 答 ▨

（ア）　$y=\dfrac{3}{2}\cos\left(2\theta-\dfrac{\pi}{3}\right)=\dfrac{3}{2}\cos2\left(\theta-\dfrac{\pi}{6}\right)$

⇦θの係数でくくるのがポイント．

よって，このグラフは，$y=\cos2\theta$ のグラフをθ軸方向に $\dfrac{\pi}{6}$ だけ平行移動した

⇦θ⇨$\theta-\dfrac{\pi}{6}$ だから，θ軸方向に $\dfrac{\pi}{6}$
だけ平行移動したもの．

ものを，さらに y 方向に $\dfrac{3}{2}$ 倍したもので，下図のようになる．

この関数の周
期は，$\cos2\theta$ の
周期に等しく
$\dfrac{2\pi}{2}=\pi$
である．

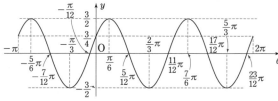

▨$y=0$ となるとき，
$$\cos\left(2\theta-\dfrac{\pi}{3}\right)=0$$
$$\therefore\ 2\theta-\dfrac{\pi}{3}=\dfrac{\pi}{2}+n\pi$$
$$\therefore\ \theta=\dfrac{5}{12}\pi+\dfrac{n}{2}\pi$$
（なお，演習題の解答（p.78）のコ
メントも参照）

（イ）　$y=\tan\left(\dfrac{\theta}{2}+\dfrac{\pi}{12}\right)=\tan\dfrac{1}{2}\left(\theta+\dfrac{\pi}{6}\right)$

▨$y=\tan\dfrac{\theta}{2}$ のグラフは $y=\tan\theta$
のグラフをθ軸方向に 2 倍に拡
大したもの．

よって，このグラフは，$y=\tan\dfrac{\theta}{2}$ のグラフをθ軸方向に $-\dfrac{\pi}{6}$ だけ平行移動し
たもので，下図のようになる．

この関数の周
期は，$\tan\dfrac{\theta}{2}$ の
周期に等しく，
$\pi\div\dfrac{1}{2}=2\pi$
である．

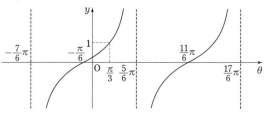

▨$y=0$ となるとき，
$$\tan\left(\dfrac{\theta}{2}+\dfrac{\pi}{12}\right)=0$$
$$\therefore\ \dfrac{\theta}{2}+\dfrac{\pi}{12}=n\pi$$
$$\therefore\ \theta=-\dfrac{\pi}{6}+2n\pi$$

━━━━▶◀ **4 演習題**（解答は p.78）━━━━

（ア）　$y=2\sin\left(4\theta+\dfrac{\pi}{3}\right)$ のグラフは，$y=\sin4\theta$ のグラフをどのように平行移動し，y軸方
向に拡大したものかを答えよ．また，その周期を求めよ．さらにそのグラフを
$-\pi/2\leqq\theta\leqq\pi/2$ でかけ．

（イ）　$y=\tan\left(2\theta+\dfrac{\pi}{3}\right)$ のグラフは，$y=\tan2\theta$ のグラフをどのように平行移動したもの
か答えよ．また，その周期と漸近線を求め，そのグラフを $-\dfrac{\pi}{2}\leqq\theta\leqq\dfrac{3}{2}\pi$ でかけ．

🕐 15分

◆5 加法定理

（ア） 次の値を求めよ.

（1） $\cos(45°+30°)$ 　　（2） $\cos 15°$ 　　（3） $\sin 165°$ 　　（4） $\tan 105°$

（イ） $\alpha,\ \beta$ がともに鋭角で $\sin\alpha=\dfrac{4}{5}$, $\sin\beta=\dfrac{\sqrt{2}}{2}$ のとき, $\sin(\alpha+\beta)$ の値を求めなさい.

（筑波技術大）

加法定理　$\cos(\alpha+\beta)=\cos\alpha\cos\beta-\sin\alpha\sin\beta,\quad \cos(\alpha-\beta)=\cos\alpha\cos\beta+\sin\alpha\sin\beta$

$\sin(\alpha+\beta)=\sin\alpha\cos\beta+\cos\alpha\sin\beta,\quad \sin(\alpha-\beta)=\sin\alpha\cos\beta-\cos\alpha\sin\beta$

$\tan(\alpha+\beta)=\dfrac{\tan\alpha+\tan\beta}{1-\tan\alpha\tan\beta},\quad \tan(\alpha-\beta)=\dfrac{\tan\alpha-\tan\beta}{1+\tan\alpha\tan\beta}$

▤ 解 答 ▤

（ア）（1）　$\cos(45°+30°)=\cos 45°\cos 30°-\sin 45°\sin 30°$

$$=\frac{\sqrt{2}}{2}\cdot\frac{\sqrt{3}}{2}-\frac{\sqrt{2}}{2}\cdot\frac{1}{2}=\frac{\sqrt{6}-\sqrt{2}}{4}$$

⇦このようにして $\cos 75°$ の値を求めることができる.

（2）　$\cos 15°=\cos(45°-30°)=\cos 45°\cos 30°+\sin 45°\sin 30°$

$$=\frac{\sqrt{2}}{2}\cdot\frac{\sqrt{3}}{2}+\frac{\sqrt{2}}{2}\cdot\frac{1}{2}=\frac{\sqrt{6}+\sqrt{2}}{4}$$

⇦$15°=45°-30°$ に着目した.

（3）　$\sin 165°=\sin(120°+45°)=\sin 120°\cos 45°+\cos 120°\sin 45°$

$$=\frac{\sqrt{3}}{2}\cdot\frac{\sqrt{2}}{2}-\frac{1}{2}\cdot\frac{\sqrt{2}}{2}=\frac{\sqrt{6}-\sqrt{2}}{4}$$

⇦$165°=120°+45°$ に着目した.

（4）　$\tan 105°=\tan(60°+45°)$

$$=\frac{\tan 60°+\tan 45°}{1-\tan 60°\tan 45°}=\frac{\sqrt{3}+1}{1-\sqrt{3}\cdot 1}=-\frac{\sqrt{3}+1}{\sqrt{3}-1}$$

$$=-\frac{(\sqrt{3}+1)(\sqrt{3}+1)}{(\sqrt{3}-1)(\sqrt{3}+1)}=-\frac{4+2\sqrt{3}}{2}=-(2+\sqrt{3})$$

⇦$105°=60°+45°$ に着目したが, $105°=150°-45°$ とすることもできる.

（イ）　$\alpha,\ \beta$ は鋭角であるから, $\cos\alpha>0$, $\cos\beta>0$ であり,

$$\cos\alpha=\sqrt{1-\sin^2\alpha}=\sqrt{1-\left(\frac{4}{5}\right)^2}=\frac{3}{5},\quad \cos\beta=\sqrt{1-\left(\frac{\sqrt{2}}{2}\right)^2}=\frac{\sqrt{2}}{2}$$

よって,

$$\sin(\alpha+\beta)=\sin\alpha\cos\beta+\cos\alpha\sin\beta=\frac{4}{5}\cdot\frac{\sqrt{2}}{2}+\frac{3}{5}\cdot\frac{\sqrt{2}}{2}=\frac{7\sqrt{2}}{10}$$

▨$45°$ の倍数と $30°$ の倍数の和や差で表される角度の三角関数は, （ア）のようにして加法定理を使って求めることができる. $\left(\text{なお, }45°=\dfrac{\pi}{4},\ 30°=\dfrac{\pi}{6}\right)$

▷5 演習題 （解答は p.79）

（ア） 次の値を求めよ.

（1） $\cos\dfrac{7}{12}\pi$ 　　（2） $\sin\dfrac{17}{12}\pi$ 　　（3） $\tan\dfrac{\pi}{12}$

（イ） α は鋭角で β は鈍角とする. $\cos\alpha=\dfrac{1}{3}$, $\sin\beta=\dfrac{2}{3}$ のとき, $\cos(\alpha+\beta)$ の値を求めよ.

🕐 10分

◆6 2倍角の公式, 半角の公式

（ア）$0<\theta<\pi$ とする. $\cos\theta=\dfrac{3}{4}$ のとき, $\cos 2\theta=\boxed{}$, $\sin\dfrac{\theta}{2}=\boxed{}$ である. （東海大・医）

（イ）$\cos\dfrac{\pi}{4}=\dfrac{\boxed{}}{\sqrt{\boxed{}}}$ であるから, $\cos\dfrac{\pi}{8}=\dfrac{\sqrt{\boxed{}+\sqrt{\boxed{}}}}{\boxed{}}$ （玉川大）

（ウ）$\tan\dfrac{\pi}{4}=\boxed{}$ であり, $\tan\dfrac{\pi}{8}=\sqrt{\boxed{}}-\boxed{}$ である. （中部大）

2倍角の公式　加法定理の式で, α と β をともに α とおくことで, 以下の式が得られる.

- $\cos 2\alpha=\cos^2\alpha-\sin^2\alpha=2\cos^2\alpha-1=1-2\sin^2\alpha$
- $\sin 2\alpha=2\sin\alpha\cos\alpha$
- $\tan 2\alpha=\dfrac{2\tan\alpha}{1-\tan^2\alpha}$

半角の公式　$\cos 2\alpha=2\cos^2\alpha-1$, $\cos 2\alpha=1-2\sin^2\alpha$ で, α を $\dfrac{\alpha}{2}$ でおきかえ変形すると

$$\cos^2\dfrac{\alpha}{2}=\dfrac{1+\cos\alpha}{2}\left(=\dfrac{1}{2}(1+\cos\alpha)\right),\quad \sin^2\dfrac{\alpha}{2}=\dfrac{1-\cos\alpha}{2}\left(=\dfrac{1}{2}(1-\cos\alpha)\right)$$

tan の半角を求めるとき　（ウ）では, $\tan\dfrac{\pi}{8}=t$ とおき, $\tan\dfrac{\pi}{4}$ を $\tan\left(2\times\dfrac{\pi}{8}\right)$ と見て, 2倍角の公式を使って t で表すと, t の方程式が得られる. これを解けばよい.

▤ 解 答 ▤

（ア）$\cos 2\theta=2\cos^2\theta-1=2\left(\dfrac{3}{4}\right)^2-1=\dfrac{\mathbf{1}}{\mathbf{8}}$

$0<\theta<\pi$ のとき, $\dfrac{\theta}{2}$ は鋭角で, $\sin\dfrac{\theta}{2}>0$ であるから,

$$\sin\dfrac{\theta}{2}=\sqrt{\dfrac{1}{2}(1-\cos\theta)}=\sqrt{\dfrac{1}{2}\left(1-\dfrac{3}{4}\right)}=\dfrac{\mathbf{1}}{\mathbf{2\sqrt{2}}}\left(=\dfrac{\sqrt{2}}{4}\right)$$

（イ）$\cos\dfrac{\pi}{4}=\dfrac{\mathbf{1}}{\sqrt{\mathbf{2}}}$ であり, $\cos\dfrac{\pi}{8}>0$ であるから,

$$\cos\dfrac{\pi}{8}=\sqrt{\dfrac{1}{2}\left(1+\cos\dfrac{\pi}{4}\right)}=\sqrt{\dfrac{1}{2}\left(1+\dfrac{\sqrt{2}}{2}\right)}=\dfrac{\sqrt{2+\sqrt{2}}}{2}$$

$\theta=\dfrac{\pi}{4}$ とおくと,

$\Leftarrow \cos\dfrac{\theta}{2}=\sqrt{\dfrac{1}{2}(1+\cos\theta)}$

（ウ）$\tan\dfrac{\pi}{4}=\mathbf{1}$ である. $\theta=\dfrac{\pi}{8}$ とおくと, $2\theta=\dfrac{\pi}{4}$, $\tan 2\theta=1$

よって, $(\tan 2\theta=)\dfrac{2\tan\theta}{1-\tan^2\theta}=1$　∴ $2\tan\theta=1-\tan^2\theta$

$\tan\theta=t$ とおいて整理すると, $t^2+2t-1=0$

$t>0$ であるから, $\tan\dfrac{\pi}{8}=t=-1+\sqrt{2}=\sqrt{\mathbf{2}}-\mathbf{1}$

▨ $\tan^2\theta=\dfrac{\sin^2\theta}{\cos^2\theta}=\dfrac{1-\cos 2\theta}{1+\cos 2\theta}$

$=\dfrac{1-\dfrac{1}{\sqrt{2}}}{1+\dfrac{1}{\sqrt{2}}}=\dfrac{\sqrt{2}-1}{\sqrt{2}+1}$

$=(\sqrt{2}-1)^2$

∴ $\tan\theta=\sqrt{2}-1$

▷6 演習題（解答は p.79）

（ア）$\dfrac{\pi}{2}<\theta<\pi$ とする. $\sin\theta=\dfrac{3}{5}$ のとき, $\sin 2\theta$ と $\cos\dfrac{\theta}{2}$ の値を求めよ.

（イ）$\cos^2\dfrac{\pi}{5}+\sin\dfrac{5}{6}\pi+\dfrac{1}{2}\cos\dfrac{3}{5}\pi$ の値を求めよ.

（ウ）$0<\theta<\dfrac{\pi}{2}$ とする. $\tan\theta=2$ のとき, $\tan\dfrac{\theta}{2}=\boxed{}$ である. （愛知工大）

🕐 10分

71

◆7 三角関数の合成

（ア） $0 \leqq \theta < 2\pi$ のとき，関数 $y=\sqrt{3}\sin\theta-\cos\theta$ の最大値は $\boxed{}$ であり，そのときの θ の値は $\boxed{}$ である． （久留米大・商）

（イ） $f(x)=\sin x+4\cos x$ の最大値は $\boxed{}$ である． （芝浦工大）

（ウ） $0 \leqq \theta \leqq \pi$ のとき，$\sqrt{3}\cos\theta+\sin\theta$ の最大値は $\boxed{}$ であり，最小値は $\boxed{}$ である．
（立教大・経済，観光，コミュニティ福祉，現代心理）

（合成） $a\sin\theta+b\cos\theta$ ……㋐ を1つの三角関数で表してみよう．

P$(a,\ b)$ とし，x 軸の正の部分を始線として動径 OP の回転角を α とする．
㋐を OP の長さ $\sqrt{a^2+b^2}$ でくくることで，次のように変形できる．

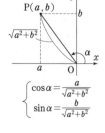

2乗の和が1になるのがミソ

$$a\sin\theta+b\cos\theta=\sqrt{a^2+b^2}\left(\sin\theta\cdot\frac{a}{\sqrt{a^2+b^2}}+\cos\theta\cdot\frac{b}{\sqrt{a^2+b^2}}\right)$$
$$=\sqrt{a^2+b^2}(\sin\theta\cos\alpha+\cos\theta\sin\alpha)$$
$$=\sqrt{a^2+b^2}\sin(\theta+\alpha)$$

$$\begin{cases}\cos\alpha=\dfrac{a}{\sqrt{a^2+b^2}}\\\sin\alpha=\dfrac{b}{\sqrt{a^2+b^2}}\end{cases}$$

（なお，$a\sin\theta-b\cos\theta=\sqrt{a^2+b^2}\sin(\theta-\alpha)$ となる．）

▤ 解 答 ▤

（ア） $y=\sqrt{3}\sin\theta-\cos\theta=2\left(\sin\theta\cdot\dfrac{\sqrt{3}}{2}-\cos\theta\cdot\dfrac{1}{2}\right)$

$\qquad =2\left(\sin\theta\cos\dfrac{\pi}{6}-\cos\theta\sin\dfrac{\pi}{6}\right)=2\sin\left(\theta-\dfrac{\pi}{6}\right)$

よって，$\boldsymbol{\theta=\dfrac{\pi}{6}+\dfrac{\pi}{2}=\dfrac{2}{3}\pi}$ のとき，最大値 **2** をとる．

$\Leftarrow\sqrt{(\sqrt{3})^2+1^2}=2$

▨ sin は OP＝1 の動径（単位円）の P の y 座標

$\Leftarrow\theta-\dfrac{\pi}{6}=\dfrac{\pi}{2}$ のとき

（イ） $f(x)=\sin x+4\cos x=\sqrt{17}\left(\sin x\cdot\dfrac{1}{\sqrt{17}}+\cos x\cdot\dfrac{4}{\sqrt{17}}\right)$

$\Leftarrow\sqrt{1^2+4^2}=\sqrt{17}$

図のように α を定めると，

$\qquad f(x)=\sqrt{17}(\sin x\cos\alpha+\cos x\sin\alpha)$

$\qquad\quad =\sqrt{17}\sin(x+\alpha)$

$\sin(x+\alpha)$ の最大値は1であるから，

$f(x)$ の最大値は $\sqrt{\boldsymbol{17}}$

（ウ） 与式$=\sin\theta+\sqrt{3}\cos\theta=2\left(\sin\theta\cdot\dfrac{1}{2}+\cos\theta\cdot\dfrac{\sqrt{3}}{2}\right)$

$\qquad =2\left(\sin\theta\cos\dfrac{\pi}{3}+\cos\theta\sin\dfrac{\pi}{3}\right)=2\sin\left(\theta+\dfrac{\pi}{3}\right)\cdots$①

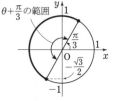

$\theta+\dfrac{\pi}{3}$ の範囲

$\dfrac{\pi}{3}\leqq\theta+\dfrac{\pi}{3}\leqq\dfrac{4}{3}\pi$ であるから，①は $\theta+\dfrac{\pi}{3}=\dfrac{\pi}{2}$ で最大，$\theta+\dfrac{\pi}{3}=\dfrac{4}{3}\pi$

で最小となる．よって，**最大値は2**，**最小値は $-\sqrt{3}$** である．

$\theta+\dfrac{\pi}{3}$ の範囲を，$0\leqq\theta\leqq\pi$ から求

$\Leftarrow$ めた．$\sin\left(\theta+\dfrac{\pi}{3}\right)$ の範囲は，

上図太線部の y 座標の範囲．

▶7 演習題 （解答は p.79）

（ア） 関数 $y=2\sin x+\sin\left(x+\dfrac{\pi}{3}\right)$ の最大値を求めよ． （東京電機大）

（イ） $\dfrac{\pi}{3}\leqq x\leqq\dfrac{2}{3}\pi$ のとき，$y=\sqrt{3}\sin x-3\cos x$ の最大値を求めよ． （福岡大・文系）

（ア） 加法定理で展開すると $a\sin x+b\cos x$ の形である．

🕐 10分

◆8 三角関数の方程式・不等式／$\cos^2\theta+\sin^2\theta=1$ の活用

（ア）　$0\leqq\theta<2\pi$ のとき，方程式 $2\cos^2\theta-3\sin\theta=0$ の解を求めよ．　　（神奈川歯大）

（イ）　$0\leqq\theta<2\pi$ のとき，不等式 $2\sin^2\theta\geqq\cos\theta+1$ を満たす θ の値の範囲は □ である．
（京都産大・理系）

（ウ）　$0°<\theta<180°$ で，$\sin\theta+3\cos\theta=3$ のとき，$\sin\theta=$ □ である．　　（創価大・工）

$\boxed{\cos^2\theta+\sin^2\theta=1\text{ の利用}}$　$\cos^2\theta+\sin^2\theta=1$ ……㋐　を用いて，$\cos\theta$ と $\sin\theta$ の入った式を $\cos\theta$ か $\sin\theta$ のどちらか一方だけの式にそろえるのが基本の手法である．

　　（ウ）では，$\sin\theta=3(1-\cos\theta)$ ……㋑　を㋐に代入すれば $\sin\theta$ を消去でき，$\cos\theta$ を求められる．このあと㋐ではなく，㋑から $\sin\theta$ を求めよう．

$\boxed{\theta\text{ は単位円を使って求めよう}}$　$\cos\theta$，$\sin\theta$ の値や範囲が分かった後は，単位円を使って θ の値や θ の範囲を求めよう．

　　例えば，$0\leqq\theta<2\pi$ で $\cos\theta\leqq-\dfrac{1}{2}$ となる θ の範囲は，単位円上の点 P

$(\cos\theta,\ \sin\theta)$ が右図の太線部にあることから，$\dfrac{2}{3}\pi\leqq\theta\leqq\dfrac{4}{3}\pi$ と分かる．

　　なお，$\tan\theta$ の値や範囲から，θ の値や範囲を求める方法については，本シリーズ「数Ⅰ」p.60, 61 を参照．

▤ 解 答 ▤

（ア）　$\cos^2\theta=1-\sin^2\theta$ であるから，問題の方程式は，
$$2(1-\sin^2\theta)-3\sin\theta=0 \quad\therefore\quad 2\sin^2\theta+3\sin\theta-2=0$$
$$\therefore\quad (\sin\theta+2)(2\sin\theta-1)=0$$

$-1\leqq\sin\theta\leqq1$ であるから，$\sin\theta=\dfrac{1}{2}$　　$\therefore\quad \theta=\dfrac{\pi}{6},\ \dfrac{5}{6}\pi$

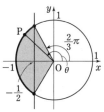

⇦

（イ）　$\sin^2\theta=1-\cos^2\theta$ であるから，問題の不等式は，
$$2(1-\cos^2\theta)\geqq\cos\theta+1 \quad\therefore\quad 2(1+\cos\theta)(1-\cos\theta)\geqq1+\cos\theta$$
$$\therefore\quad (1+\cos\theta)\{2(1-\cos\theta)-1\}\geqq0$$
$$\therefore\quad (\cos\theta+1)(2\cos\theta-1)\leqq0$$
$$\therefore\quad -1\leqq\cos\theta\leqq\dfrac{1}{2} \quad\therefore\quad \dfrac{\pi}{3}\leqq\theta\leqq\dfrac{5}{3}\pi$$

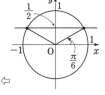

⇦

（ウ）　条件により $\sin\theta=3(1-\cos\theta)$ ……①　であるから，$\cos^2\theta+\sin^2\theta=1$ に代入して $\sin\theta$ を消去すると，$\cos^2\theta+9(1-\cos\theta)^2=1$
$$\therefore\quad 10\cos^2\theta-18\cos\theta+8=0 \quad\therefore\quad 5\cos^2\theta-9\cos\theta+4=0$$
$$\therefore\quad (\cos\theta-1)(5\cos\theta-4)=0$$

$0°<\theta<180°$ により，$-1<\cos\theta<1$ である．

　　よって，$\cos\theta=\dfrac{4}{5}$ であり，これを①に代入して，$\sin\theta=\dfrac{3}{5}$

⇦$\sin\theta$ を消去

⇦$\cos^2\theta+\sin^2\theta=1$ に代入すると符号が決まらない．

=====　▶8　演習題（解答は p.80）=====

（ア）　$0\leqq x<\pi$，$2\sin^2x-(2-\sqrt{3})\cos x=2-\sqrt{3}$ を満たす x の値は □ である．
（日大・国際関係）

（イ）　$0\leqq\theta<2\pi$ のとき，不等式 $2\sin^2\theta-3\cos\theta>0$ を解け．　　（神奈川歯大）

（ウ）　θ は鋭角で，$8\sin\theta-\cos\theta=4$ のとき，$\tan\theta=$ □ である．　　（東京聖栄大）

🕐 12分

（ア）　$0 \leqq \theta < 2\pi$ のとき，方程式 $\sin 2\theta = \sqrt{3}\,\sin\theta$ を解け．

（イ）　$0 \leqq \theta \leqq \pi$ の範囲で，不等式 $\cos 2\theta < \cos\theta$ を解け．　　　　　　　　　　　（東京電機大）

（ウ）　$0 \leqq \theta < 2\pi$ の範囲で，不等式 $\cos 2\theta + 5\sin\theta - 3 < 0$ を解け．

> 角をそろえる　（ア)のように，2θ と θ が混在するときには，2倍角の公式を使って θ にそろえよう．
> 角をそろえたあとは，$\cos^2\theta + \sin^2\theta = 1$ を使って $\cos\theta$ と $\sin\theta$ の入った式を $\cos\theta$ か $\sin\theta$ のどちらか一方だけにそろえるのが基本手法だが，$\sin\theta = \pm\sqrt{1-\cos^2\theta}$ としてルートが入った形が現れてしまうのはうまくない．3次方程式を解く際の基本は因数分解であるが，三角関数の方程式を解くときも同様に，(積の形)$=0$ にしよう．不等式の場合も同様である．

▌解 答▐

（ア）　$\sin 2\theta = \sqrt{3}\,\sin\theta$ のとき，

$\qquad 2\sin\theta\cos\theta = \sqrt{3}\,\sin\theta$

$\quad \therefore\ \sin\theta(2\cos\theta - \sqrt{3}) = 0$

$\quad \therefore\ \sin\theta = 0,\ \cos\theta = \dfrac{\sqrt{3}}{2}$

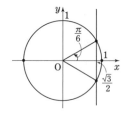

⇦うっかり $\sin\theta$ で割って
$2\cos\theta = \sqrt{3}$ としないように．
（$\sin\theta \neq 0$ とは限らない）

$0 \leqq \theta < 2\pi$ のとき，**$\theta = 0,\ \pi,\ \dfrac{\pi}{6},\ \dfrac{11}{6}\pi$**

（イ）　$\cos 2\theta < \cos\theta$ のとき，$2\cos^2\theta - 1 < \cos\theta$

$\quad \therefore\ 2\cos^2\theta - \cos\theta - 1 < 0$

$\quad \therefore\ (\cos\theta - 1)(2\cos\theta + 1) < 0$

$\quad \therefore\ -\dfrac{1}{2} < \cos\theta < 1$

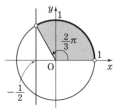

⇦$\cos\theta$ に統一

$0 \leqq \theta \leqq \pi$ のとき，**$0 < \theta < \dfrac{2}{3}\pi$**

（ウ）　$\cos 2\theta + 5\sin\theta - 3 < 0$

$\qquad 1 - 2\sin^2\theta + 5\sin\theta - 3 < 0$

$\quad \therefore\ 2\sin^2\theta - 5\sin\theta + 2 > 0$

$\quad \therefore\ (\sin\theta - 2)(2\sin\theta - 1) > 0$

$-1 \leqq \sin\theta \leqq 1$ により，$\sin\theta - 2 < 0$ であるから，

$\qquad 2\sin\theta - 1 < 0 \quad \therefore\ \sin\theta < \dfrac{1}{2}$

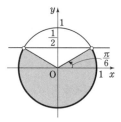

⇦$\sin\theta$ に統一

$0 \leqq \theta < 2\pi$ のとき，**$0 \leqq \theta < \dfrac{\pi}{6},\ \dfrac{5}{6}\pi < \theta < 2\pi$**

─────── ▶9 **演習題**（解答は p.80）───────

（ア）　$0 \leqq x \leqq 2\pi$ とする．方程式 $\sin 2x + \cos x = 0$ を解きなさい．　　　　（熊本大・文系）

（イ）　$0 \leqq \theta < 2\pi$ のとき，不等式 $\cos 2\theta - 3\cos\theta + 2 \leqq 0$ を解け．

（ウ）　$0 \leqq \theta < 2\pi$ のとき，不等式 $\sqrt{3}\cos\theta - \cos 2\theta + 2 \leqq 0$ を解け．　　（城西大・理，薬）

🕐10分

◆ 10 三角関数の方程式・不等式／合成の利用

（ア） $0 \leqq \theta < 2\pi$ のとき，次の方程式を解きなさい． $\sin\theta + \sqrt{3}\cos\theta = -1$ 　　（福島大・システム理工）

（イ） $0 \leqq \theta < 2\pi$ のとき，不等式 $\sin\theta - \cos\theta > 1$ を解け．

（合成の活用）　$a\sin\theta + b\cos\theta$ は変数 θ が2か所にあるが，合成すると $r\sin(\theta + \alpha)$ の形に直せ，変数 θ が1か所になる．このようにすることで，方程式・不等式がしばしば解ける．

▤ 解 答 ▤

（ア）　$\sin\theta + \sqrt{3}\cos\theta = -1$ のとき，

$$2\left(\sin\theta \cdot \frac{1}{2} + \cos\theta \cdot \frac{\sqrt{3}}{2}\right) = -1$$ 　　　　　$\Leftarrow \sqrt{1^2 + (\sqrt{3})^2} = 2$

$$\therefore \quad 2\left(\sin\theta \cos\frac{\pi}{3} + \cos\theta \sin\frac{\pi}{3}\right) = -1 \qquad \therefore \quad 2\sin\left(\theta + \frac{\pi}{3}\right) = -1$$

$$\therefore \quad \sin\left(\theta + \frac{\pi}{3}\right) = -\frac{1}{2}$$

$0 \leqq \theta < 2\pi$ のとき，$\theta + \dfrac{\pi}{3}$ の範囲は $\dfrac{\pi}{3} \leqq \theta + \dfrac{\pi}{3} < 2\pi + \dfrac{\pi}{3}$

であるから，上式を解くと，

$$\theta + \frac{\pi}{3} = \frac{7}{6}\pi, \ \frac{11}{6}\pi \qquad \therefore \quad \boldsymbol{\theta = \frac{5}{6}\pi, \ \frac{3}{2}\pi}$$

$\Leftarrow$

➡注　$\sin\theta = -\sqrt{3}\cos\theta - 1$ を $\cos^2\theta + \sin^2\theta = 1$ に代入して解いてもよい．

（イ）　$\sin\theta - \cos\theta > 1$ のとき，

$$\sqrt{2}\left(\sin\theta \cdot \frac{1}{\sqrt{2}} - \cos\theta \cdot \frac{1}{\sqrt{2}}\right) > 1$$ 　　　　　$\Leftarrow \sqrt{1^2 + 1^2} = \sqrt{2}$

$$\therefore \quad \sqrt{2}\left(\sin\theta \cos\frac{\pi}{4} - \cos\theta \sin\frac{\pi}{4}\right) > 1$$

$$\therefore \quad \sin\left(\theta - \frac{\pi}{4}\right) > \frac{1}{\sqrt{2}} \quad \cdots\cdots\cdots\cdots\cdots ①$$

$0 \leqq \theta < 2\pi$ のとき，$-\dfrac{\pi}{4} \leqq \theta - \dfrac{\pi}{4} < 2\pi - \dfrac{\pi}{4}$

であるから，①を解くと，

$$\frac{\pi}{4} < \theta - \frac{\pi}{4} < \frac{3}{4}\pi \qquad \therefore \quad \boldsymbol{\frac{\pi}{2} < \theta < \pi}$$

$\Leftarrow \theta - \dfrac{\pi}{4}$ の範囲を $0 \leqq \theta < 2\pi$ から求めた．

▨ $a\sin\theta + b\cos\theta$ （$0 \leqq \theta < 2\pi$）の最大・最小値を求めるときは合成して，$r\sin(\theta + \alpha)$ の形にすれば解決するが，本問のように方程式・不等式を解く（θ の値や範囲を求める）ときは，α が $\dfrac{\pi}{3}$ など，具体的に求まる必要がある．

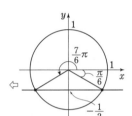

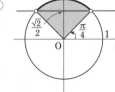

━━━━━ ▶◁ **10 演習題**（解答は p.81）━━━━━

（ア）　方程式 $\sqrt{2}(\cos x + \sin x) = \sqrt{3}$ を満たす x は $-\dfrac{\pi}{2} \leqq x \leqq \dfrac{\pi}{2}$ の範囲で2つ存在し，

そのうち小さいものは $x = \boxed{}$ である．　　　　　　　　（東海大）

（イ）　$0 \leqq \theta < 2\pi$ の範囲における不等式 $\sin\theta + \sqrt{3}\cos\theta < \sqrt{2}$ の解は，$\boxed{}$ である．

　　　　　　　　　　　　　　　　　　　　（北海道科学大）　　　　　🕐 10分

◆ 11 最大・最小（置き換え）

（ア）　$0 \leqq \theta < 2\pi$ のとき，関数 $y = 3\cos^2\theta + 3\sin\theta - 1$ の最大値は □ であり，最小値は □ である.

（日大・生物資源）

（イ）　$0 \leqq \theta < 2\pi$ のとき，関数 $y = \cos 2\theta + \cos\theta$ の最小値と最大値を求めよ.

$\cos\theta$ か $\sin\theta$ だけで表せないか考える　$\cos\theta$（あるいは $\sin\theta$）だけで表せる式は，$\cos\theta$（あるいは $\sin\theta$）を t とおけば t だけの式で表せる. すると元の関数の最大・最小を考えるとき，t の関数に帰着でき，扱いやすくなる.

　そこで，三角関数の式を，$\cos^2\theta + \sin^2\theta = 1$ などを使って，$\cos\theta$ か $\sin\theta$ だけで表せないか考えてみよう. 上の（ア）なら，$\cos^2\theta = 1 - \sin^2\theta$ として，$\cos^2\theta$ を消去すれば，$\sin\theta$ だけの式になるので，$\sin\theta = t$ とおけば，y は t の式で表せ，t の2次関数を考えればよい.（イ）は2倍角の公式を使う.

$\cos\theta = t$ とおいたら，t の範囲に注意　θ があらゆる角度を動けるとしても，$\cos\theta$ の範囲は，$-1 \leqq \cos\theta \leqq 1$ であるから，$t = \cos\theta$ のとき，t の範囲は $-1 \leqq t \leqq 1$ である.
　$\sin\theta = t$ とおくときも同様である.

▤ 解 答 ▤

（ア）　$y = 3\cos^2\theta + 3\sin\theta - 1 = 3(1 - \sin^2\theta) + 3\sin\theta - 1$
$\qquad = -3\sin^2\theta + 3\sin\theta + 2$　　　　　　　　　　　　　　　⇦ $\sin\theta$ に統一した.

　$\sin\theta = t$ とおくと，$0 \leqq \theta < 2\pi$ のとき
$-1 \leqq t \leqq 1$ であり，

$\qquad y = -3t^2 + 3t + 2$ ……………………①

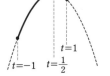

$\qquad = -3\left\{\left(t - \dfrac{1}{2}\right)^2 - \dfrac{1}{4}\right\} + 2 = -3\left(t - \dfrac{1}{2}\right)^2 + \dfrac{11}{4}$　　　⇦ $-3(t^2 - t) + 2$ のカッコ内を平方完成した.

　このグラフは右のようになるから，$t = \dfrac{1}{2}$ のとき**最大値 $\dfrac{11}{4}$**，$t = -1$ のとき最小値 **-4**（①に $t = -1$ を代入して計算した）をとる.

（イ）　$y = \cos 2\theta + \cos\theta = (2\cos^2\theta - 1) + \cos\theta$
$\qquad = 2\cos^2\theta + \cos\theta - 1$　　　　　　　　　　　　　　　⇦ $\cos\theta$ に統一した.

　$\cos\theta = t$ とおくと，$0 \leqq \theta < 2\pi$ のとき
$-1 \leqq t \leqq 1$ であり，

$\qquad y = 2t^2 + t - 1$ ……………………①

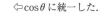

$\qquad = 2\left\{\left(t + \dfrac{1}{4}\right)^2 - \dfrac{1}{16}\right\} - 1 = 2\left(t + \dfrac{1}{4}\right)^2 - \dfrac{9}{8}$　　　⇦ $2\left(t^2 + \dfrac{1}{2}t\right) - 1$ のカッコ内を平方完成した.

　このグラフは右のようになるから，

$t = -\dfrac{1}{4}$ のとき**最小値 $-\dfrac{9}{8}$**，$t = 1$ のとき**最大値 2**（①で計算）をとる.

▶◀ 11 演習題（解答は p.81）

（ア）　関数 $y = \dfrac{3}{4}\cos^2 x + \sin x$ の最大値は □，最小値は □ である.

（名城大・経営，経済）

（イ）　関数 $y = \cos 2x - 10\sin x$ の最大値を求めよ.

問題文に x の範囲はないが，この場合は，x は全実数を動くと考える.

🕐 6分

三角関数
演習題の解答

---

1 例題と同様にして解ける.

解 （ア）①：$132° = 132 \times \dfrac{\pi}{180} = \dfrac{11}{15}\pi$

②：$\dfrac{2}{5}\pi$, ③：$\dfrac{41}{15}\pi = 2\pi + \dfrac{11}{15}\pi$

④：$-288° = -288 \times \dfrac{\pi}{180} = -\dfrac{8}{5}\pi = -2\pi + \dfrac{2}{5}\pi$

⑤：$255° = 255 \times \dfrac{\pi}{180} = \dfrac{17}{12}\pi$

⑥：$-\dfrac{7}{12}\pi = -2\pi + \dfrac{17}{12}\pi$

よって，答えは，①と③，②と④，⑤と⑥

（イ）$-210° = -180° \times 2 + 150°$, $840° = 180° \times 4 + 120°$

$-510° = -180° \times 3 + 30°$, $\dfrac{17}{3}\pi = 5\pi + \dfrac{2}{3}\pi$

$-\dfrac{11}{6}\pi = -2\pi + \dfrac{\pi}{6}$, $\dfrac{31}{4}\pi = 7\pi + \dfrac{3}{4}\pi$

であるから，各設問の角が表す動径は下図のようになる.

(1) 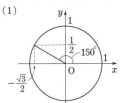　(2)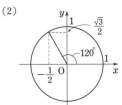

(3) 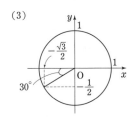　(4)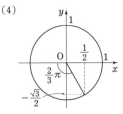

(5) 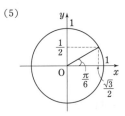　(6)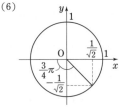

よって，$\sin(-210°) = \dfrac{1}{2}$, $\cos 840° = -\dfrac{1}{2}$

$\tan(-510°) = \dfrac{1}{\sqrt{3}}\left(=\dfrac{\sqrt{3}}{3}\right)$, $\sin\dfrac{17}{3}\pi = -\dfrac{\sqrt{3}}{2}$

$\cos\left(-\dfrac{11}{6}\pi\right) = \dfrac{\sqrt{3}}{2}$, $\tan\dfrac{31}{4}\pi = -1$

（ウ）$l = 3 \times \dfrac{\pi}{7} = \dfrac{3}{7}\pi$, $S = \dfrac{1}{2} \times 3^2 \times \dfrac{\pi}{7} = \dfrac{9}{14}\pi$

■（イ）の動径の図示のしかたについて.

解答では，$\alpha = n\pi + \beta$（n は整数，$0 \leq \beta < \pi$）の形に直したが，$\alpha = 2n\pi + \gamma$（n は整数，$0 \leq \gamma < 2\pi$）の形に直してもよい. この形だと，$\pi < \gamma < 2\pi$ のときが，慣れていない人が多く，やりにくく感じるだろう. そこで，$\alpha = 2n\pi + \delta$（n は整数，$-\pi < \delta \leq \pi$）の形に直す作戦も考えられる. この場合は $|\delta|$ が π 以下なので扱いやすい. $\alpha = 2n\pi + \boxed{}$ の形よりも $\alpha = n\pi + \beta$ の形に直す方が簡単なので，解答ではこちらを採用した.

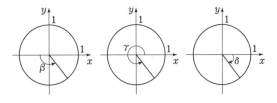

---

2 （ウ）分母に $\sin^2\theta + \cos^2\theta$ があるので 1 に直すと，$1 + \tan^2\theta = \dfrac{1}{\cos^2\theta}$ が使える.

解 （ア）右図で $\triangle OAP$ に三平方の定理を用いて，

$OP^2 = OA^2 + AP^2$
$= 1^2 + 4^2 = 17$
$\therefore\ OP = \sqrt{17}$

$\sin\theta = \dfrac{(P \text{の} y \text{座標})}{OP} = -\dfrac{4}{\sqrt{17}}$

$\cos\theta = \dfrac{(P \text{の} x \text{座標})}{OP} = \dfrac{1}{\sqrt{17}}$

（イ）（1）$(\sin\theta + \cos\theta)^2$
$= \sin^2\theta + \cos^2\theta + 2\sin\theta\cos\theta = 1 + 2\sin\theta\cos\theta$

により，$\left(\dfrac{1}{4}\right)^2 = 1 + 2\sin\theta\cos\theta$

$\therefore\ \sin\theta\cos\theta = \dfrac{1}{2}\left(\dfrac{1}{16} - 1\right) = -\dfrac{15}{32}$ ……①

（2）①により，

$(\sin\theta - \cos\theta)^2 = \sin^2\theta + \cos^2\theta - 2\sin\theta\cos\theta$

$= 1 - 2\sin\theta\cos\theta = 1 - 2\left(-\dfrac{15}{32}\right) = \dfrac{31}{16}$

$0 \leq \theta \leq \pi$ のとき，$\sin\theta \geq 0$ であり，これと①から，$\cos\theta < 0$ である. よって，$\sin\theta - \cos\theta > 0$

$$\therefore \quad \sin\theta-\cos\theta=\sqrt{\frac{31}{16}}=\frac{\sqrt{31}}{4}$$

（3） $\sin^3\theta-\cos^3\theta$

$$=(\sin\theta-\cos\theta)(\sin^2\theta+\sin\theta\cos\theta+\cos^2\theta)$$

$$=(\sin\theta-\cos\theta)(1+\sin\theta\cos\theta)$$

$$=\frac{\sqrt{31}}{4}\cdot\left(1-\frac{15}{32}\right)=\frac{17\sqrt{31}}{128}$$

（ウ）

$$\frac{\tan^2\theta}{\sin^2\theta(\sin^2\theta+\cos^2\theta+\tan^2\theta)}$$

$$=\frac{\tan^2\theta}{\sin^2\theta(1+\tan^2\theta)}=\frac{\tan^2\theta}{\sin^2\theta\cdot\dfrac{1}{\cos^2\theta}}$$

$$=\frac{\tan^2\theta}{\tan^2\theta}=1$$

3 （ア） 公式を使って θ の三角関数で表そう.
（イ）（ウ） まず, $\cos(\theta+360°\times n)=\cos\theta$ などを使って $0°\sim360°$ にしたあと, 例題と同様に $0°\sim45°$ の三角関数で表すことにする.

解 （ア） $\sin(90°+\theta)+\cos(90°-\theta)$

$$\qquad\qquad\qquad +\sin(180°+\theta)+\cos(180°-\theta)$$

$$=\cos\theta+\sin\theta-\sin\theta-\cos\theta$$

$$=\mathbf{0}$$

（イ） $\cos(-100°)=\cos100°=\cos(90°+10°)$

$$\qquad\qquad\qquad\qquad =-\sin10°$$

$$\cos490°=\cos(360°+130°)=\cos130°$$

$$\qquad\qquad =\cos(90°+40°)=-\sin40°$$

$$\sin140°=\sin(180°-40°)=\sin40°$$

$$\sin(-190°)=\sin(-190°+360°)=\sin170°$$

$$\qquad\qquad =\sin(180°-10°)=\sin10°$$

$$\sin630°=\sin(360°+270°)=\sin270°=-1$$

であるから,

与式 $=-\sin10°-\sin40°+\sin40°+\sin10°-1=\mathbf{-1}$

（ウ） $\tan265°=\tan(180°+85°)=\tan85°$

$$\qquad\qquad =\tan(90°-5°)=\frac{1}{\tan5°}$$

$$\tan455°=\tan(360°+95°)=\tan95°$$

$$\qquad\qquad =\tan(90°+5°)=-\frac{1}{\tan5°}$$

$$\tan(-585°)=\tan(-720°+135°)=\tan135°=-1$$

$$\tan535°=\tan(360°+175°)=\tan175°$$

$$\qquad\qquad =\tan(180°-5°)=-\tan5°$$

であるから,

与式 $=\tan5°+\dfrac{1}{\tan5°}-\dfrac{1}{\tan5°}-1-\tan5°=\mathbf{-1}$

4 （ア） $y=\sin4\theta$ のグラフをどのように平行移動して, y 軸方向に拡大したものかをとらえてグラフをかく主旨の問題.（イ）も同様である.

解 （ア） $y=2\sin\left(4\theta+\dfrac{\pi}{3}\right)=2\sin4\left(\theta+\dfrac{\pi}{12}\right)$

よって, このグラフは, $y=\sin4\theta$ のグラフを θ 軸方向に $-\dfrac{\pi}{12}$ だけ平行移動したものを, さらに y 軸方向に **2倍**したものである. この関数の**周期**は, $\sin4\theta$ の周期に等しく, $\dfrac{2\pi}{4}=\dfrac{\pi}{2}$ である. このグラフは下図のようになる.

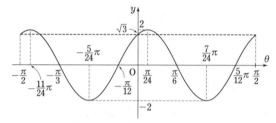

➡注 「平行移動と周期」から, このグラフと θ 軸の交点の θ 座標は, $\theta=-\dfrac{\pi}{12}+\dfrac{\pi}{4}\times n$（$n$ は整数）と分かるが, $y=0$ を実際に解いてもよい.

$\sin\left(4\theta+\dfrac{\pi}{3}\right)=0$ により, $4\theta+\dfrac{\pi}{3}=n\pi$

$$\therefore \quad \theta=-\frac{\pi}{12}+\frac{n}{4}\pi \quad\cdots\cdots\cdots\cdots\cdots\cdots①$$

■ 「平行移動と拡大」の設問がなくて,「グラフをかけ」なら, ①などをもとにかくのが実戦的だろう.

①のとき, θ の値は, $\cdots$, $-\dfrac{\pi}{3}$, $-\dfrac{\pi}{12}$, $\dfrac{\pi}{6}$, $\dfrac{5}{12}\pi$, $\cdots$ となる. θ が $-\dfrac{\pi}{12}$ と $\dfrac{\pi}{6}$ の平均 $\dfrac{\pi}{24}$ のとき, "山"か"谷"になるが, $\theta=\dfrac{\pi}{24}$ を $4\theta+\dfrac{\pi}{3}$ に代入すると $\dfrac{\pi}{2}$ になり, "山"となることが分かる. これを使って, グラフが上図のようになることが分かる.

（イ） $y=\tan\left(2\theta+\dfrac{\pi}{3}\right)=\tan2\left(\theta+\dfrac{\pi}{6}\right)$

よって, このグラフは, $y=\tan2\theta$ のグラフを θ 軸方向に $-\dfrac{\pi}{6}$ だけ平行移動したものである. この関数の周期は, $\tan2\theta$ の周期に等しく $\dfrac{\pi}{2}$ である. 漸近線の方程式は周期に注意して,

$$x=\frac{\pi}{12}+n\cdot\frac{\pi}{2} \quad（\boldsymbol{n}\text{ は整数}）$$

このグラフは下図のようになる.

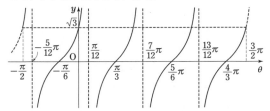

■ $y=\tan\theta$ のグラフは，θ 軸との交点では接しない．接するような図をかいてしまう人が少なくないので注意しよう．

---

5 （ア）各角度を $\dfrac{\pi}{4}$ と $\dfrac{\pi}{6}$ の整数倍の和や差の形に直して加法定理を使う.

解 （ア）（1）$\cos\dfrac{7}{12}\pi=\cos\left(\dfrac{\pi}{3}+\dfrac{\pi}{4}\right)$

$=\cos\dfrac{\pi}{3}\cos\dfrac{\pi}{4}-\sin\dfrac{\pi}{3}\sin\dfrac{\pi}{4}$

$=\dfrac{1}{2}\cdot\dfrac{\sqrt{2}}{2}-\dfrac{\sqrt{3}}{2}\cdot\dfrac{\sqrt{2}}{2}=\dfrac{\sqrt{2}-\sqrt{6}}{4}$

（2）$\sin\dfrac{17}{12}\pi=\sin\left(\dfrac{3}{4}\pi+\dfrac{2}{3}\pi\right)$

$=\sin\dfrac{3}{4}\pi\cos\dfrac{2}{3}\pi+\cos\dfrac{3}{4}\pi\sin\dfrac{2}{3}\pi$

$=\dfrac{\sqrt{2}}{2}\cdot\left(-\dfrac{1}{2}\right)-\dfrac{\sqrt{2}}{2}\cdot\dfrac{\sqrt{3}}{2}=-\dfrac{\sqrt{2}+\sqrt{6}}{4}$

（3）$\tan\dfrac{\pi}{12}=\tan\left(\dfrac{\pi}{3}-\dfrac{\pi}{4}\right)$

$=\dfrac{\tan\dfrac{\pi}{3}-\tan\dfrac{\pi}{4}}{1+\tan\dfrac{\pi}{3}\tan\dfrac{\pi}{4}}=\dfrac{\sqrt{3}-1}{1+\sqrt{3}\cdot1}=\dfrac{\sqrt{3}-1}{\sqrt{3}+1}$

$=\dfrac{(\sqrt{3}-1)(\sqrt{3}-1)}{(\sqrt{3}+1)(\sqrt{3}-1)}=\dfrac{4-2\sqrt{3}}{2}=2-\sqrt{3}$

（イ）α は鋭角であるから，$\sin\alpha>0$ であり，

$\sin\alpha=\sqrt{1-\cos^2\alpha}=\sqrt{1-\left(\dfrac{1}{3}\right)^2}=\dfrac{2\sqrt{2}}{3}$

β は鈍角であるから，$\cos\beta<0$ であり，

$\cos\beta=-\sqrt{1-\sin^2\beta}=-\sqrt{1-\left(\dfrac{2}{3}\right)^2}=-\dfrac{\sqrt{5}}{3}$

よって，

$\cos(\alpha+\beta)=\cos\alpha\cos\beta-\sin\alpha\sin\beta$

$=\dfrac{1}{3}\cdot\left(-\dfrac{\sqrt{5}}{3}\right)-\dfrac{2\sqrt{2}}{3}\cdot\dfrac{2}{3}=-\dfrac{\sqrt{5}+4\sqrt{2}}{9}$

---

6 （ア），（ウ）は例題と同様に解く．（イ）は半角の公式を使うと，◆3 と同様に解ける．

解 （ア）$\dfrac{\pi}{2}<\theta<\pi$ のとき，$\cos\theta<0$ であるから，

$\cos\theta=-\sqrt{1-\sin^2\theta}=-\sqrt{1-\left(\dfrac{3}{5}\right)^2}=-\dfrac{4}{5}$

よって，

$\sin2\theta=2\sin\theta\cos\theta=2\cdot\dfrac{3}{5}\cdot\left(-\dfrac{4}{5}\right)=-\dfrac{24}{25}$

$\dfrac{\pi}{2}<\theta<\pi$ のとき，$\dfrac{\pi}{4}<\dfrac{\theta}{2}<\dfrac{\pi}{2}$ であるから，

$\cos\dfrac{\theta}{2}>0$ であり，

$\cos\dfrac{\theta}{2}=\sqrt{\dfrac{1}{2}(1+\cos\theta)}=\sqrt{\dfrac{1}{2}\left(1-\dfrac{4}{5}\right)}=\dfrac{1}{\sqrt{10}}$

（イ）$\cos^2\dfrac{\pi}{5}+\sin\dfrac{5}{6}\pi+\dfrac{1}{2}\cos\dfrac{3}{5}\pi$

$=\dfrac{1}{2}\left(1+\cos\dfrac{2}{5}\pi\right)+\dfrac{1}{2}+\dfrac{1}{2}\cos\dfrac{3}{5}\pi$

$=1+\dfrac{1}{2}\left(\cos\dfrac{2}{5}\pi+\cos\dfrac{3}{5}\pi\right)$ ……………………①

ここで，$\cos\dfrac{3}{5}\pi=\cos\left(\pi-\dfrac{2}{5}\pi\right)=-\cos\dfrac{2}{5}\pi$

であるから，①$=1$

（ウ）$\tan\dfrac{\theta}{2}=t$ とおく．$0<\theta<\dfrac{\pi}{2}$ により，$t>0$

$\tan\theta=\tan\left(2\cdot\dfrac{\theta}{2}\right)=\dfrac{2\tan\dfrac{\theta}{2}}{1-\tan^2\dfrac{\theta}{2}}=\dfrac{2t}{1-t^2}$

$\tan\theta=2$ のとき，$\dfrac{2t}{1-t^2}=2$ ∴ $t=1-t^2$

∴ $t^2+t-1=0$

$t>0$ であるから，

$\tan\dfrac{\theta}{2}=t=\dfrac{-1+\sqrt{5}}{2}$

---

7 （ア）加法定理で展開したあと合成する.
（イ）x の範囲に注意する.

解 （ア）$y=2\sin x+\sin\left(x+\dfrac{\pi}{3}\right)$

$=2\sin x+\left(\sin x\cos\dfrac{\pi}{3}+\cos x\sin\dfrac{\pi}{3}\right)$

$=\left(2+\dfrac{1}{2}\right)\sin x+\dfrac{\sqrt{3}}{2}\cos x=\dfrac{5}{2}\sin x+\dfrac{\sqrt{3}}{2}\cos x$

$$\sqrt{\left(\dfrac{5}{2}\right)^2+\left(\dfrac{\sqrt{3}}{2}\right)^2}=\sqrt{7}$$

であり，右図のように α を定
めると，

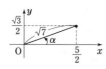

$$y=\sqrt{7}\left(\sin x\cdot\dfrac{5}{2\sqrt{7}}+\cos x\cdot\dfrac{\sqrt{3}}{2\sqrt{7}}\right)$$
$$=\sqrt{7}\,(\sin x\cos\alpha+\cos x\sin\alpha)$$
$$=\sqrt{7}\sin(x+\alpha)$$

$\sin(x+\alpha)$ の最大値は 1 なので，y の最大値は $\sqrt{7}$

（イ）　$y=\sqrt{3}\sin x-3\cos x$

　　$[$ここで，$\sqrt{(\sqrt{3})^2+(-3)^2}=\sqrt{12}=2\sqrt{3}$ に注意して$]$

$$=2\sqrt{3}\left(\sin x\cdot\dfrac{1}{2}-\cos x\cdot\dfrac{\sqrt{3}}{2}\right)$$
$$=2\sqrt{3}\left(\sin x\cos\dfrac{\pi}{3}-\cos x\sin\dfrac{\pi}{3}\right)$$
$$=2\sqrt{3}\sin\left(x-\dfrac{\pi}{3}\right)\cdots\cdots\cdots\cdots\cdots\cdots①$$

$\dfrac{\pi}{3}\leqq x\leqq\dfrac{2}{3}\pi$ のとき，$0\leqq x-\dfrac{\pi}{3}\leqq\dfrac{\pi}{3}$ であるから，

①は $x-\dfrac{\pi}{3}=\dfrac{\pi}{3}$ のとき，最大値 $2\sqrt{3}\cdot\dfrac{\sqrt{3}}{2}=\boldsymbol{3}$ をとる．

8　（ウ）　まず，$\cos\theta$，$\sin\theta$ の値を求める．

解　（ア）　$2\sin^2x-(2-\sqrt{3}\,)\cos x=2-\sqrt{3}$

これに，$\sin^2x=1-\cos^2x$ を代入すると，

$$2(1-\cos^2x)-(2-\sqrt{3}\,)\cos x=2-\sqrt{3}$$
$$\therefore\quad 2\cos^2x+(2-\sqrt{3}\,)\cos x-\sqrt{3}=0$$
$$\therefore\quad (2\cos x-\sqrt{3}\,)(\cos x+1)=0$$

$0\leqq x<\pi$ のとき，

$-1<\cos x\leqq1$ であるから，

$$\cos x=\dfrac{\sqrt{3}}{2}$$
$$\therefore\quad \boldsymbol{x=\dfrac{\pi}{6}}$$

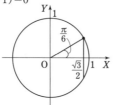

（イ）　$2\sin^2\theta-3\cos\theta>0$ のとき，

$$2(1-\cos^2\theta)-3\cos\theta>0$$
$$\therefore\quad 2\cos^2\theta+3\cos\theta-2<0$$
$$\therefore\quad (\cos\theta+2)(2\cos\theta-1)<0$$

$-1\leqq\cos\theta\leqq1$ により，

$\cos\theta+2>0$ であるから，

$$\cos\theta<\dfrac{1}{2}$$
$$\therefore\quad \boldsymbol{\dfrac{\pi}{3}<\theta<\dfrac{5}{3}\pi}$$

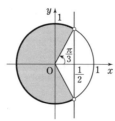

（ウ）　$8\sin\theta-\cos\theta=4$ のとき，$\cos\theta=8\sin\theta-4\cdots\cdots①$

これを $\cos^2\theta+\sin^2\theta=1$ に代入して，

$$(8\sin\theta-4)^2+\sin^2\theta=1$$
$$\therefore\quad 65\sin^2\theta-64\sin\theta+15=0$$
$$\therefore\quad (5\sin\theta-3)(13\sin\theta-5)=0$$

これと①から，$\sin\theta$ と $\cos\theta$ の値は，

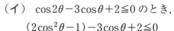

$\sin\theta=\dfrac{3}{5}$ のとき，$\cos\theta=\dfrac{4}{5}\cdots\cdots\cdots\cdots\cdots\cdots②$

$\sin\theta=\dfrac{5}{13}$ のとき，$\cos\theta=-\dfrac{12}{13}$

θ は鋭角であるから，②のときで，$\boldsymbol{\tan\theta=\dfrac{3}{4}}$

9　まず 2 倍角の公式を用いて角をそろえる．（イ）
（ウ）では，$\cos2\theta$ を $\cos\theta$ で表す．

解　（ア）　$\sin2x+\cos x=0$ のとき，

$$2\sin x\cos x+\cos x=0$$
$$\therefore\quad \cos x(2\sin x+1)=0$$
$$\therefore\quad \cos x=0,\ \sin x=-\dfrac{1}{2}$$

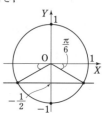

$0\leqq x\leqq2\pi$ のとき，

$$\boldsymbol{x=\dfrac{\pi}{2},\ \dfrac{3}{2}\pi,\ \dfrac{7}{6}\pi,\ \dfrac{11}{6}\pi}$$

（イ）　$\cos2\theta-3\cos\theta+2\leqq0$ のとき，

$$(2\cos^2\theta-1)-3\cos\theta+2\leqq0$$
$$\therefore\quad 2\cos^2\theta-3\cos\theta+1\leqq0$$
$$\therefore\quad (\cos\theta-1)(2\cos\theta-1)\leqq0$$
$$\therefore\quad \dfrac{1}{2}\leqq\cos\theta\leqq1$$

$0\leqq\theta<2\pi$ のとき，

$$\boldsymbol{0\leqq\theta\leqq\dfrac{\pi}{3},\ \dfrac{5}{3}\pi\leqq\theta<2\pi}$$

（ウ）　$\sqrt{3}\cos\theta-\cos2\theta+2\leqq0$ のとき，

$$\sqrt{3}\cos\theta-(2\cos^2\theta-1)+2\leqq0$$
$$\therefore\quad 2\cos^2\theta-\sqrt{3}\cos\theta-3\geqq0$$
$$\therefore\quad (\cos\theta-\sqrt{3}\,)(2\cos\theta+\sqrt{3}\,)\geqq0$$

$-1\leqq\cos\theta\leqq1$ により，

$\cos\theta-\sqrt{3}<0$ であるから，

$$2\cos\theta+\sqrt{3}\leqq0$$
$$\therefore\quad \cos\theta\leqq-\dfrac{\sqrt{3}}{2}$$

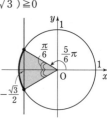

$0\leqq\theta<2\pi$ のとき，

$$\boldsymbol{\dfrac{5}{6}\pi\leqq\theta\leqq\dfrac{7}{6}\pi}$$

10 「合成」で解決する典型問題である.

解 （ア）$\sqrt{2}(\cos x + \sin x) = \sqrt{3}$ のとき,

$[\sqrt{1^2+1^2}=\sqrt{2}$ に注意して$]$

$$\sqrt{2}\cdot\sqrt{2}\left(\sin x\cdot\frac{1}{\sqrt{2}}+\cos x\cdot\frac{1}{\sqrt{2}}\right)=\sqrt{3}$$

$$\therefore\ 2\left(\sin x\cos\frac{\pi}{4}+\cos x\sin\frac{\pi}{4}\right)=\sqrt{3}$$

$$\therefore\ \sin\left(x+\frac{\pi}{4}\right)=\frac{\sqrt{3}}{2}$$

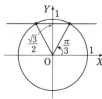

$-\dfrac{\pi}{2}\leqq x\leqq\dfrac{\pi}{2}$ のとき,

$-\dfrac{\pi}{4}\leqq x+\dfrac{\pi}{4}\leqq\dfrac{3}{4}\pi$ であるから,

小さい方の解は, $x+\dfrac{\pi}{4}=\dfrac{\pi}{3}$ $\therefore$ $\boldsymbol{x=\dfrac{\pi}{12}}$

（イ） $\sin\theta+\sqrt{3}\cos\theta<\sqrt{2}$ のとき,

$[\sqrt{1^2+(\sqrt{3})^2}=2$ に注意して$]$

$$2\left(\sin\theta\cdot\frac{1}{2}+\cos\theta\cdot\frac{\sqrt{3}}{2}\right)<\sqrt{2}$$

$$\therefore\ 2\left(\sin\theta\cos\frac{\pi}{3}+\cos\theta\sin\frac{\pi}{3}\right)<\sqrt{2}$$

$$\therefore\ \sin\left(\theta+\frac{\pi}{3}\right)<\frac{\sqrt{2}}{2}\ \cdots①$$

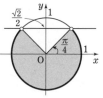

$0\leqq\theta<2\pi$ により,

$$\frac{\pi}{3}\leqq\theta+\frac{\pi}{3}<2\pi+\frac{\pi}{3}$$

このとき, ①を解くと,

$$\frac{3}{4}\pi<\theta+\frac{\pi}{3}<2\pi+\frac{\pi}{4}\quad\therefore\ \boldsymbol{\frac{5}{12}\pi<\theta<\frac{23}{12}\pi}$$

（イ） $y=\cos 2x-10\sin x$

$\qquad =(1-2\sin^2 x)-10\sin x$

$\sin x=t$ とおくと, $-1\leqq t\leqq 1$ であり,

$y=-2t^2-10t+1\ \cdots\cdots①$

$\quad =-2\left\{\left(t+\dfrac{5}{2}\right)^2-\dfrac{25}{4}\right\}+1$

よって, y は $t=-1$ のとき

最大値 9（①に $t=-1$ を代

入）をとる.

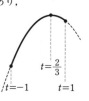

---

11 （イ)は2倍角の公式を使う.

解 （ア） $y=\dfrac{3}{4}\cos^2 x+\sin x$

$\qquad =\dfrac{3}{4}(1-\sin^2 x)+\sin x$

$\sin x=t$ とおくと, $-1\leqq t\leqq 1$ であり,

$y=-\dfrac{3}{4}t^2+t+\dfrac{3}{4}\ \cdots\cdots①$

$\quad =-\dfrac{3}{4}\left\{\left(t-\dfrac{2}{3}\right)^2-\dfrac{4}{9}\right\}+\dfrac{3}{4}$

$\quad =-\dfrac{3}{4}\left(t-\dfrac{2}{3}\right)^2+\dfrac{13}{12}$

よって, y は $t=\dfrac{2}{3}$ のとき**最大値 $\dfrac{13}{12}$** をとり, $t=-1$

のとき**最小値 -1**（①に $t=-1$ を代入）をとる.

第1部 指数関数・対数関数

指数関数・対数関数
公式など

【指数法則】

（1） **0乗，負の指数**

$a \neq 0$ で，n が正の整数のとき，

$$a^0 = 1, \quad a^{-n} = \frac{1}{a^n}$$

（2） **指数が整数のときの指数法則**

$a \neq 0$，$b \neq 0$ で，m，n が整数のとき

$$a^m a^n = a^{m+n}, \quad (a^m)^n = a^{mn}, \quad (ab)^n = a^n b^n$$

➡注　$\dfrac{a^m}{a^n} = a^{m-n}$，$\left(\dfrac{a}{b}\right)^n = \dfrac{a^n}{b^n}$.

（3） **累乗根**（本書では実数の範囲で考える）

n を正の整数とするとき，n 乗すると実数 a になる数，すなわち $x^n = a$ を満たす x の値を a の n 乗根という．2乗根，3乗根 …… をまとめて累乗根という．

n が奇数のときは，x（a の n 乗根）は1つだけであり，それを $\sqrt[n]{a}$ と書く．n が偶数で $a > 0$ のとき，x は正の値と負の値が1つずつあり，正の方を $\sqrt[n]{a}$ と書く．n が偶数で $a < 0$ のとき，a の n 乗根はない．

また，$\sqrt[n]{0} = 0$ である．（なお，$\sqrt[2]{} = \sqrt{}$）

➡注　$a > 0$ のとき，$(\sqrt[n]{a})^n = a$，$\sqrt[n]{a} > 0$ から，以下の累乗根の性質が導かれる．

$a > 0$，$b > 0$ で，m，n，p が正の整数のとき，

$$\sqrt[n]{a}\,\sqrt[n]{b} = \sqrt[n]{ab}, \quad \frac{\sqrt[n]{a}}{\sqrt[n]{b}} = \sqrt[n]{\frac{a}{b}}$$

$$(\sqrt[n]{a})^m = \sqrt[n]{a^m}, \quad \sqrt[m]{\sqrt[n]{a}} = \sqrt[mn]{a}, \quad \sqrt[np]{a^{mp}} = \sqrt[n]{a^m}$$

が成り立つ．

（4） **有理数乗**

$a > 0$ で，m，n が正の整数，r が正の有理数のとき，

$$a^{\frac{m}{n}} = \sqrt[n]{a^m}, \quad a^{-r} = \frac{1}{a^r}$$

➡注　$a^{-\frac{m}{n}} = \dfrac{1}{\sqrt[n]{a^m}}$

（5） **指数が実数のときの指数法則**

$a > 0$，$b > 0$ で，r，s が実数のとき，

$$a^r a^s = a^{r+s}, \quad (a^r)^s = a^{rs}, \quad (ab)^r = a^r b^r$$

➡注　$\dfrac{a^r}{a^s} = a^{r-s}$，$\left(\dfrac{a}{b}\right)^r = \dfrac{a^r}{b^r}$.

【指数関数】

（1） **指数関数とは**

$a > 0$，$a \neq 1$ とするとき，関数 $y = a^x$ を，a を底とする x の指数関数という．

（2） **指数関数のグラフ**

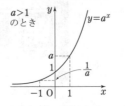
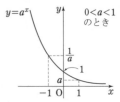

$y = a^x$ のグラフは，

$a > 1$ のとき右上がり，$0 < a < 1$ のとき右下がりの曲線で，x 軸を漸近線にもち，点 $(0, 1)$ を通る．

$y = a^x$ の定義域は実数全体，値域は正の実数全体である．

また，上のグラフから，

$a > 0$，$a \neq 1$ のとき，$a^p = a^q \iff p = q$

$a > 1$ のとき，$\qquad a^p > a^q \iff p > q$

$0 < a < 1$ のとき，$\quad a^p > a^q \iff p < q$

【対数関数】

（1） 対数とは

　　$a>0$, $a\neq1$ とするとき，任意の正の実数 b に対して，$a^x=b$ となる実数 x はただ１つ決まる（左のグラフを参照）．この x の値を $\log_a b$ と書き，a を底とする b の対数という．また，b を $\log_a b$ の真数という．

　　$\log_a b$ と書いたときは，

　　　　$a>0$, $a\neq1$（底の条件），$b>0$（真数条件）

　　である．

　　$a>0$, $a\neq1$, $b>0$ のとき，

　　　　$a^x=b \iff x=\log_a b$

　　が成り立つ．したがって，

　　　　$a^{\log_a b}=b$

　　である．

（2） 対数の性質

　　$a>0$, $a\neq1$, $M>0$, $N>0$ とし，k を実数とするとき，

　　　　$\log_a 1=0$, $\log_a a=1$

　　　　$\log_a MN=\log_a M+\log_a N$

　　　　$\log_a \dfrac{M}{N}=\log_a M-\log_a N$

　　　　$\log_a M^k=k\log_a M$

（3） 底の変換公式

　　$a>0$, $a\neq1$, $b>0$, $c>0$, $c\neq1$ とすると，

　　　　$\log_a b=\dfrac{\log_c b}{\log_c a}$

（4） 対数関数とは

　　$a>0$, $a\neq1$ とするとき，関数 $y=\log_a x$ を，a を底とする x の対数関数という．

（5） 対数関数のグラフ

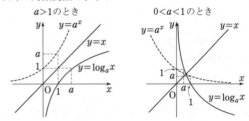

　　$y=\log_a x$ のグラフは，$y=a^x$ のグラフと直線 $y=x$ に関して対称であり，

　　$a>1$ のとき右上がり，$0<a<1$ のとき右下がりの曲線で，y 軸を漸近線にもち，点 $(1, 0)$ を通る．

　　$y=\log_a x$ の定義域は正の実数全体，値域は実数全体である．

　　また，上のグラフから，$p>0$, $q>0$ として，

　　　$a>0$, $a\neq1$ のとき，$\log_a p=\log_a q \iff p=q$

　　　$a>1$ のとき，　　　　$\log_a p>\log_a q \iff p>q$

　　　$0<a<1$ のとき，　　$\log_a p>\log_a q \iff p<q$

（6） 常用対数

　　10 を底とする対数を常用対数という．

　　常用対数は，例えば自然数の桁数を求めるのに有用である．

◆1 指数法則／負の指数

（ア）次の計算をせよ（指数を含まない形で答えよ）．（2）と（3）は分数の形で答えよ．

（1）$5^5 \times (5^2)^{-2}$ （2）$(2^{-1})^2 \div 2^{-3} \times 2^{-4}$

（3）$(3^{-2})^{-2} \times 3^{-2} \div 3^3$

（イ）次の $\boxed{}$ にあてはまる整数を答えよ．

（1）$(2^2 \times 3^{-1})^2 \div \left(\dfrac{2^{-4}}{3^{-2}}\right)^{-2} = 2^{\boxed{}} \cdot 3^{\boxed{}}$ （2）$10^{-2} \times \left(\dfrac{2}{5}\right)^3 \times (2^{-2} \times 5)^{-1} = 2^{\boxed{}} \cdot 5^{\boxed{}}$

負の指数 正の整数 m, n と実数 a, b に対して

  ① $a^m a^n = a^{m+n}$ ② $(a^m)^n = a^{mn}$ ③ $(ab)^n = a^n b^n$

が成り立つことは数学 I で学んだ．これらが（負を含む）整数 m, n に対して成り立つように a^n（a は

0 でない実数）を定めると，$a^0 = 1$，$a^{-n} = \dfrac{1}{a^n}$ となる．

    実際の計算は，$\div a^n$ を $\times a^{-n}$ に直し，必要なら②を用いて $a^{\boxed{}}$ の形の数の積にして，最後に①で指数部分をまとめる．

▦ 解 答 ▦

（ア）（1）$5^5 \times (5^2)^{-2} = 5^5 \times 5^{2 \times (-2)} = 5^5 \times 5^{-4} = 5^{5-4} = 5^1 = \mathbf{5}$ ⇦慣れてきたら，2番目と4番目の式は省略しよう．

（2）$(2^{-1})^2 \div 2^{-3} \times 2^{-4} = 2^{-1 \times 2} \times 2^{-(-3)} \times 2^{-4}$

$$= 2^{-2} \times 2^3 \times 2^{-4} = 2^{-3} = \dfrac{1}{2^3} = \dfrac{\mathbf{1}}{\mathbf{8}}$$

（3）$(3^{-2})^{-2} \times 3^{-2} \div 3^3 = 3^{-2 \times (-2)} \times 3^{-2} \times 3^{-3} = 3^4 \times 3^{-2} \times 3^{-3} = 3^{-1} = \dfrac{\mathbf{1}}{\mathbf{3}}$

（イ）（1）$(2^2 \times 3^{-1})^2 \div \left(\dfrac{2^{-4}}{3^{-2}}\right)^{-2}$

$$= 2^{2 \times 2} \times 3^{-1 \times 2} \times (2^{-4} \times 3^{-(-2)})^{-(-2)}$$ ⇦③を用いる．分母の 3^{-2} が $3^{-(-2)}$

$$= 2^4 \times 3^{-2} \times (2^{-4} \times 3^2)^2$$

$$= 2^4 \times 3^{-2} \times 2^{-8} \times 3^4 = \mathbf{2^{-4} \cdot 3^2}$$ ⇦$2^{4-8} \cdot 3^{-2+4}$

（2）$10^{-2} \times \left(\dfrac{2}{5}\right)^3 \times (2^{-2} \times 5)^{-1}$

$$= (2 \times 5)^{-2} \times (2 \times 5^{-1})^3 \times 2^{-2 \times (-1)} \times 5^{-1}$$

$$= 2^{-2} \times 5^{-2} \times 2^3 \times 5^{-3} \times 2^2 \times 5^{-1} = \mathbf{2^3 \cdot 5^{-6}}$$ ⇦$2^{-2+3+2} \cdot 5^{-2-3-1}$

▨ $(-1)^n$ について，n が負の場合も含め，

$$(-1)^n = \begin{cases} 1 & （n：偶数） \\ -1 & （n：奇数） \end{cases}$$

である．

=== ▶◀ **1 演習題**（解答は p.99）===

（ア）次の計算をせよ（指数を含まない形で答えよ）．（2）は分数の形で答えよ．

（1）$2^4 \times (-4^{-1})^2$ （2）$(3^{-3})^2 \div (3^4)^{-1}$

（3）$(-5^2)^3 \times (5^{-2})^{-2} \div (-5)^9$

（イ）次の $\boxed{}$ にあてはまる整数を答えよ．

（1）$(3^2 \times 5^{-1})^{-2} \div \left(\dfrac{5^{-2}}{3^{-1}}\right)^3 = 3^{\boxed{}} \cdot 5^{\boxed{}}$

（2）$(-12)^4 \times \left(\dfrac{4}{9}\right)^{-3} \times 54^{-5} = 2^{\boxed{}} \cdot 3^{\boxed{}}$

🕑 7分

◆2 指数法則／有理数乗

（ア）　次の □ にあてはまる正の整数を答えよ．

（1）$\sqrt[3]{12^2}\times\sqrt[6]{18}\div\sqrt{2}=$ □

（2）$\dfrac{\sqrt[3]{-6400}}{\sqrt[4]{64}}\div\sqrt[6]{80}=-\sqrt{\boxed{}}$

（イ）　次の □ にあてはまる有理数を答えよ．

（1）$(8^{\frac{3}{4}}\div 16^{\frac{1}{3}})^2\times 4^{\frac{2}{3}}=2^{\boxed{}}$

（2）$(4^{\frac{1}{3}}+4\div 2^{\frac{1}{3}})^{\frac{1}{2}}=2^{\boxed{}}\cdot 3^{\boxed{}}$

（累乗根）　実数 a と 2 以上の整数 n に対して，$x^n=a$ を満たす x の値を a の n 乗根という．n が奇数のときは，x（a の n 乗根）は 1 つだけであり，それを $\sqrt[n]{a}$ と書く．n が偶数で $a>0$ のとき，x は正の値と負の値が 1 つずつあり，正の方を $\sqrt[n]{a}$ と書く．n が偶数で $a<0$ のとき，a の n 乗根はない．

（有理数乗）　ここでは，$a>0$ とする．正の整数 m, n に対して，$a^{\frac{m}{n}}$ を $\sqrt[n]{a^m}$，$a^{-\frac{m}{n}}=\dfrac{1}{\sqrt[n]{a^m}}$ と定める．このとき，前ページの指数法則①②③は指数が有理数のときにも成り立つ．

（計算方法）　（ア)のように累乗根を用いて書かれている場合であっても，指数の形（$a^{\frac{m}{n}}$）に直して指数法則を用いるとよい．ただし，$a^{\frac{m}{n}}$ の形に書くときは，$a>0$ でなければならないので，（2）の 3 乗根の中のマイナスは，$\sqrt[3]{-6400}=-\sqrt[3]{6400}$ と外に出しておく．また，（イ）の(2)は，$2^{\frac{2}{3}}$ でくくるのがポイント．

≡ 解 答 ≡

（ア）（1）$\sqrt[3]{12^2}\times\sqrt[6]{18}\div\sqrt{2}=12^{\frac{2}{3}}\times 18^{\frac{1}{6}}\div 2^{\frac{1}{2}}$

$=(2^2\times 3)^{\frac{2}{3}}\times(2\times 3^2)^{\frac{1}{6}}\times 2^{-\frac{1}{2}}=2^{\frac{4}{3}}\times 3^{\frac{2}{3}}\times 2^{\frac{1}{6}}\times 3^{\frac{1}{3}}\times 2^{-\frac{1}{2}}$

$=2^{\frac{4}{3}+\frac{1}{6}-\frac{1}{2}}\times 3^{\frac{2}{3}+\frac{1}{3}}=2\times 3=\mathbf{6}$

⇦12, 18 を素因数分解して $2^{\bullet}3^{\blacktriangle}$ の形にする．

（2）$\dfrac{\sqrt[3]{-6400}}{\sqrt[4]{64}}\div\sqrt[6]{80}=\dfrac{-\sqrt[3]{2^8\times 5^2}}{\sqrt[4]{2^6}}\div\sqrt[6]{2^4\times 5}$

$=-2^{\frac{8}{3}}\times 5^{\frac{2}{3}}\times 2^{-\frac{6}{4}}\times 2^{-\frac{4}{6}}\cdot 5^{-\frac{1}{6}}$

$=-2^{\frac{8}{3}-\frac{3}{2}-\frac{2}{3}}\times 5^{\frac{2}{3}-\frac{1}{6}}=-2^{\frac{1}{2}}\times 5^{\frac{1}{2}}=-\sqrt{\mathbf{10}}$

⇦$6400=64\times 100=2^6\times 2^2\cdot 5^2$
$=2^8\cdot 5^2$

⇦$2^{\frac{1}{2}}\times 5^{\frac{1}{2}}=(2\times 5)^{\frac{1}{2}}$

（イ）（1）$(8^{\frac{3}{4}}\div 16^{\frac{1}{3}})^2\times 4^{\frac{2}{3}}=\{(2^3)^{\frac{3}{4}}\times(2^4)^{-\frac{1}{3}}\}^2\times(2^2)^{\frac{2}{3}}$

$=(2^{\frac{9}{4}}\times 2^{-\frac{4}{3}})^2\times 2^{\frac{4}{3}}=2^{\left(\frac{9}{4}-\frac{4}{3}\right)\times 2+\frac{4}{3}}=\mathbf{2^{\frac{19}{6}}}$

（2）$(4^{\frac{1}{3}}+4\div 2^{\frac{1}{3}})^{\frac{1}{2}}=(2^{\frac{2}{3}}+2^{2-\frac{1}{3}})^{\frac{1}{2}}=(2^{\frac{2}{3}}+2^{\frac{5}{3}})^{\frac{1}{2}}$

$=\{2^{\frac{2}{3}}(1+2)\}^{\frac{1}{2}}=\mathbf{2^{\frac{1}{3}}\cdot 3^{\frac{1}{2}}}$

⇦$2^{\frac{5}{3}}=2^{\frac{2}{3}+1}=2^{\frac{2}{3}}\times 2$

▶2 演習題 （解答は p.99）

（ア）　次の □ にあてはまる正の整数を答えよ．

（1）$\sqrt[3]{1215}\times\sqrt[4]{1125}\div\sqrt[12]{45}=$ □

（2）$\sqrt{6\times\sqrt[3]{12}}\times\sqrt[6]{\dfrac{2}{3}}=$ □ $\sqrt{}$

（イ）　次の □ にあてはまる有理数（整数を含む）を答えよ．

（1）$(3^{\frac{1}{2}}\times 9^{\frac{1}{3}})\div(27^{\frac{3}{4}}\div 81^{\frac{1}{3}})=3^{\boxed{}}$

（2）$(5^{\frac{1}{3}}-2^{\frac{4}{3}})(5^{\frac{2}{3}}+5^{\frac{1}{3}}2^{\frac{4}{3}}+2^{\frac{8}{3}})=$ □

（3）$\left(\sqrt[3]{16}+\dfrac{8}{2^{\frac{2}{3}}}\right)^{\frac{3}{4}}+\dfrac{3}{\sqrt[4]{3}}=3^{\boxed{}}$

🕐 10分

◆3 指数関数のグラフ

右の図1，図2について次の問いに答えよ．

（1） 曲線 C が関数 $y=ka^x$ のグラフであるとき，定数 k，a の値を求めよ．

（2） 曲線 D は，曲線 C を x 軸方向に1平行移動したものであるとするとき，図2の b，c の値を求めよ．また，このとき D は C を y 軸方向に □ 倍にしたものである．

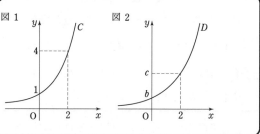

指数関数のグラフ　$y=a^x$ のグラフは，$a>1$ のときは図3のような右上がりの（x 軸の負の方では x 軸に限りなく近づく），$0<a<1$ のときは図4のような右下がりの（x が大きくなると x 軸に限りなく近づく）曲線となる．例題の(1)は，通る点 $(0,1)$，$(2,4)$ を $y=ka^x$ に代入して k と a を求める．

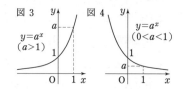

グラフの移動　一般に $y=f(x)$ のグラフを

・x 軸方向に p 平行移動したグラフを表す式は，$y=f(x-p)$ 　［x を $x-p$ にする］

・y 軸方向に A 倍拡大したグラフを表す式は，$y=Af(x)$ 　［右辺を A 倍］

▓ 解 答 ▓

（1） $y=ka^x$ が $(0,1)$，$(2,4)$ を通るから，

$$1=k\cdot a^0 \cdots\text{①}, \quad 4=k\cdot a^2 \cdots\text{②}$$

①より $\boldsymbol{k=1}$ で，これにより②は $a^2=4$ だから $\boldsymbol{a=2}$ 　　　　⟸$a^0=1$, $a>1$

（2） $C:y=2^x$ を x 軸方向に1平行移動した曲線を表す式は $y=2^{x-1}$ であるから，$\boldsymbol{b=2^{0-1}=\dfrac{1}{2}}$，$\boldsymbol{c=2^{2-1}=2}$．

$y=2^{x-1}$ は $y=\dfrac{1}{2}\cdot 2^x$ であるから，D は C を y 軸方向に $\dfrac{1}{2}$ 倍したものである．

▓ x 軸方向に平行移動しても y 軸方向に拡大しても同じグラフが得られる．

▓演習題(4)について．一般に，$y=f(x)$ のグラフを y 軸に関して対称移動したグラフを表す式は $y=f(-x)$ 　［x を $-x$ にする］

⟸$y=a^x$ と $y=a^{-x}\left(=\dfrac{1}{a^x}\right)$ は y 軸に関して対称．

▶3 演習題 （解答は p.99）

右の図1〜図4について次の問いに答えよ．

（1） 図1の曲線 C_1 は $y=3^x$ のグラフである．図の a の値を求めよ．

（2） 図2の曲線 C_2 は C_1 を x 軸方向に2倍に拡大したものである．C_2 を表す式を $y=b^x$ として b を求めよ．

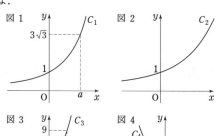

（2） C_1 が $(1,3)$ を通るので C_2 は $(2,3)$ を通る．

（3） 図3の曲線 C_3 は C_1 を y 軸方向に □ア 倍に拡大したものである．また，C_3 を x 軸方向に □イ 平行移動すると C_1 に重なる．

（4） 図4の曲線 C_4 は C_1 を y 軸方向に2倍したのちに y 軸に関して対称移動したものである．C_4 を表す式を求めよ．

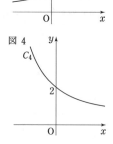

🕐7分

◆ 4 大小比較

（ア） $\sqrt[3]{5}$, $\sqrt[4]{5\sqrt{5}}$, $\sqrt[5]{25}$ の大小を比較せよ.

（イ） 2^{80}, 3^{48}, 5^{32} の大小を比較せよ.

（ウ） $2^{\frac{1}{6}} \cdot 5^{\frac{1}{3}}$, $2^{\frac{2}{3}} \cdot 3^{\frac{1}{6}}$, $7^{\frac{1}{3}}$ の大小を比較せよ.

底が同じときは指数を比較　（ア）は, 近似値を計算しようとしてはいけない. いずれも $5^{●}$ の形に書けることに注目しよう. 底（a^n と書くときの a）が同じときは, 指数の大小と数の大小は一致する. つまり（底 a が 1 より大きいときは）指数の大きい数が大きい.

指数の最大公約数を考えよ　指数 80, 48, 32 の最大公約数は 16 である. そこで, それぞれの数の 16 乗根を考えてみよう（大小関係は変わらない）.

指数を整数に　（ウ）は,（それぞれ何乗かして）指数を整数にすれば計算して比較できることに着目しよう. n 乗して指数が整数になるならば, $\frac{1}{6} \times n$, $\frac{1}{3} \times n$, $\frac{2}{3} \times n$ がすべて整数になるので $n = 6$（最小）とすればよい.

▨ 解 答 ▨

（ア） $\sqrt[3]{5} = 5^{\frac{1}{3}}$, $\sqrt[4]{5\sqrt{5}} = (5 \cdot 5^{\frac{1}{2}})^{\frac{1}{4}} = (5^{\frac{3}{2}})^{\frac{1}{4}} = 5^{\frac{3}{8}}$,

$\sqrt[5]{25} = (5^2)^{\frac{1}{5}} = 5^{\frac{2}{5}}$ であり, $\frac{1}{3} < \frac{3}{8} < \frac{2}{5}$ だから $\sqrt[3]{\mathbf{5}} < \sqrt[4]{\mathbf{5\sqrt{5}}} < \sqrt[5]{\mathbf{25}}$　　　⇦ $0.33\cdots < 0.375 < 0.4$

（イ） $(2^{80})^{\frac{1}{16}} = 2^5 = 32$, $(3^{48})^{\frac{1}{16}} = 3^3 = 27$, $(5^{32})^{\frac{1}{16}} = 5^2 = 25$ であり,　　　⇦ 80, 48, 32 の最大公約数は 16
$25 < 27 < 32$ だから, $\mathbf{5^{32} < 3^{48} < 2^{80}}$

（ウ） $(2^{\frac{1}{6}} \cdot 5^{\frac{1}{3}})^6 = 2 \cdot 5^2 = 50$, $(2^{\frac{2}{3}} \cdot 3^{\frac{1}{6}})^6 = 2^4 \cdot 3 = 48$, $(7^{\frac{1}{3}})^6 = 7^2 = 49$

であり, $48 < 49 < 50$ だから $\mathbf{2^{\frac{2}{3}} \cdot 3^{\frac{1}{6}} < 7^{\frac{1}{3}} < 2^{\frac{1}{6}} \cdot 5^{\frac{1}{3}}}$

▨（イ）は, $2^{80} = (2^5)^{16} = 32^{16}$, $3^{48} = (3^3)^{16} = 27^{16}$, $5^{32} = (5^2)^{16} = 25^{16}$ と指数を 16　　　⇦ $2^{80} = 2^{5 \cdot 16}$, $3^{48} = 3^{3 \cdot 16}$, $5^{32} = 5^{2 \cdot 16}$
にそろえる, と考えてもよい. 大小比較の問題では, 底をそろえる, 指数をそろ　　　⇦ 解答と実質的に同じ.
える, 計算できる数にする, の 3 つが基本的な方針である.

　なお, $\left(\dfrac{1}{4}\right)^3$ のようなときは, $\left(\dfrac{1}{4}\right)^3 = (2^{-2})^3 = 2^{-6}$ としよう. 底が 1 より大きいとき,「底が同じなら指数が大きい数の方が大きい」は, 指数が負の場合も成り立つ.

▶ 4 演習題（解答は p.100）

（ア） $\sqrt[4]{3}$, $\sqrt[5]{9}$, $\sqrt[6]{3\sqrt[3]{9}}$, $\sqrt[7]{3\sqrt{3}}$ の大小を比較せよ.

（イ） 2^{144}, 3^{90}, $2^{18} \cdot 5^{54}$, $5^{18} \cdot 7^{36}$ の大小を比較せよ.

（ウ） $3^{\frac{1}{3}}$, $2^{\frac{1}{4}} \cdot 3^{\frac{1}{6}}$, $2^{\frac{1}{3}} \cdot 5^{\frac{1}{12}}$, $3^{\frac{1}{12}} \cdot 5^{\frac{1}{6}}$ の大小を比較せよ.

（エ） 1, $\left(\dfrac{1}{4}\right)^{-\frac{1}{3}}$, $\dfrac{1}{\sqrt[5]{8}}$, $\sqrt[3]{\dfrac{1}{4}}$ の大小を比較せよ.

（エ） $1 = 2^0$

🕐 12 分

◆5 指数の方程式

（ア） x の方程式 $4^x=32$ を解け．

（イ） 方程式 $4^x-30\cdot2^{x-1}-2^4=0$ を解け． （松本歯大）

（ウ） 方程式 $2^{x+2}+2^{3-x}=33$ の解は $x=\boxed{}$，$\boxed{}$ である． （大阪工大）

> **底をそろえる** 指数の方程式の基本は，底をそろえることである．例えば，$2^x=2^4$ のように底が同じ（ともに 2）なら，指数部分を比較して $x=4$ と求められる．（ア）は，底を 2 にしてみよう．
>
> **かたまりをおきかえる** （イ）は，2^x をかたまりとみることがポイントになる．$2^x=X$ とおいて，問題の方程式を X の方程式にしよう（X だけの式にする．x と X が混在するものはダメ）．
>
> まず，$4^x=(2^2)^x=2^{2x}=(2^x)^2=X^2$ となる．次に，$30\cdot2^{x-1}=15\cdot2\cdot2^{x-1}=15\cdot2^x=15X$
>
> よって，$X^2-15X-16=0$ となり，これ（X の 2 次方程式）を解けば X の値が求められる．ここで，$X>0$ であることに注意しよう．$X\leqq0$ となる解には，対応する x の値はない．
>
> （ウ）も同じように考える（$2^x=X$ とおく）が，2^{x+2} の "+2 乗" は $2^{x+2}=2^x\cdot2^2=4\cdot2^x=4X$ と係数にもっていくのがミソ．また，2^{-x} は $2^{-x}=\dfrac{1}{2^x}=\dfrac{1}{X}$ である．

▥ 解 答 ▥

（ア） $4^x=(2^2)^x=2^{2x}$，$32=2^5$ だから方程式は $2^{2x}=2^5$

　よって，$2x=5$ であり，$\boldsymbol{x=\dfrac{5}{2}}$

（イ） $2^x=X$ とおくと，$4^x=(2^2)^x=2^{2x}=(2^x)^2=X^2$，

$30\cdot2^{x-1}=15\cdot2\cdot2^{x-1}=15\cdot2^x=15X$ だから，方程式は $X^2-15X-16=0$

　　　∴　$(X-16)(X+1)=0$

　$X>0$ だから $X=16$ で，$2^x=2^4$ となるから $\boldsymbol{x=4}$　　　　　　　⇦$X=2^x$，$16=2^4$

（ウ） $2^x=X$ とおくと，$2^{x+2}=2^x\cdot2^2=4\cdot2^x=4X$，

$2^{3-x}=2^3\cdot2^{-x}=\dfrac{8}{2^x}=\dfrac{8}{X}$ なので，方程式は $4X+\dfrac{8}{X}=33$

　　∴　$4X^2-33X+8=0$　　　　　　　∴　$(4X-1)(X-8)=0$　　　　⇦上式の各辺を X 倍して整理．

　よって，$X=\dfrac{1}{4}$，8 となり，$2^x=2^{-2}$，2^3

　従って，$\boldsymbol{x=-2,\ 3}$

━━━━ ▶◀ 5 **演習題**（解答は p.100）━━━━

（ア） x の方程式 $9^x=3\sqrt{3}$ を解け．

（イ） 方程式 $9^x-8\cdot3^{x+1}-3^4=0$ を解け． （松本歯大）

（ウ） 方程式 $2\cdot8^{2x}-3\cdot8^x-2=0$ を解け． （龍谷大・文系）

（エ） 方程式 $\left(\dfrac{1}{4}\right)^x-9\times\left(\dfrac{1}{2}\right)^x+8=0$ を解け． （千葉工大）

（オ） 方程式 $2^{2x+1}+2^{3-x}=15\cdot2^x+9$ を解け．

🕐 8分

◆ 6 指数の不等式

(ア) $4^{x+1}-65\cdot2^x+16<0$ の解は □ である. （日大・生物資源）

(イ) 不等式 $9^x-2\cdot3^{x+1}-27\geqq0$ を解け.

(ウ) 不等式 $\left(\dfrac{1}{4}\right)^x<\dfrac{1}{8}$ を解け.

(エ) $32\left(\dfrac{1}{4}\right)^x-18\left(\dfrac{1}{2}\right)^x+1\leqq0$ の解は, □ である. （西南学院大）

（底をそろえる） 指数の方程式と同様, $2^x<2^2$ のような底をそろ
えた不等式を作るのが基本である. この形になれば, 不等号の向き
はそのままで指数を比較し, $x<2$ とできる（$y=2^x$ のグラフを思い
浮かべてみよう）.

（底が1より小さいときは） 指数の方程式ではいつでも指数の比
較が可能であったが, 不等式では不等号の向きに注意しなければな

らない. 例として $\left(\dfrac{1}{2}\right)^x<2$ を考えてみよう. $2=\left(\dfrac{1}{2}\right)^{-1}$ となるから, そのまま指数を比較すると $x<-1$ と
なるが, グラフ（右側）を見るとこれは誤りで $x>-1$（不等号が逆向き）が正しいことがわかる. 解答の傍注
のように解いてもよいが, 混乱しやすいので（1より大きい底）$^{(xの式)}$ の形の式にするとよいだろう. 先の例で
は, $2^{-x}<2^1$ より $-x<1$ で, $x>-1$ が得られる.

▓ 解 答 ▓

(ア) $2^x=X$ とおくと, $4^{x+1}=4\cdot(2^x)^2=4X^2$ より

$\qquad 4X^2-65X+16<0 \quad\therefore\ (X-16)(4X-1)<0$

これより, $\dfrac{1}{4}<X<16$, すなわち $2^{-2}<2^x<2^4$ だから $\boldsymbol{-2<x<4}$

(イ) $3^x=X$ とおくと, 不等式は $X^2-6X-27\geqq0$ となるので,

$\qquad (X-9)(X+3)\geqq0 \quad\therefore\ X\leqq-3,\ X\geqq9$

$X>0$ だから $X\geqq9$, すなわち $3^x\geqq3^2$ であり, $\boldsymbol{x\geqq2}$

(ウ) $\left(\dfrac{1}{4}\right)^x=(2^{-2})^x=2^{-2x}$ より, 不等式は $2^{-2x}<2^{-3}$

よって, $-2x<-3$ となり, $\boldsymbol{x>\dfrac{3}{2}}$

(エ) $\left(\dfrac{1}{2}\right)^x=X$, つまり $2^{-x}=X$ とおくと, 不等式は $32X^2-18X+1\leqq0$

$\qquad \therefore\ (16X-1)(2X-1)\leqq0 \quad\therefore\ \dfrac{1}{16}\leqq X\leqq\dfrac{1}{2}$

よって, $2^{-4}\leqq2^{-x}\leqq2^{-1}$ となり, $-4\leqq-x\leqq-1$ だから $\boldsymbol{1\leqq x\leqq4}$

▓ 一般に, a を1でない実数, k を
実数（いずれも定数）とするとき,
x の不等式 $a^x>a^k$ の解は,
・$0<a<1$ の場合, $x<k$
・$a>1$ の場合, $x>k$
　底に文字が入る場合はこのよう
に考えることになるが, 具体的な
数のときは(ウ)(エ)の解答のよ
うに底を1より大きい数にする
と間違えにくい.

$\Leftarrow\left(\dfrac{1}{4}\right)^x=\left(\left(\dfrac{1}{2}\right)^2\right)^x=X^2$

▶6 演習題 （解答は p.101）

(ア) 不等式 $5\cdot2^{x+2}-4^x>2^6$ を解け. （松本歯大）

(イ) 不等式 $9^{-2x+1}>1$ を解け.

(ウ) 不等式 $3\cdot\left(\dfrac{1}{2}\right)^{2x}-7\cdot\left(\dfrac{1}{2}\right)^x-20>0$ を解け. （東京工芸大）

(エ) 不等式 $\left(\dfrac{1}{4}\right)^x-3\left(\dfrac{1}{2}\right)^{x-2}+32\leqq0$ を解け. （南山大・経営）

🕐 10分

◆**7 対数の計算**

次の□□にあてはまる整数を答えよ.

（ア）　$\log_2 24 - \log_2 54 + \log_2 36 = $□□　　　　　　　　　　（東海大）

（イ）　$2\log_3 \sqrt[4]{6} + \dfrac{1}{2}\log_3 5 - \log_3 \sqrt{10} = \dfrac{\boxed{}}{\boxed{}}$　　　　（東洋大）

　対数の定義と計算法則　a を1でない正の実数, b を正の実数とすると, $a^x = b$ を満たす実数 x はただ1つ決まる. この x の値を $\log_a b$ と書く. a を底（指数と同じ呼び方）, b を真数といい, $\log_a b$ と書いたときは $a>0$, $a\neq 1$（底の条件）, $b>0$（真数条件）である.

　指数法則 $a^m a^n = a^{m+n}$, $a^m a^{-n} = a^{m-n}$, $(a^m)^n = a^{mn}$ より　（☞解答のあとのコメント）

①　$\log_a bc = \log_a b + \log_a c$　　②　$\log_a \dfrac{b}{c} = \log_a b - \log_a c$　　③　$\log_a b^r = r\log_a b$

が成り立つ. ①をしっかり頭に入れよう（積の log は log の和）. ③は, r が自然数なら①を用いて帰納法で示せるが, r は実数で成り立つ. ②は, ①の c を c^{-1} にして③（$r=-1$）を使って変形したものである.

　計算方法　例題（ア）（イ）では, 上の①②③を 右辺⇨左辺 で用いる. ①②は log の前（係数）が1になっていないと使えないから, まず③を使って log の係数を1にする. 次に①②を使って log の中に集め, それ（積や商）を計算する. 例題では, $\log_a a^k$（このとき結果は k）の形になる.

▒ **解答** ▒

（ア）　$\log_2 24 - \log_2 54 + \log_2 36$

$= \log_2 \dfrac{24\times 36}{54} = \log_2 \dfrac{2^3\cdot 3 \cdot 2^2 \cdot 3^2}{2\cdot 3^3} = \log_2 2^4 = \mathbf{4}$

（イ）　$2\log_3 \sqrt[4]{6} + \dfrac{1}{2}\log_3 5 - \log_3 \sqrt{10}$

$= 2\log_3 6^{\frac{1}{4}} + \dfrac{1}{2}\log_3 5 - \log_3 10^{\frac{1}{2}}$　　　　　　⇦ルートを有理数乗に

$= \log_3 6^{\frac{2}{4}} + \log_3 5^{\frac{1}{2}} - \log_3 10^{\frac{1}{2}}$　　　　　　⇦log の前を1にする

$= \log_3 \dfrac{2^{\frac{1}{2}}\cdot 3^{\frac{1}{2}}\cdot 5^{\frac{1}{2}}}{2^{\frac{1}{2}}\cdot 5^{\frac{1}{2}}} = \log_3 3^{\frac{1}{2}} = \mathbf{\dfrac{1}{2}}$　　　　　　⇦log の中に集めて整理　　6=2·3, 10=2·5

▨ 底の条件, 真数条件は指数関数で考えると覚えやすい. $a^\bullet (=b)$ において, $a>0$ で, また, $a=1$ とすると $a^\bullet = 1$ となってしまうから $a\neq 1$. b は, $a^\bullet$ のとりうる値の範囲で, $b>0$.

▨ ①は, $b=a^m$, $c=a^n$ とおいて示す. $bc = a^m a^n = a^{m+n}$ となるから,
（左辺）$= \log_a bc = \log_a a^{m+n} = m+n$ となる. 右辺は $\log_a b + \log_a c = m+n$.

◖**7　演習題**（解答は p.102）

次の□□にあてはまる整数を答えよ.

（ア）　$\log_2 \sqrt{12} + \dfrac{1}{2}\log_2 48 - \log_2 6 = $□□　　　　　　　　（千葉工大）

（イ）　$\log_3 \sqrt{6} - \dfrac{1}{2}\log_3 \dfrac{1}{5} - \dfrac{3}{2}\log_3 \sqrt[3]{30} = $□□　　　　（愛知学院大・薬, 歯）

（ウ）　$\log_2 12^2 + \dfrac{2}{3}\log_2 \dfrac{2}{3} - \dfrac{4}{3}\log_2 3 = \dfrac{\boxed{}}{\boxed{}}$　　　　　（大阪経済大）

🕐4分

◆8 対数の底の変換

次の ☐ にあてはまる整数を求めよ.

(ア) $\log_3 108 - 3\log_9 4 + 2\log_9 6 = $ ☐ （東北工大）

(イ) $\log_2 3 \cdot \log_9 5 \cdot \log_{25} 4 = \dfrac{\square}{\square}$ （神奈川大）

(ウ) $\log_{10} 2 = p$ とおくと, $\log_{10} 5 = \square - p$, $\log_4 500 = \dfrac{\square - p}{p}$ である. （千葉工大）

底の変換公式 前ページの log の計算法則は, 底がそろっていないと使えない. 底が異なる log が

あるときは, 底の変換公式 $\log_a b = \dfrac{\log_c b}{\log_c a}$ を用いる（底や真数の条件を満たせば成立）. この公式は, 問

題に出てくる $\log_a b$ を（c をうまく決めて）$\dfrac{\log_c b}{\log_c a}$ の形にする, という使い方をすることが多い. 分母

を払うと, $(\log_c a)(\log_a b) = \log_c b$ となる（ある log の真数と別の log の底が同じならそこが簡略化で

きる）.

底を何にするか 分母の $\log_c a$ が整数になる c を選ぶと計算しやすい. 例題(ア)は底を3にそろえ

るのがよいだろう. (イ)は, 全部の底をそろえる（何でもよく, ここでは2にする）と分母・分子に同

じ log が出てきて消える, という仕掛けになっている.

$\log_{10}2$ と $\log_{10}5$ $\log_{10} 2 + \log_{10} 5 = \log_{10} 2 \cdot 5 = \log_{10} 10 = 1$ となることがポイント.

▓解 答▓

(ア) $\log_3 108 - 3\log_9 4 + 2\log_9 6$

$= \log_3 108 - 3 \cdot \dfrac{\log_3 4}{\log_3 9} + 2 \cdot \dfrac{\log_3 6}{\log_3 9}$

$= \log_3 108 - 3 \cdot \dfrac{2\log_3 2}{2} + 2 \cdot \dfrac{\log_3 6}{2} = \log_3 108 - 3\log_3 2 + \log_3 6$ ⇦ $\log_3 4 = \log_3 2^2 = 2\log_3 2$

                                                       $\log_3 9 = \log_3 3^2 = 2$

$= \log_3 \dfrac{108 \cdot 6}{2^3} = \log_3 27 \cdot 3 = \log_3 3^4 = \mathbf{4}$

(イ) $\log_2 3 \cdot \log_9 5 \cdot \log_{25} 4 = \log_2 3 \cdot \dfrac{\log_2 5}{\log_2 9} \cdot \dfrac{\log_2 4}{\log_2 25}$

$= \log_2 3 \cdot \dfrac{\log_2 5}{2\log_2 3} \cdot \dfrac{2}{2\log_2 5} = \dfrac{\mathbf{1}}{\mathbf{2}}$

(ウ) $\log_{10} 2 + \log_{10} 5 = \log_{10} 2 \cdot 5 = 1$ より, $\log_{10} 5 = 1 - \log_{10} 2 = \mathbf{1} - \boldsymbol{p}$

$\log_4 500 = \dfrac{\log_{10} 500}{\log_{10} 4} = \dfrac{\log_{10} 5 \cdot 10^2}{\log_{10} 2^2} = \dfrac{\log_{10} 5 + \log_{10} 10^2}{2\log_{10} 2}$ ⇦問題文の右辺に $p = \log_{10} 2$ があ

                                                      るので, 底を10にする.

$= \dfrac{\log_{10} 5 + 2}{2\log_{10} 2} = \dfrac{(1-p) + 2}{2p} = \dfrac{\mathbf{3} - \boldsymbol{p}}{\mathbf{2}\boldsymbol{p}}$

▶8 演習題 (解答は p.102)

次の ☐ にあてはまる整数を求めよ.

(ア) $(\log_2 3 + \log_3 2)^2 - (\log_2 3 - \log_3 2)^2 = $ ☐ （関東学院大）

(イ) $(\log_3 25 + \log_9 5)(\log_{25} 3 + \log_5 9) = \dfrac{\square}{\square}$ （駒澤大・医療健康）

(ウ) $\log_8 25 \cdot \log_7 16 \cdot \log_5 343 = $ ☐ （青山学院大）

(エ) $\log_{10} 4 = a$ とおくと, $\log_{10} 5 = \square - \dfrac{a}{\square}$, $\log_{2.5} 10 = \dfrac{\square}{\square - a}$

（東京工芸大）　　　🕐 10分

◆9 指数と対数

次の ☐ にあてはまる整数を求めよ.

(ア) $2^{\log_4 25} = $ ☐　　　　　　　　　　　　　　　　（日大・生物資源）

(イ) $2^x = 3^y = 18$ のとき, $\dfrac{1}{2x} + \dfrac{1}{y} = \dfrac{\boxed{}}{\boxed{}}$ である.　　　（東洋大）

指数に対数が入っているときは定義に戻ろう　　対数 (log) の定義を思い出そう. $a^x = b$ を満たす x を $\log_a b$ と書くのであったから, $a^{\log_a b} = b$ が成り立つ. この式の指数の底と対数の底は同じになっている (ともに a). つまり, 底がそろっていれば"対数乗"が計算できるのである. (ア)では, 指数の底は 2 であるから, 対数の底もそれに合わせて 2 にする.

(イ)のタイプは各辺の対数をとる　　(イ)は, 対数の定義から $x = \log_2 18$, $y = \log_3 18$ となるが, この形は設問に答えるのに適した形ではなく, 底の変換をすることになる. 底を 2 や 3 に統一するのがよさそうに見えるものの, 実は意外にやりにくい (解答横のコメント). 底を 2 や 3 と無関係な値, 例えば 10 にしてみよう. 与式の各辺の 10 を底とする対数をとると, 上の x, y の底を 10 にしたものが得られる.

▒ 解 答 ▒

(ア)　$\log_4 25 = \dfrac{\log_2 25}{\log_2 4} = \dfrac{\log_2 5^2}{\log_2 2^2} = \dfrac{2\log_2 5}{2} = \log_2 5$

であるから, $2^{\log_4 25} = 2^{\log_2 5} = \mathbf{5}$

(イ)　$2^x = 3^y = 18$ の各辺の底を 10 とする対数をとると,

$$\log_{10} 2^x = \log_{10} 3^y = \log_{10} 18$$

$$\therefore \quad x\log_{10} 2 = y\log_{10} 3 = \log_{10} 18$$

よって, $x = \dfrac{\log_{10} 18}{\log_{10} 2}$, $y = \dfrac{\log_{10} 18}{\log_{10} 3}$

$$\dfrac{1}{2x} + \dfrac{1}{y} = \dfrac{\log_{10} 2}{2\log_{10} 18} + \dfrac{\log_{10} 3}{\log_{10} 18}$$

$$= \dfrac{\log_{10} 2 + 2\log_{10} 3}{2\log_{10} 18} = \dfrac{\log_{10} 2 \cdot 3^2}{2\log_{10} 18} \cdots\cdots ※$$

$$= \dfrac{\log_{10} 18}{2\log_{10} 18} = \dfrac{\mathbf{1}}{\mathbf{2}}$$

▒ $x = \log_2 18$, $y = \log_3 18$ で, 底を 2 にそろえると, $y = \dfrac{\log_2 18}{\log_2 3}$

$$\dfrac{1}{2x} + \dfrac{1}{y}$$

$$= \dfrac{1}{2\log_2 18} + \dfrac{\log_2 3}{\log_2 18}$$

$$= \dfrac{1 + 2\log_2 3}{2\log_2 18}$$

分子の 1 を $\log_2 2$ とすれば

分子 $= \log_2 2 \cdot 3^2 = \log_2 18$

となる. 解答のように, 底を 10 にする方がやりやすいだろう.

▒ 式を簡単にする (整理する) 場合は, 項の数を減らす変形をするとうまくいくことが多い. ※ではこの原則に従って分子を変形したが, 分母を $2\log_{10} 18 = 2\log_{10} 2 \cdot 3^2 = 2(\log_{10} 2 + 2\log_{10} 3)$ としてもできる.

▷9 演習題 （解答は p.102）

次の ☐ にあてはまる整数を求めよ.

(ア) $a = \log_8 9$ のとき, $64^a = $ ☐ である.　　　　　（日大・経済）

(イ) $\left(\dfrac{1}{27}\right)^{\log_3 \frac{2}{3}} = \dfrac{\boxed{}}{\boxed{}}$　　　　（奥羽大・薬）

(ウ) $2^a = 3^b = 5^c = 30$ のとき, $\dfrac{1}{a} + \dfrac{1}{b} + \dfrac{1}{c} = $ ☐ である.　　　（甲南大・理系）

🕐 5分

◆ 10 指数と対数／大小

（ア）（1）2^{10}, 2^{13} の値を求めよ.

（2）（1）を用いて $\dfrac{3}{10} < \log_{10} 2 < \dfrac{4}{13}$ を示せ.

（イ）$\dfrac{3}{2}$, $\log_2 3$, $\log_5 11$ の大小を比較せよ.

（ア）は 10^n と 2^m を比較しよう　10^n と 2^m が満たす不等式を利用して $\log_{10} 2$ の値についての不等式を作ろう，という問題である. $1024 > 1000$，すなわち $2^{10} > 10^3$ の各辺の 10 を底とする対数を考えると，$10\log_{10} 2 > 3$ となって $\log_{10} 2 > \dfrac{3}{10}$ が得られる.（2）の右側も同様である.

（イ）は指数の形にして比較　まず，有理数である $\dfrac{3}{2}$ と $\log_2 3$, $\log_5 11$ の大小をそれぞれ比較しよう.

$\log_2 3$ との大小：$\dfrac{3}{2}$ を $\log_2 \bullet$ の形に書くと $\log_2 2^{\frac{3}{2}}$（底をそろえる！）となるから，$2^{\frac{3}{2}}\,(= 2\sqrt{2})$ と 3 の大小を比較すればよい（2 乗すればわかる）.

答案の書き方に決まりはないが，最初に結論を述べてそれを証明する，というスタイルにしてみる.

▤ 解 答 ▤

（ア）（1）$\mathbf{2^{10} = 1024}$, $\mathbf{2^{13} = 8192}$

（2）$2^{10} > 10^3$ の各辺の 10 を底とする対数を考えると，$10\log_{10} 2 > 3$

$2^{13} < 10^4$ の各辺の 10 を底とする対数を考えると，$13\log_{10} 2 < 4$

　以上より，$\dfrac{3}{10} < \log_{10} 2 < \dfrac{4}{13}$ が成り立つ.

（イ）$\mathbf{\log_5 11 < \dfrac{3}{2} < \log_2 3}$ を示す.
（①　②の範囲を示す括弧）

①の証明：$\dfrac{3}{2} = \log_5 5^{\frac{3}{2}}$ であるから，$11 < 5^{\frac{3}{2}} \cdots\cdots$③　を示せばよい.

　③の各辺を 2 乗した $121 < 125$ が成り立つので①は正しい.

②の証明：$\dfrac{3}{2} = \log_2 2^{\frac{3}{2}}$ であるから，$2^{\frac{3}{2}} < 3 \cdots\cdots$④　を示せばよい.

　④の各辺を 2 乗した $8 < 9$ が成り立つので②は正しい.

▤ 例題（イ）や演習題（イ）では，結論がわかってから答案を書こう. そうすると，無駄な比較をしなくてすむ. 答案には，どのようにして大小がわかったかを書く必要はない. 答案のスタイルは，

$$121 < 125 \implies 11 < 5^{\frac{3}{2}} \implies ①,\quad 8 < 9 \implies 2^{\frac{3}{2}} < 3 \implies ②$$

を先に書いてあとで結論 $\log_5 11 < \dfrac{3}{2} < \log_2 3$ を明記，とするのもよい.

▤ $\dfrac{3}{10} = 0.3$, $\dfrac{4}{13} = 0.307\cdots$ より
$0.3 < \log_{10} 2 < 0.307\cdots$ となる. 大ざっぱな不等式 $8192 < 10000$ から意外に（？）精密な式が得られたが，これは 13 乗しているからである. 13 乗もすると少しの差が大きくなる，というのが感覚的な説明.

⇦ $11^2 < 5^3$

⇦ $\log_5 11 < \log_2 3$ を示す必要はない.

▶◀ 10 演習題（解答は p.103）

（ア）この問題では $\log_{10} 2 = 0.3010$, $\log_{10} 3 = 0.4771$ とする. $48 < 49 < 50$ を用いて，$\log_{10} 7$ の値を小数第 2 位まで求めよ.

（イ）$\dfrac{2}{3}$, $\dfrac{5}{6}$, $\log_8 5$, $\log_{27} 8$ の大小を比較せよ.　　　　（摂南大・理工，薬をもとに作成）

（ア）$50 = \dfrac{100}{2}$

🕐 10分

◆11 対数関数のグラフ

右の図1, 図2について次の問いに答えよ.

（1） 図1の曲線Cは$y=\log_a x$のグラフである.
aの値と, 図のbの値を求めよ.

（2） 図2の曲線Dは, 図1のCを直線$y=x$に
関して対称移動させたものである. Dの式を
$y=\boxed{}$の形で表せ.

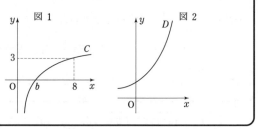

対数関数のグラフ　$y=\log_a x$のグラフは右の図のよ
うになる. $a>1$の場合がよく出るので, 形をしっかり頭
に入れよう. xが大きくなると, 傾きはなだらかになるも
のの, yはいくらでも大きくなる. また,
$\log_{\frac{1}{a}} x = -\log_a x$（底の変換公式を用いた）なので, 右図で
$ab=1$（$b=1/a$）ならば$y=\log_a x$と$y=\log_b x$はx軸に関
して対称である.

指数関数と対数関数　一般に, (p, q)と(q, p)は
直線$y=x$に関して対称な点だから, $y=f(x)$のグラフを
$y=x$に関して対称移動させた曲線を表す式は$x=f(y)$
となる. 従って, $y=\log_a x$のグラフを$y=x$に関して対称
移動させた曲線を表す式は$x=\log_a y$……※　となるが,
※は$\log$の定義から$y=a^x$である.

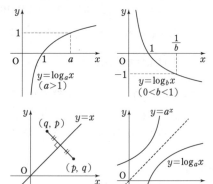

▤解 答▤

（1） $C : y=\log_a x$は$(8, 3)$を通るので, $3=\log_a 8$となり,
$a^3=8$より$\boldsymbol{a=2}$. また, $\log_2 1=0$より$\boldsymbol{b=1}$

（2） $y=\log_2 x$のグラフCを直線$y=x$に関して対称移動させた曲線Dを表す
式は, $x=\log_2 y$である. これは, $\boldsymbol{y=2^x}$

⇦$y=\log_a x$とx軸は$x=1$で交わ
る.

⇦xとyを入れかえる.

▶11 演習題 （解答は p.103）

右の図1〜図4について, 以下の問いに答えよ.

（1） 図1の曲線C_1は$y=\log_a x$のグ
ラフである. aの値を求めよ.

（2） 図2の曲線C_2はC_1をy軸方向
に1平行移動したものである. 図のb,
cの値を求めよ.

（3） 図3の曲線C_3はC_1をx軸に関
して対称移動させたものである. C_3
の式を$y=\log_d x$の形で表すとき, d
の値を求めよ.

（4） 図4の曲線C_4はC_2を直線$y=x$
に関して対称移動させたものである.
C_4の式を$y=\boxed{}$の形で表せ.

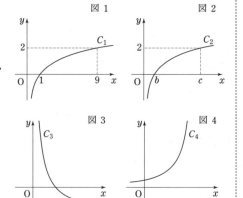

（2） C_1を拡大・縮小
してもC_2が得られる.
どのような拡大・縮小
か, 考えてみよう.

🕐 10分

◆12 対数の方程式

（ア）　方程式 $\dfrac{(\log_2 x)^3}{27} - \log_2 x + 2 = 0$ を満たす x の値をすべて求めよ．　　　　　（京都産大・文系）

（イ）　方程式 $\log_2 x + 2\log_2(x-2) - \log_2(5x-4) = 0$ を解け．　　　　　　　　（東京電機大）

（ウ）　方程式 $\log_3 x + \log_3(2x-3) - 2 = 0$ の解を求めよ．　　　　　　　　　　（神奈川歯大）

（ア）はかたまりをおくタイプ　（ア）は，$\log_2 x$ がかたまりで出てくるのがわかるだろう．このようなときは，$X = \log_2 x$ とおいて，まず X を求める．

（イ）（ウ）は **log** をまとめよう　（イ）（ウ）は，log がたくさんあるのでこのままでは求められない．もし log が 2 個以下なら，つまり $\log_2 ● = \log_2 ■$ のような形にできるなら ● ＝ ■ であることから x の方程式が得られる．（イ）は，$\log_2 x + 2\log_2(x-2) = \log_2(5x-4)$ としてみると，左辺はまとめられるので上の形にできる．（ウ）は定数項 2 の処理のしかたがポイント．2 を右辺に移項して左辺をまとめると，$\log_3 x(2x-3) = 2$ となる．このあとは，定義から $x(2x-3) = 3^2$ とするか，底をそろえて $2 = \log_3 3^2$ とする．

真数条件に注意　log の方程式では，真数条件に注意しよう．例えば，（イ）で $x = 1$ が解であることはない（$x - 2 \leqq 0$ となるから）．さきほどの ● ＝ ■ の解には，このような不適なものが含まれる可能性がある．なお，真数条件は式を変形すると変わってしまう（つまり，変形後の ● ＞ 0 を真数条件としてはならない．☞▨）．必ず，元の方程式で「すべての真数が正になる条件」（方程式の各項が定義されるための条件）をチェックしよう．

▤解　答▤

（ア）　$X = \log_2 x$ とおき，分母を払うと，$X^3 - 27X + 54 = 0$

これは $(X-3)^2(X+6) = 0$ と因数分解できるので，$X = -6,\ 3$

よって，$x = 2^X$ となることから，$x = 2^{-6},\ 2^3$，つまり，$\boldsymbol{x = \dfrac{1}{64},\ 8}$

```
  3 |  1   0  -27   54
    |      3    9  -54
  3 |  1   3  -18  | 0
    |      3   18
    |  1   6  | 0
```

（イ）　真数条件より，$x > 0$，$x - 2 > 0$，$5x - 4 > 0$ だから，まとめて $x > 2$

このもとで方程式は $\log_2 x(x-2)^2 = \log_2(5x-4)$ となるから，

$\qquad x(x-2)^2 = 5x - 4$　　∴　$x^3 - 4x^2 - x + 4 = 0$

$\qquad$∴　$(x-1)(x+1)(x-4) = 0$

このうち $x > 2$ を満たすものが解だから，$\boldsymbol{x = 4}$

$\Leftarrow \log_2(5x-4)$ を右辺に移項

$\Leftarrow (x^3 - 4x^2) - (x-4) = 0$
　∴　$x^2(x-4) - (x-4) = 0$
　∴　$(x^2-1)(x-4) = 0$

（ウ）　真数条件より，$x > 0$，$2x - 3 > 0$ だから，まとめて $x > \dfrac{3}{2}$

このもとで方程式は $\log_3 x(2x-3) = 2$ となるから，

$\qquad x(2x-3) = 3^2$　　∴　$2x^2 - 3x - 9 = 0$

$\qquad$∴　$(x-3)(2x+3) = 0$

真数条件を考え，答えは $\boldsymbol{x = 3}$

$\Leftarrow 2$ を右辺に移項

$\Leftarrow 2 = \log_3 3^2$ と底をそろえ，中身を比較してもよい．

▨（イ）の真数条件は，$x(x-2)^2 > 0$，$5x-4 > 0$［変形した式を用いた］ではない．

▶12 演習題（解答は p.103）

（ア）　方程式 $(\log_5 x)^2 - \log_5(x^3) + 2 = 0$ の解は $x = \boxed{}$ である．　　　（大阪工大）

（イ）　方程式 $3\log_2(4x^2) + 2(\log_2 x)^2 = 2$ を解け．　　　　　　　　　　　（松本歯大）

（ウ）　$\log_x 64 = \dfrac{\boxed{}}{\log_2 x}$ であるから，x の方程式 $\log_2 x - \log_x 64 = 1$ の解は

$x = \boxed{}$ である．　　　　　　　　　　　　　　　　　　　　（名城大・法）

（エ）　方程式 $\log_3(2x+1) + 1 = \log_3(x^2 + 2x - 2)$ を解け．

（オ）　方程式 $2 + \log_{\sqrt{2}}(x-1) = \log_2(9-7x)$ の解は $x = \boxed{}$ である．　（大阪工大）

🕐 12 分

97

◆ 13 対数の不等式

（ア） 不等式 $(\log_2 x)^2 < \log_2(x^2)$ を解け. （東京電機大）

（イ） 不等式 $\log_2(x^2-4) < \log_2(5x-8)$ を満たす x の範囲は $\boxed{}$ である. （東海大）

（ウ） 不等式 $\log_{0.2}(3x-5) > 2$ を解け. （流通科学大）

真数条件が答えの一部になる 対数の不等式を解く場合も，式変形の方針（かたまりをおきかえる，または，底を同じにした上で log を左辺・右辺とも 1 個以下にする）は方程式と同じだが注意点がある．ひとつは真数条件．真数条件が答えの一部になることが多いし，仮にそうでなくても真数条件をチェックしないと正解とは認められない．

不等号の向きに注意 不等式 $\log_a ● < \log_a ■$ をいきなり $● < ■$ と書きかえてはいけない．
グラフ（☞◀11）を思い浮かべればわかるように，

• $0 < a < 1$ のとき，$\log_a ● < \log_a ■ \iff ● > ■$

• $a > 1$ のとき，$\log_a ● < \log_a ■ \iff ● < ■$

となる（等号つき不等号の場合も同様）．$0 < a < 1$ のときは不等号の向きを間違えやすいので注意しよう．例題(ウ)の解答では底の変換をしていないが，底が 1 より大きくなるように変換（$a \Rightarrow 1/a$）しておくのもよい．

▓ 解 答 ▓

（ア） $X = \log_2 x$ とおくと，$x > 0$ で $\log_2(x^2) = 2\log_2 x = 2X$ となるので，

$$X^2 < 2X \qquad \therefore \quad X(X-2) < 0 \qquad \therefore \quad 0 < X < 2$$

よって，$0 < \log_2 x < 2$ であり，$\mathbf{1 < x < 4}$ ⇦$2^0 < x < 2^2$

（イ） 真数条件は，$x^2-4 > 0$ かつ $5x-8 > 0$ ⇦真数条件 $x > 2$ と不等式の解の共通部分が答え.

$$x^2 > 4 \text{ かつ } x > \frac{8}{5} \qquad \therefore \quad x > 2$$

このもとで，不等式は $x^2-4 < 5x-8$，つまり $x^2-5x+4 < 0$

$$\therefore \quad (x-1)(x-4) < 0 \qquad \therefore \quad 1 < x < 4$$

求める範囲は，$x > 2$ かつ $1 < x < 4$ となるので，$\mathbf{2 < x < 4}$

（ウ） 真数条件は $3x-5 > 0$ だから $x > \dfrac{5}{3}$

底を $0.2 = \dfrac{1}{5}$ にすると，不等式は $\log_{\frac{1}{5}}(3x-5) > \log_{\frac{1}{5}}\left(\dfrac{1}{5}\right)^2$

よって，

$$3x-5 < \left(\frac{1}{5}\right)^2 \quad \therefore \quad 3x < 5 + \frac{1}{25} \quad \therefore \quad x < \frac{42}{25}$$

求める範囲は，$\dfrac{5}{3} < x < \dfrac{42}{25}$

▶ 13 演習題 （解答は p.104）

（ア） 不等式 $(\log_2 x)^2 - \log_4(x^8) + 3 \leqq 0$ を解け. （成城大・文芸）

（イ） $x > 1$ のとき，次の不等式を解け. $\log_x 16 + \log_2 x > 5$ （福島大）

（ウ） 不等式 $\log_2(9-x) + \log_2(x+8) < 4$ の解は $\boxed{}$ である. （大阪電通大）

（エ） $\log_{\frac{1}{2}}(x-1) > 2 + \log_{\frac{1}{2}}(3x+5)$ の解は $\boxed{}$ である. （千葉工大）

（オ） $\log_{\frac{1}{2}}(x-2) > \log_{\frac{1}{4}}(x-1)$ が成り立つ x の範囲を求めよ. （駒澤大・医療健康）

🕐 12分

指数関数・対数関数 演習題の解答

1 例題と同様に計算する．各項を $a^{\square}$ の形にし，最後に指数部分をまとめる．

解 （ア）（1） $2^4 \times (-4^{-1})^2$

$= 2^4 \times (-1)^2 \cdot \{(2^2)^{-1}\}^2$

$= 2^4 \times 2^{2 \cdot (-1) \cdot 2} = 2^{4-4} = 2^0 = \mathbf{1}$

（2） $(3^{-3})^2 \div (3^4)^{-1} = 3^{(-3) \cdot 2} \times 3^4$

$= 3^{-6+4} = 3^{-2} = \dfrac{\mathbf{1}}{\mathbf{9}}$

（3） $(-5^2)^3 \times (5^{-2})^{-2} \div (-5)^9$

$= (-1)^3 \cdot 5^{2 \cdot 3} \times 5^{(-2) \cdot (-2)} \times (-5)^{-9}$

$= (-1)^3 \cdot 5^6 \times 5^4 \times (-1)^{-9} \cdot 5^{-9}$

$= (-1)^{3-9} \cdot 5^{6+4-9}$

$= (-1)^{-6} \cdot 5^1 = \mathbf{5}$

（イ）（1） $(3^2 \times 5^{-1})^{-2} \div \left(\dfrac{5^{-2}}{3^{-1}}\right)^3$

$= 3^{2 \cdot (-2)} \times 5^{(-1) \cdot (-2)} \times \{5^{-2} \cdot 3^{-(-1)}\}^{-3}$

$= 3^{-4} \times 5^2 \times 5^{(-2) \cdot (-3)} \cdot 3^{-3}$

$= 3^{-4-3} \cdot 5^{2+6} = \mathbf{3^{-7} \cdot 5^8}$

（2） $(-12)^4 \times \left(\dfrac{4}{9}\right)^{-3} \times 54^{-5}$

$= (-1)^4 \cdot (2^2 \cdot 3)^4 \times (2^2 \cdot 3^{-2})^{-3} \times (2 \cdot 3^3)^{-5}$

$= 2^{2 \cdot 4} \cdot 3^4 \times 2^{2 \cdot (-3)} \cdot 3^{(-2) \cdot (-3)} \times 2^{-5} \cdot 3^{3 \cdot (-5)}$

$= 2^{8-6-5} \cdot 3^{4+6-15} = \mathbf{2^{-3} \cdot 3^{-5}}$

2 （ア） ルートの中を素因数分解し，指数の形 $\left(a^{\frac{m}{n}}\right)$ に直して指数法則を使う．（イ）（2）は展開の公式 $(a-b)(a^2+ab+b^2) = a^3 - b^3$ を $a = 5^{\frac{1}{3}}$，$b = 2^{\frac{4}{3}}$ として用いる．

解 （ア）（1） $[1215 = 3^2 \cdot 135 = 3^2 \cdot 3^2 \cdot 15 = 3^5 \cdot 5,$ $1125 = 3^2 \cdot 125 = 3^2 \cdot 5^3]$

$\sqrt[3]{1215} \times \sqrt[4]{1125} \div \sqrt[12]{45}$

$= (3^5 \cdot 5)^{\frac{1}{3}} \times (3^2 \cdot 5^3)^{\frac{1}{4}} \div (3^2 \cdot 5)^{\frac{1}{12}}$

$= (3^5 \cdot 5)^{\frac{1}{3}} \times (3^2 \cdot 5^3)^{\frac{1}{4}} \times (3^2 \cdot 5)^{-\frac{1}{12}}$

$= 3^{\frac{5}{3}} \cdot 5^{\frac{1}{3}} \times 3^{\frac{2}{4}} \cdot 5^{\frac{3}{4}} \times 3^{-\frac{2}{12}} \cdot 5^{-\frac{1}{12}}$

$= 3^{\frac{5}{3}+\frac{1}{2}-\frac{1}{6}} \cdot 5^{\frac{1}{3}+\frac{3}{4}-\frac{1}{12}} = 3^{\frac{10+3-1}{6}} \cdot 5^{\frac{4+9-1}{12}}$

$= 3^2 \cdot 5 = \mathbf{45}$

（2） $\sqrt{6 \times \sqrt[3]{12}} \times \sqrt[6]{\dfrac{2}{3}}$

$= (2 \cdot 3 \times (2^2 \cdot 3)^{\frac{1}{3}})^{\frac{1}{2}} \times (2 \cdot 3^{-1})^{\frac{1}{6}}$

$= (2 \cdot 3 \times 2^{\frac{2}{3}} \cdot 3^{\frac{1}{3}})^{\frac{1}{2}} \times 2^{\frac{1}{6}} \cdot 3^{-\frac{1}{6}}$

$= (2^{1+\frac{2}{3}} \cdot 3^{1+\frac{1}{3}})^{\frac{1}{2}} \times 2^{\frac{1}{6}} \cdot 3^{-\frac{1}{6}}$

$= 2^{\frac{5}{3} \cdot \frac{1}{2}} \cdot 3^{\frac{4}{3} \cdot \frac{1}{2}} \times 2^{\frac{1}{6}} \cdot 3^{-\frac{1}{6}}$

$= 2^{\frac{5}{6}+\frac{1}{6}} \cdot 3^{\frac{2}{3}-\frac{1}{6}} = 2 \cdot 3^{\frac{1}{2}} = \mathbf{2\sqrt{3}}$

（イ）（1） $(3^{\frac{1}{2}} \times 9^{\frac{1}{3}}) \div (27^{\frac{3}{4}} \div 81^{\frac{1}{3}})$

$= (3^{\frac{1}{2}} \times (3^2)^{\frac{1}{3}}) \div ((3^3)^{\frac{3}{4}} \times (3^4)^{-\frac{1}{3}})$

$= 3^{\frac{1}{2}+\frac{2}{3}} \div 3^{\frac{9}{4}-\frac{4}{3}}$

$= 3^{\frac{1}{2}+\frac{2}{3}-\left(\frac{9}{4}-\frac{4}{3}\right)} = 3^{\frac{1}{2}+\frac{2}{3}-\frac{9}{4}+\frac{4}{3}}$

$= 3^{\frac{1}{4}}$

（2） $(5^{\frac{1}{3}} - 2^{\frac{4}{3}})(5^{\frac{2}{3}} + 5^{\frac{1}{3}} \cdot 2^{\frac{4}{3}} + 2^{\frac{8}{3}})$

$= (5^{\frac{1}{3}})^3 - (2^{\frac{4}{3}})^3 = 5 - 2^4 = \mathbf{-11}$

（3） $\left(\sqrt[3]{16} + \dfrac{8}{2^{\frac{2}{3}}}\right)^{\frac{3}{4}} + \dfrac{3}{\sqrt[4]{3}}$

$= ((2^4)^{\frac{1}{3}} + 2^3 \cdot 2^{-\frac{2}{3}})^{\frac{3}{4}} + 3 \cdot 3^{-\frac{1}{4}}$

$= (2^{\frac{4}{3}} + 2^{\frac{7}{3}})^{\frac{3}{4}} + 3^{1-\frac{1}{4}}$

$= (2^{\frac{4}{3}}(1+2))^{\frac{3}{4}} + 3^{\frac{3}{4}}$

$= 2 \cdot 3^{\frac{3}{4}} + 3^{\frac{3}{4}} = 3^{\frac{3}{4}}(2+1)$

$= 3^{\frac{3}{4}} \cdot 3 = 3^{\frac{3}{4}+1} = \mathbf{3^{\frac{7}{4}}}$

3 （1） $3^a = 3\sqrt{3}$ から a を求める．

（2） $C_2 : y = b^x$ というヒントがあるので，C_2 が通る点を考えて解くことができる（形のヒントがない場合については，☞▨ 1)．C_1 が $(1, 3)$ を通るので C_2 は x 座標を2倍した $(2, 3)$ を通る．

（3） 例題の前文の公式を使ってみよう．具体的な点に着目してもできる（☞▨ 2)．

（4） y 軸方向に2倍と y 軸に関して対称移動を分けて（順に）考える．

解 （1） $C_1: y=3^x$ が

$(a, 3\sqrt{3})$ を通るので，

$$3\sqrt{3}=3^a$$

$$\therefore \quad 3^{\frac{3}{2}}=3^a$$

よって，$\boldsymbol{a=\dfrac{3}{2}}$

（2） $C_1: y=3^x$ は $(1, 3)$ を通るので，これを x 軸方向に2倍した C_2 は $(2, 3)$ を通る．$C_2: y=b^x$ より

$$3=b^2 \qquad \therefore \quad \boldsymbol{b=\sqrt{3}} \qquad (b>0)$$

（3） **ア** $C_1: y=3^x$ を y 軸方向に A 倍したグラフを表す式は

$$y=A\cdot 3^x$$

これが $(1, 9)$ を通るので，

$$9=A\cdot 3^1 \quad \therefore \quad A=3$$

イ $C_3: y=3\cdot 3^x$ は $y=3^{x+1}$

これを x 軸方向に p 平行移動したグラフを表す式は $y=3^{(x-p)+1}$ だから，それが $C_1: y=3^x$ のとき，

$$-p+1=0 \quad \therefore \quad p=1$$

（4） $C_1: y=3^x$ を y 軸方向に2倍すると，$y=2\cdot 3^x$

これを y 軸に関して対称移動させて，$\boldsymbol{y=2\cdot 3^{-x}}$

▨**1**（2） $y=b^x$ のヒントがないときは──

求めるものは，C_2 上の点 (X, Y) が満たす式．つまり，X と Y が満たす関係式を作って $X \Rightarrow x$，$Y \Rightarrow y$ としたものが C_2 の方程式である．

$$\left(\dfrac{X}{2}, Y\right) \xrightarrow{x \text{軸方向に} 2 \text{倍}} (X, Y)$$

であるから，(X, Y) が C_2 上の点のとき $\left(\dfrac{X}{2}, Y\right)$

は C_1 上にある．従って，$Y=3^{\frac{X}{2}}$ であり，C_2 の式は

$$y=3^{\frac{x}{2}}$$

これを $y=b^x$ の形にすると，$y=(3^{\frac{1}{2}})^x$ より

$$b=3^{\frac{1}{2}}=\sqrt{3}$$

▨**2**（3） 通る点を考えると──

C_1 上に $(2, 9)$，C_3 上に $(1, 9)$ があるので，

$$(1, 9) \xrightarrow{x \text{軸方向に} 1 \text{平行移動}} (2, 9)$$

よって，C_3 を x 軸方向に1平行移動したものが C_1．

（穴埋めならこれでもよいが，解答のような答案が書けるのが好ましい）

4 （ア） $3^{\bullet}$ の形にして $\bullet$ を比較する．

（イ） 指数の最大公約数は18だから18乗根を考える．

（ウ） 各数を12乗して整数にする．

（エ） $2^{\bullet}$ の形にするのがわかりやすい．

解 （ア） $\sqrt[4]{3}=3^{\frac{1}{4}}$，$\sqrt[5]{9}=3^{\frac{2}{5}}$

$$\sqrt[6]{3\sqrt[3]{9}}=(3\cdot 3^{\frac{2}{3}})^{\frac{1}{6}}=(3^{\frac{5}{3}})^{\frac{1}{6}}=3^{\frac{5}{18}}$$

$$\sqrt[7]{3\sqrt{3}}=(3^{\frac{3}{2}})^{\frac{1}{7}}=3^{\frac{3}{14}}$$

であり，

$$\dfrac{1}{4}=0.25,\quad \dfrac{2}{5}=0.4,\quad \dfrac{5}{18}=0.27\cdots,\quad \dfrac{3}{14}=0.21\cdots$$

であるから，

$$\dfrac{3}{14}<\dfrac{1}{4}<\dfrac{5}{18}<\dfrac{2}{5}$$

従って，$\sqrt[7]{3\sqrt{3}}<\sqrt[4]{3}<\sqrt[6]{3\sqrt[3]{9}}<\sqrt[5]{9}$

（イ） $(2^{144})^{\frac{1}{18}}=2^8=256$，$(3^{90})^{\frac{1}{18}}=3^5=243$，

$$(2^{18}\cdot 5^{54})^{\frac{1}{18}}=2\cdot 5^3=250,\quad (5^{18}\cdot 7^{36})^{\frac{1}{18}}=5\cdot 7^2=245$$

より，

$$\boldsymbol{3^{90}<5^{18}\cdot 7^{36}<2^{18}\cdot 5^{54}<2^{144}}$$

（ウ） $(3^{\frac{1}{3}})^{12}=3^4=81$，$(2^{\frac{1}{4}}\cdot 3^{\frac{1}{6}})^{12}=2^3\cdot 3^2=72$，

$$(2^{\frac{1}{3}}\cdot 5^{\frac{1}{12}})^{12}=2^4\cdot 5=80,\quad (3^{\frac{1}{12}}\cdot 5^{\frac{1}{6}})^{12}=3\cdot 5^2=75$$

より，

$$\boldsymbol{2^{\frac{1}{4}}\cdot 3^{\frac{1}{6}}<3^{\frac{1}{12}}\cdot 5^{\frac{1}{6}}<2^{\frac{1}{3}}\cdot 5^{\frac{1}{12}}<3^{\frac{1}{3}}}$$

（エ） $1=2^0$，$\left(\dfrac{1}{4}\right)^{-\frac{1}{3}}=(2^{-2})^{-\frac{1}{3}}=2^{\frac{2}{3}}$，

$$\dfrac{1}{\sqrt[5]{8}}=\dfrac{1}{2^{\frac{3}{5}}}=2^{-\frac{3}{5}},\quad \sqrt[3]{\dfrac{1}{4}}=(2^{-2})^{\frac{1}{3}}=2^{-\frac{2}{3}}$$

であり，

$$-\dfrac{2}{3}<-\dfrac{3}{5}<0<\dfrac{2}{3}$$

であるから，

$$\boldsymbol{\sqrt[3]{\dfrac{1}{4}}<\dfrac{1}{\sqrt[5]{8}}<1<\left(\dfrac{1}{4}\right)^{-\frac{1}{3}}}$$

5 （ア） 底を3にそろえる．

（イ） $3^x=X$ とおくと，$9^x=(3^2)^x=(3^x)^2=X^2$，$3^{x+1}=3\cdot 3^x=3X$ となる．

（ウ） $8^x=X$ とおくとよい．

（エ）　$\left(\dfrac{1}{2}\right)^x=X$ とおくと，$\left(\dfrac{1}{4}\right)^x=X^2$ である.

（オ）　$2^x=X$ とおく.

解　（ア）　$9^x=(3^2)^x=3^{2x}$，$3\sqrt{3}=3^{\frac{3}{2}}$ だから，方程式は $3^{2x}=3^{\frac{3}{2}}$

$$\therefore\quad 2x=\dfrac{3}{2}\qquad\therefore\quad \boldsymbol{x=\dfrac{3}{4}}$$

（イ）　$3^x=X$ とおくと，

$$9^x=(3^2)^x=(3^x)^2=X^2,\ 3^{x+1}=3\cdot3^x=3X$$

となるので，方程式は

$$X^2-8\cdot3X-3^4=0$$
$$\therefore\quad X^2-24X-81=0$$
$$\therefore\quad (X-27)(X+3)=0$$

$X>0$ より $X=27$ となり，

$$(X=)3^x=27\quad\therefore\quad \boldsymbol{x=3}$$

（ウ）　$8^x=X$ とおくと，方程式は

$$2X^2-3X-2=0$$
$$\therefore\quad (2X+1)(X-2)=0$$

$X>0$ より $X=2$ となり，

$$8^x=2\quad\therefore\quad 2^{3x}=2^1$$
$$\therefore\quad 3x=1\quad\therefore\quad \boldsymbol{x=\dfrac{1}{3}}$$

（エ）　$\left(\dfrac{1}{2}\right)^x=X$ とおくと，

$$\left(\dfrac{1}{4}\right)^x=\left(\left(\dfrac{1}{2}\right)^2\right)^x=\left(\left(\dfrac{1}{2}\right)^x\right)^2=X^2$$

となるので，方程式は

$$X^2-9X+8=0$$
$$\therefore\quad (X-1)(X-8)=0$$
$$\therefore\quad X=1,\ 8$$

$X=\left(\dfrac{1}{2}\right)^x=2^{-x}$ なので，

$$2^{-x}=1,\ 8\quad\therefore\quad 2^{-x}=2^0,\ 2^3$$
$$\therefore\quad -x=0,\ 3\quad\therefore\quad \boldsymbol{x=0,\ -3}$$

（オ）　$2^x=X$ とおくと，

$$2^{2x+1}=2\cdot(2^x)^2=2X^2,$$
$$2^{3-x}=2^3\cdot\dfrac{1}{2^x}=\dfrac{8}{X}$$

となるから，方程式は

$$2X^2+\dfrac{8}{X}=15X+9$$

分母を払って整理すると，

$$2X^3-15X^2-9X+8=0$$
$$[2\cdot(-1)^3-15\cdot(-1)^2-9\cdot(-1)+8=0\ \text{に注意}]$$

$$\therefore\quad (X+1)(2X^2-17X+8)=0$$
$$\therefore\quad (X+1)(2X-1)(X-8)=0$$

$X>0$ より $X=\dfrac{1}{2}$，8 となり，

$$2^x=\dfrac{1}{2},\ 8\quad\therefore\quad 2^x=2^{-1},\ 2^3$$
$$\therefore\quad \boldsymbol{x=-1,\ 3}$$

6　（ア）　$2^x=X$ とおいて，まず X についての不等式を作る.

（イ）　$1=9^0$ である.

（ウ）　$\left(\dfrac{1}{2}\right)^x=2^{-x}=X$ とおく.

（エ）　$\left(\dfrac{1}{2}\right)^{x-2}=\left(\dfrac{1}{2}\right)^x\cdot\left(\dfrac{1}{2}\right)^{-2}$ で，$\left(\dfrac{1}{2}\right)^{-2}=(2^{-1})^{-2}=2^2$

解　（ア）　$2^x=X$ とおくと，不等式は

$$5\cdot2^x\cdot2^2-(2^x)^2>2^6$$

より

$$X^2-20X+64<0$$
$$\therefore\quad (X-4)(X-16)<0$$
$$\therefore\quad 4<X<16$$

よって，$2^2<2^x<2^4$ であり，答えは $\boldsymbol{2<x<4}$

（イ）　不等式は $9^{-2x+1}>9^0$ なので，

$$-2x+1>0\quad\therefore\quad \boldsymbol{x<\dfrac{1}{2}}$$

（ウ）　$\left(\dfrac{1}{2}\right)^x=X$，つまり $2^{-x}=X$ とおくと，不等式は

$$3X^2-7X-20>0$$
$$\therefore\quad (X-4)(3X+5)>0$$

$X>0$ だから，$X>4$

よって，$2^{-x}>4$，すなわち $2^{-x}>2^2$ であり，

$$-x>2\quad\therefore\quad \boldsymbol{x<-2}$$

（エ）　$\left(\dfrac{1}{2}\right)^x=X$，つまり $2^{-x}=X$ とおくと，

$$\left(\dfrac{1}{2}\right)^{x-2}=\left(\dfrac{1}{2}\right)^x\cdot\left(\dfrac{1}{2}\right)^{-2}\ \text{で，}\ \left(\dfrac{1}{2}\right)^{-2}=(2^{-1})^{-2}=2^2$$

となるから，不等式は

$$X^2-3\cdot4X+32\leqq0$$
$$\therefore\quad (X-4)(X-8)\leqq0$$
$$\therefore\quad 4\leqq X\leqq8$$

よって，$2^2\leqq2^{-x}\leqq2^3$ であり，

$$2\leqq-x\leqq3\quad\therefore\quad \boldsymbol{-3\leqq x\leqq-2}$$

7 $\log$ の前を1にし，$\log$ の中に集めてそれを計算，という手順は例題と同じ．

解 （ア） $\log_2\sqrt{12}+\dfrac{1}{2}\log_2 48-\log_2 6$

$\quad =\log_2 12^{\frac{1}{2}}+\log_2 48^{\frac{1}{2}}-\log_2 6$

$\quad =\log_2\dfrac{(2^2\cdot 3)^{\frac{1}{2}}\cdot(2^4\cdot 3)^{\frac{1}{2}}}{6}$

$\quad =\log_2\dfrac{2^3\cdot 3}{6}=\log_2 2^2=\mathbf{2}$

（イ） $\log_3\sqrt{6}-\dfrac{1}{2}\log_3\dfrac{1}{5}-\dfrac{3}{2}\log_3\sqrt[3]{30}$

$\quad =\log_3 6^{\frac{1}{2}}-\dfrac{1}{2}\log_3 5^{-1}-\dfrac{3}{2}\log_3 30^{\frac{1}{3}}$

$\quad$ ［ここでは，$\log$ の前をプラスにしてみる］

$\quad =\log_3 6^{\frac{1}{2}}+\log_3 5^{(-1)\cdot\left(-\frac{1}{2}\right)}+\log_3 30^{\frac{1}{3}\cdot\left(-\frac{3}{2}\right)}$

$\quad =\log_3 6^{\frac{1}{2}}+\log_3 5^{\frac{1}{2}}+\log_3 30^{-\frac{1}{2}}$

$\quad =\log_3 6^{\frac{1}{2}}\cdot 5^{\frac{1}{2}}\cdot 30^{-\frac{1}{2}}=\log_3 1=\mathbf{0}$

（ウ） $\log_2 12^2+\dfrac{2}{3}\log_2\dfrac{2}{3}-\dfrac{4}{3}\log_2 3$

$\quad =\log_2 12^2+\log_2(2\cdot 3^{-1})^{\frac{2}{3}}+\log_2 3^{-\frac{4}{3}}$

$\quad =\log_2(2^2\cdot 3)^2\cdot(2\cdot 3^{-1})^{\frac{2}{3}}\cdot 3^{-\frac{4}{3}}$

$\quad =\log_2 2^{4+\frac{2}{3}}\cdot 3^{2-\frac{2}{3}-\frac{4}{3}}$

$\quad =\log_2 2^{\frac{14}{3}}=\dfrac{\mathbf{14}}{\mathbf{3}}$

8 （ア） $A^2-B^2=(A+B)(A-B)$ を使うと少し早い．底の変換は，$(\log_c a)(\log_a b)=\log_c b$ の方を利用しよう．

（イ） それぞれのカッコ内で底を統一してみる．

（ウ） 例題（イ）と同様の仕掛け．

（エ） $a=\log_{10}4=\log_{10}2^2=2\log_{10}2$ である．後半は底を10に変換する．

解 （ア） $(\log_2 3+\log_3 2)^2-(\log_2 3-\log_3 2)^2$

$\quad =\{(\log_2 3+\log_3 2)+(\log_2 3-\log_3 2)\}$

$\qquad \times\{(\log_2 3+\log_3 2)-(\log_2 3-\log_3 2)\}$

$\quad =(2\log_2 3)(2\log_3 2)=4(\log_2 3)(\log_3 2)$

$\quad =4\log_2 2=\mathbf{4}$

（イ） $(\log_3 25+\log_9 5)(\log_{25}3+\log_5 9)$

$\quad =\left(\log_3 5^2+\dfrac{\log_3 5}{\log_3 9}\right)\left(\dfrac{\log_5 3}{\log_5 25}+\log_5 3^2\right)$

$\quad =\left(2\log_3 5+\dfrac{1}{2}\log_3 5\right)\left(\dfrac{1}{2}\log_5 3+2\log_5 3\right)$

$\quad =\left(\dfrac{5}{2}\log_3 5\right)\left(\dfrac{5}{2}\log_5 3\right)$

$\quad =\dfrac{25}{4}(\log_3 5)(\log_5 3)=\dfrac{25}{4}\log_3 3=\dfrac{\mathbf{25}}{\mathbf{4}}$

（ウ） ［ここでは底を2に統一する］

$\quad \log_8 25\cdot\log_7 16\cdot\log_5 343$

$\quad =\dfrac{\log_2 25}{\log_2 8}\cdot\dfrac{\log_2 16}{\log_2 7}\cdot\dfrac{\log_2 343}{\log_2 5}$

$\quad =\dfrac{2\log_2 5}{3}\cdot\dfrac{4}{\log_2 7}\cdot\dfrac{3\log_2 7}{\log_2 5}\qquad (343=7^3)$

$\quad =2\cdot 4=\mathbf{8}$

（エ） $a=\log_{10}4=\log_{10}2^2=2\log_{10}2$ と

$\quad \log_{10}2+\log_{10}5=\log_{10}2\cdot 5=\log_{10}10=1$

より，$\log_{10}5=1-\log_{10}2=\mathbf{1}-\dfrac{\mathbf{a}}{\mathbf{2}}$

次に，

$\quad \log_{2.5}10=\dfrac{\log_{10}10}{\log_{10}2.5}=\dfrac{1}{\log_{10}\dfrac{10}{4}}$

$\qquad =\dfrac{1}{\log_{10}10-\log_{10}4}=\dfrac{\mathbf{1}}{\mathbf{1}-\mathbf{a}}$

9 （ア）（イ） 指数・対数の底をそろえる．（ア）は底を8，（イ）は底を3にする．

（ウ） 条件式の各辺の10を底とする対数をとる．

解 （ア） $a=\log_8 9$ のとき，

$\quad 64^a=(8^2)^a=(8^a)^2=(8^{\log_8 9})^2=9^2=\mathbf{81}$

（イ） $\left(\dfrac{1}{27}\right)^{\log_3\frac{2}{3}}=(3^{-3})^{\log_3\frac{2}{3}}=\left(3^{\log_3\frac{2}{3}}\right)^{-3}$

$\quad =\left(\dfrac{2}{3}\right)^{-3}=\left(\dfrac{3}{2}\right)^3=\dfrac{\mathbf{27}}{\mathbf{8}}$

（ウ） $2^a=3^b=5^c=30$ の各辺の10を底とする対数をとると，

$\quad a\log_{10}2=b\log_{10}3=c\log_{10}5=\log_{10}30$

$\quad \therefore\quad a=\dfrac{\log_{10}30}{\log_{10}2},\ b=\dfrac{\log_{10}30}{\log_{10}3},\ c=\dfrac{\log_{10}30}{\log_{10}5}$

よって，

$\quad \dfrac{1}{a}+\dfrac{1}{b}+\dfrac{1}{c}=\dfrac{\log_{10}2}{\log_{10}30}+\dfrac{\log_{10}3}{\log_{10}30}+\dfrac{\log_{10}5}{\log_{10}30}$

$\qquad =\dfrac{\log_{10}2+\log_{10}3+\log_{10}5}{\log_{10}30}$

$\qquad =\dfrac{\log_{10}2\cdot 3\cdot 5}{\log_{10}30}=\dfrac{\log_{10}30}{\log_{10}30}=\mathbf{1}$

10 （ア） $48<49<50$ の各辺の 10 を底とする対数を考える.

（イ） 対数の底が $8=2^3$ と $27=3^3$ なので，まず 2 つの対数と $\dfrac{2}{3}$ の大小を調べよう.

解 （ア） $48<49<50$ の各辺の 10 を底とする対数をとると，
$$\log_{10}48<\log_{10}49<\log_{10}50$$
$$\therefore\ \log_{10}2^4\cdot3<\log_{10}7^2<\log_{10}\dfrac{10^2}{2}$$
よって，
$$4\log_{10}2+\log_{10}3<2\log_{10}7<2-\log_{10}2$$
$\log_{10}2=0.3010$, $\log_{10}3=0.4771$ を使うと，
$$4\times0.3010+0.4771<2\log_{10}7<2-0.3010$$
$$\therefore\ 1.6811<2\log_{10}7<1.6990$$
$$\therefore\ 0.84055<\log_{10}7<0.8495$$
従って，$\boldsymbol{\log_{10}7=0.84\cdots}$ となる.

（イ） $\overset{\textcircled{2}}{\overbrace{\underset{\textcircled{1}}{\underbrace{\log_{27}8<\dfrac{2}{3}}}<\underset{\textcircled{3}}{\underbrace{\log_8 5<\dfrac{5}{6}}}}}$ を示す.

①の証明： $\dfrac{2}{3}=\log_{27}27^{\frac{2}{3}}=\log_{27}(3^3)^{\frac{2}{3}}$
$$=\log_{27}3^2=\log_{27}9$$
であり，$8<9$ だから①は正しい.

②の証明： $\dfrac{2}{3}=\log_8 8^{\frac{2}{3}}=\log_8(2^3)^{\frac{2}{3}}=\log_8 2^2$
$$=\log_8 4$$
であり，$4<5$ だから②は正しい.

③の証明： $\dfrac{5}{6}=\log_8 8^{\frac{5}{6}}=\log_8(2^3)^{\frac{5}{6}}=\log_8 2^{\frac{5}{2}}$

であるから，$5<2^{\frac{5}{2}}\cdots\cdots$④ を示せばよい．④の各辺を 2 乗した $5^2<2^5$，すなわち $25<32$ が成り立つので③は正しい.

11 （1） 通る点 $(9,\ 2)$ を代入する.

（2） C_2 の式は $y=\log_a x+1$

（3） 例題前文の結果を用いる．一般に，$ab=1$ のとき $y=\log_a x$ のグラフと $y=\log_b x$ のグラフは x 軸に関して対称.

（4） C_2 の式の x と y を入れかえてそれを $y=\boxed{}$ の形にする.

解 （1） $C_1:y=\log_a x$ のグラフが点 $(9,\ 2)$ を通るので，
$$2=\log_a 9$$
$$\therefore\ a^2=9\ (a>0)$$
よって，$\boldsymbol{a=3}$

（2） C_2 の式は $y=\log_3 x+1$ である．$(b,\ 0)$ を通るから，
$$0=\log_3 b+1$$
$$\therefore\ \log_3 b=-1$$
よって，$\boldsymbol{b=3^{-1}=\dfrac{1}{3}}$

次に，$(c,\ 2)$ を通るから，
$$2=\log_3 c+1\quad\therefore\ \log_3 c=1$$
よって，$\boldsymbol{c=3}$

（3） C_1 は $y=\log_3 x$ だから，C_1 を x 軸に関して対称移動させたグラフを表す式は $y=\log_{\frac{1}{3}}x$

よって，$\boldsymbol{d=\dfrac{1}{3}}$

（4） $C_2:y=\log_3 x+1$ のグラフを直線 $y=x$ に関して対称移動したグラフを表す式は，
$$x=\log_3 y+1$$
$$\therefore\ x-1=\log_3 y$$
これは，$\boldsymbol{y=3^{x-1}}$

▨（2）で，C_2 は C_1 を x 軸方向に $\dfrac{1}{3}$ 倍しても得られる.

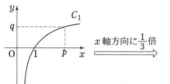

x 軸との交点を見ると納得できるが，式で示そう.
C_2 は $y=\log_3 x+\log_3 3^1=\log_3 3x$ となるので，

C_1 上に点 $(p,\ q)$ がある
$$\iff q=\log_3 p\iff q=\log_3\left(3\cdot\dfrac{1}{3}p\right)$$
$$\iff C_2:y=\log_3 3x\text{ 上に点 }\left(\dfrac{1}{3}p,\ q\right)\text{がある}$$

12 （ア） $\log_5 x=X$ とおく.

（イ） $\log_2(4x^2)=2+2\log_2 x$ となる.

（ウ） $\log_2 x=X$ とおく.

（エ） 定数項 1 を $\log_3 3$ にする.

（オ） まず底を 2 に変換.

解 （ア） 真数条件より $x>0$ であり，方程式は

$$(\log_5 x)^2 - 3\log_5 x + 2 = 0$$

だから，$\log_5 x = X$ とおくと，

$$X^2 - 3X + 2 = 0$$

$$\therefore \quad (X-1)(X-2) = 0$$

$$\therefore \quad X = 1, 2$$

よって $\log_5 x = 1, 2$ となり，

$$x = 5^1, 5^2 \quad \therefore \quad \boldsymbol{x = 5, 25}$$

（イ） $x>0$ であり，

$$\log_2(4x^2) = \log_2 4 + \log_2 x^2 = 2 + 2\log_2 x$$

であるから，$\log_2 x = X$ とおくと，方程式は

$$3(2+2X) + 2X^2 = 2$$

$$\therefore \quad X^2 + 3X + 2 = 0$$

$$\therefore \quad (X+1)(X+2) = 0$$

よって，$X = -1, -2$ となり，

$$\log_2 x = -1, -2$$

$$\therefore \quad x = 2^{-1}, 2^{-2}$$

答えは，$\boldsymbol{x = \dfrac{1}{2}, \dfrac{1}{4}}$

▨ 細かいことであるが，$x>0$（$\log_2 x$ の真数条件）を言っておかないと $\log_2 x^2 = 2\log_2 x$ とできない．

（ウ） $x>0$, $x \neq 1$ のとき

$$\log_x 64 = \frac{\log_2 64}{\log_2 x} = \frac{\log_2 2^6}{\log_2 x} = \frac{6}{\log_2 x}$$

であるから，$\log_2 x - \log_x 64 = 1$ で $X = \log_2 x$ とおくと，

$$X - \frac{6}{X} = 1 \quad \therefore \quad X^2 - X - 6 = 0$$

$$\therefore \quad (X-3)(X+2) = 0$$

$$\therefore \quad X = 3, -2$$

よって，$\log_2 x = 3, -2$ となり，$x = 2^3, 2^{-2}$

答えは，$\boldsymbol{x = 8, \dfrac{1}{4}}$

（エ） 方程式は

$$\log_3(2x+1) + \log_3 3^1 = \log_3(x^2+2x-2)$$

$$\therefore \quad \log_3 3(2x+1) = \log_3(x^2+2x-2) \quad \cdots\cdots ①$$

であり，真数条件は

$$2x+1>0 \cdots② \quad かつ \quad x^2+2x-2>0 \cdots③$$

このもとで，①は

$$3(2x+1) = x^2+2x-2$$

$$\therefore \quad x^2 - 4x - 5 = 0$$

$$\therefore \quad (x-5)(x+1) = 0$$

よって，$x = 5, -1$ となるが，$x=5$ は②③を満たし，$x=-1$ は②を満たさない．

答えは，$\boldsymbol{x = 5}$

▨ 不等式③を解いてもよいが，境界の値が整数や有理数にならない．このようなときは，得られた x の値が真数条件を満たすかどうかを考えよう．

（オ） 真数条件は，

$$x-1>0 \ かつ \ 9-7x>0 \qquad \therefore \quad 1<x<\frac{9}{7}$$

方程式の底を 2 にそろえると，

$$2 + \frac{\log_2(x-1)}{\log_2 \sqrt{2}} = \log_2(9-7x)$$

$$\log_2 \sqrt{2} = \log_2 2^{\frac{1}{2}} = \frac{1}{2} \ なので，$$

$$2 + 2\log_2(x-1) = \log_2(9-7x) \quad \cdots\cdots ①$$

左辺は $\log_2 2^2 + \log_2(x-1)^2 = \log_2 4(x-1)^2$ であるから，真数条件のもとで①は

$$4(x-1)^2 = 9-7x$$

$$\therefore \quad 4x^2 - x - 5 = 0$$

$$\therefore \quad (x+1)(4x-5) = 0$$

$1 < x < \dfrac{9}{7}$ より，$\boldsymbol{x = \dfrac{5}{4}}$

---

⑬ （ア） 底を 2 にそろえ，$\log_2 x = X$ とおく．

（イ） まず，底を 2 に変換．

（ウ） 左辺をまとめ，右辺は $4 = \log_2 2^4$ とする．

（エ） 底は $\dfrac{1}{2}$ で解いてみる．$2 = \log_{\frac{1}{2}}\left(\dfrac{1}{2}\right)^2$ である．

（オ） 底がそろっていないので，この問題は底を 2 にそろえるのがよいだろう．

解 （ア） 真数条件は

$$x>0 \ かつ \ x^8>0 \quad \therefore \quad x>0$$

底を 2 にすると，

$$\log_4(x^8) = \frac{\log_2 x^8}{\log_2 4} = \frac{8\log_2 x}{2} = 4\log_2 x$$

となるので，$\log_2 x = X$ とおくと，不等式は

$$X^2 - 4X + 3 \leq 0$$

$$\therefore \quad (X-1)(X-3) \leq 0$$

$$\therefore \quad 1 \leq X \leq 3$$

よって，$1 \leq \log_2 x \leq 3$ となり，

$$2^1 \leq x \leq 2^3$$

$$\therefore \quad \boldsymbol{2 \leq x \leq 8} \quad (x>0 を満たす)$$

（イ） $x>1$ なので，底の条件，および以下の式の真数条件は満たされる．底を 2 に変換すると，

$$\log_x 16 = \frac{\log_2 16}{\log_2 x} = \frac{\log_2 2^4}{\log_2 x} = \frac{4}{\log_2 x}$$

となるので，$\log_2 x = X$ とおくと，不等式は

$$\frac{4}{X}+X>5$$

$x>1$ より $X>0$ なので，分母を払うと

$$X^2-5X+4>0$$

$$\therefore \quad (X-1)(X-4)>0$$

$$\therefore \quad X<1 \text{ または } X>4$$

$X<1$ は $\log_2 x<1$ だから，$x>1$ と合わせて $1<x<2^1$.
また，$X>4$ は $\log_2 x>4$ だから $x>2^4$

答えは，**$1<x<2$ または $x>16$**

（ウ）真数条件は，

$$9-x>0 \text{ かつ } x+8>0 \quad \therefore \quad -8<x<9$$

このもとで不等式は

$$\log_2(9-x)(x+8)<\log_2 2^4$$

$$\therefore \quad (9-x)(x+8)<16$$

$$\therefore \quad x^2-x-56>0$$

$$\therefore \quad (x-8)(x+7)>0$$

$$\therefore \quad x<-7 \text{ または } x>8$$

真数条件と合わせ，

$-8<x<-7$ または $8<x<9$

（エ）真数条件は，

$$x-1>0 \text{ かつ } 3x+5>0 \quad \therefore \quad x>1$$

また，$2=\log_{\frac{1}{2}}\left(\frac{1}{2}\right)^2=\log_{\frac{1}{2}}\frac{1}{4}$ なので，不等式は

$$\log_{\frac{1}{2}}(x-1)>\log_{\frac{1}{2}}\frac{1}{4}+\log_{\frac{1}{2}}(3x+5)$$

$$\therefore \quad \log_{\frac{1}{2}}(x-1)>\log_{\frac{1}{2}}\frac{1}{4}(3x+5) \quad\cdots\cdots\cdots① $$

$0<\frac{1}{2}<1$ だから，①は $x-1<\frac{1}{4}(3x+5)$

$$\therefore \quad 4(x-1)<3x+5$$

$$\therefore \quad x<9$$

真数条件と合わせ，答えは **$1<x<9$**

（オ）真数条件は，

$$x-2>0 \text{ かつ } x-1>0 \quad \therefore \quad x>2$$

底を2にすると，不等式は

$$\frac{\log_2(x-2)}{\log_2\frac{1}{2}}>\frac{\log_2(x-1)}{\log_2\frac{1}{4}}$$

$$\therefore \quad \frac{\log_2(x-2)}{-1}>\frac{\log_2(x-1)}{-2}$$

両辺を -2 倍して，

$$2\log_2(x-2)<\log_2(x-1)$$

$$\therefore \quad \log_2(x-2)^2<\log_2(x-1)$$

$$\therefore \quad (x-2)^2<x-1$$

$$\therefore \quad x^2-5x+5<0$$

$x^2-5x+5=0$ の解が $x=\dfrac{5\pm\sqrt{5^2-4\cdot 5}}{2}$ なので，

$$\frac{5-\sqrt{5}}{2}<x<\frac{5+\sqrt{5}}{2}$$

$\sqrt{5}>2$ より $\dfrac{5-\sqrt{5}}{2}<2<\dfrac{5+\sqrt{5}}{2}$ であるから，真数

条件と合わせ，答えは **$2<x<\dfrac{5+\sqrt{5}}{2}$**

第1部 微分法とその応用

微分法とその応用
公式など

【微分係数】

（1） 平均変化率

関数 $y=f(x)$ において，x の値が a から b まで変化するときの，x の変化量 $b-a$ と y の変化量 $f(b)-f(a)$ の比の値 $\dfrac{f(b)-f(a)}{b-a}$ を，x が a から b まで変化するときの関数 $f(x)$ の平均変化率という．

（2） 極限値

関数 $f(x)$ において，x が a と異なる値をとりながら a に限りなく近づくとき，$f(x)$ の値が一定値 α に限りなく近づくならば，
$$\lim_{x \to a} f(x) = \alpha$$
あるいは，$x \to a$ のとき $f(x) \to \alpha$
と書き，この値 α を，$x \to a$ のときの $f(x)$ の極限値という．

（3） 微分係数

平均変化率 $\dfrac{f(b)-f(a)}{b-a}$ において，b を a に限りなく近づけるとき，この変化率がある一定値に限りなく近づく場合，その極限値を $f(x)$ の $x=a$ での微分係数といい，$f'(a)$ で表す．$f'(a)=\lim_{b \to a}\dfrac{f(b)-f(a)}{b-a}$ である．ここで $b=a+h$ とおくと，
$$f'(a)=\lim_{h \to 0}\frac{f(a+h)-f(a)}{h} \quad となる．$$

【導関数】

（1） 導関数

関数 $f(x)$ において，x の各値 a に対して微分係数 $f'(a)$ が存在するとき，a に対して $f'(a)$ を対応させるとこれは a の関数である．各 x に対して $f'(x)$ を対応させる関数を $f(x)$ の導関数といい，$f'(x)$ で表す．$f'(x)=\lim_{h \to 0}\dfrac{f(x+h)-f(x)}{h}$ である．

関数 $f(x)$ から導関数 $f'(x)$ を求めることを，$f(x)$ を微分するという．

関数 $y=f(x)$ の導関数の表し方は，$f'(x)$ の他に y'，$\dfrac{dy}{dx}$，$\dfrac{d}{dx}f(x)$ などがある．

また，例えば $f(x)=x^n$ のとき，$f'(x)$ を $(x^n)'$ と表す．

（2） 導関数の公式

$(c)'=0 \quad （c は定数）$

$(x^n)'=nx^{n-1} \quad （n は正の整数）$

$\{kf(x)\}'=kf'(x) \quad （k は定数）$

$\{f(x)+g(x)\}'=f'(x)+g'(x)$

$\{f(x)-g(x)\}'=f'(x)-g'(x)$

➡注　a を定数，n を正の整数とするとき，
$\{(x+a)^n\}'=n(x+a)^{n-1}$

（3） 接線の方程式

曲線 $y=f(x)$ 上の点 A$(a, f(a))$ における接線の方程式は（$f'(a)$ が存在するとき），
$$y=f'(a)(x-a)+f(a)$$

➡注　$f(x)=x^3+x^2$ など，$f(x)$ が多項式で表される関数のときは，必ず $f'(a)$ が存在する．

なお，n 次の多項式で表された関数を n 次関数という．

【関数の増減，極値】

（1） 区間

a, b が実数で，$a < b$ とするとき，不等式

$$a \leqq x \leqq b, \ a < x < b, \ a \leqq x, \ x < b$$

などを満たす実数 x の全体の集合を区間という．

（2） 増加・減少

関数 $f(x)$ において，ある区間の任意の p, q について，

$$p < q \ ならば \ f(p) < f(q)$$

が成り立つとき，$f(x)$ はその区間で単調に増加するという．また，

$$p < q \ ならば \ f(p) > f(q)$$

が成り立つとき，$f(x)$ はその区間で単調に減少するという．

（3） 導関数と関数の増減

ある区間を I とする．この区間 I において，

常に $f'(x) > 0$ ならば $f(x)$ は I で単調に増加する．
常に $f'(x) < 0$ ならば $f(x)$ は I で単調に減少する．
常に $f'(x) = 0$ ならば $f(x)$ は I で定数である．

（4） 増減表

$f(x) = \dfrac{1}{3}x^3 + \dfrac{1}{2}x^2 - 2x$ の増減を考えてみよう．

$$f'(x) = x^2 + x - 2$$
$$= (x+2)(x-1)$$

であるから，右表のようになる．

x	$\cdots$	-2	$\cdots$	1	$\cdots$
$f'(x)$	$+$	0	$-$	0	$+$
$f(x)$	↗		↘		↗

$f(x)$ は区間 $x \leqq -2$ および区間 $1 \leqq x$ で単調に増加し，区間 $-2 \leqq x \leqq 1$ で単調に減少する．

右上のような表を増減表という．表の中の ↗ はその区間で関数が単調に増加することを示し，↘ はその区間で単調に減少することを示す．

上の増減表をもとに $y = f(x)$ のグラフを描くと右図のようになる．

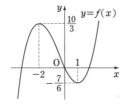

（5） 極値

a を含むある十分に狭い区間 $m < x < n$ の任意の $x \ (x \neq a)$ について，

- $f(x) < f(a)$ となるとき，$f(x)$ は $x = a$ で極大になるといい，$f(a)$ を極大値という．

- $f(x) > f(a)$ となるとき，$f(x)$ は $x = a$ で極小になるといい，$f(a)$ を極小値という．

極大値と極小値をまとめて極値という．

（4）の $f(x)$ の場合，増減表から

$$x = -2 \ で極大，\ x = 1 \ で極小$$

となることが分かる．

➡ **注** $f(x)$ が多項式であるとき，関数 $f(x)$ が $x = a$ で極値をとる条件は，$f'(x)$ の符号が $x = a$ の前後で変化することである．

本書の微分法で扱う問題は，$f(x)$ が多項式であることを前提とするのでこの事実が使える．（4）の関数の増減表から分かるように，

$$f'(x) \ が \ + \to - \ に変化 \Rightarrow 極大$$
$$f'(x) \ が \ - \to + \ に変化 \Rightarrow 極小$$

である．

◆ 1 平均変化率と極限値の計算

（ア）　関数 $f(x)=2x^2-3x$ について，x が 3 から $3+h$ まで変わるときの平均変化率を求めよ．

（イ）　次の極限値を求めよ．

（1）　$\displaystyle\lim_{x\to-2}(x^2-3x+2)$
　　　　　　　　　（2）　$\displaystyle\lim_{x\to-1}\frac{x^2+x-2}{x^2+2x-3}$

（3）　$\displaystyle\lim_{x\to1}\frac{x^2+x-2}{x^2+2x-3}$

平均変化率　関数 $f(x)$ において，x の値が a から b まで変化するときの，x の変化量 $b-a$ と y の変化量 $f(b)-f(a)$ の比 $\dfrac{f(b)-f(a)}{b-a}$ を，x が a から b まで変わるときの関数 $f(x)$ の平均変化率という．

　　b を $a+h$ でおきかえると，x が a から $a+h$ まで変わるときの関数 $f(x)$ の平均変化率は $\dfrac{f(a+h)-f(a)}{h}$ となる．

lim の記号　関数 $f(x)$ で，x の値が限りなく a に近づいていくとき，$f(x)$ の値が α に近づいていくならば，

$$\lim_{x\to a}f(x)=\alpha \quad (\text{あるいは，} x\to a \text{のとき} f(x)\to\alpha)$$

と表す．α を x が a に限りなく近づくときの $f(x)$ の極限値という．

極限値の求め方　x が a に限りなく近づいていくとき，$f(x)$ の値を考える．$f(x)$ の x に a を代入して，$f(a)$ が計算できれば，その値が極限値である．$f(a)$ を計算するとき，$\dfrac{0}{0}$ の形になってしまうときには，分母分子から $(x-a)$ を括り出し，約分してから a を代入して計算する．

▓解　答▓

（ア）　$\dfrac{f(3+h)-f(3)}{3+h-3}=\dfrac{2(3+h)^2-3(3+h)-(2\cdot3^2-3\cdot3)}{h}$　　　　$\Leftarrow \dfrac{f(b)-f(a)}{b-a}$ で，$b\Rightarrow3+h$，$a\Rightarrow3$ と代入

$=\dfrac{18+12h+2h^2-9-3h-9}{h}=\dfrac{9h+2h^2}{h}=\dfrac{h(9+2h)}{h}=\boldsymbol{9+2h}$　　$\Leftarrow$ 分子の定数項が 0 になり，h で約分できる．

（イ）　（1）　$\displaystyle\lim_{x\to-2}(x^2-3x+2)=(-2)^2-3(-2)+2=\boldsymbol{12}$

（2）　$\displaystyle\lim_{x\to-1}\frac{x^2+x-2}{x^2+2x-3}=\frac{(-1)^2+(-1)-2}{(-1)^2+2(-1)-3}=\frac{-2}{-4}=\boldsymbol{\frac{1}{2}}$

（3）　$\displaystyle\lim_{x\to1}\frac{x^2+x-2}{x^2+2x-3}=\lim_{x\to1}\frac{(x-1)(x+2)}{(x-1)(x+3)}=\lim_{x\to1}\frac{x+2}{x+3}$　　　$\Leftarrow$ 約分せずに $x=1$ を代入すると，

$=\dfrac{1+2}{1+3}=\boldsymbol{\dfrac{3}{4}}$　　　　　　$\dfrac{1^2+1-2}{1^2+2\cdot1-3}=\dfrac{0}{0}$ となり答が出ない．

▶1　演習題（解答は p.117）

（ア）　関数 $f(x)=3x^2-4x$ について，次の問いに答えよ．

（1）　x が 1 から 3 まで変わるときの平均変化率を求めよ．

（2）　x が a から $a+2$ まで変わるとき平均変化率が -4 となるような a の値を求めよ．

（イ）　次の極限値を求めよ．

（1）　$\displaystyle\lim_{x\to-2}\frac{x^2-4}{x^2+6x+8}$
　　　　　　　（2）　$\displaystyle\lim_{x\to2}\frac{x^2-4x+4}{x^3-12x+16}$

🕐7分

◆2 微分係数と導関数

（ア） 関数 $f(x)=5x^2+2x$ について，$x=3$ での微分係数を定義にしたがって求めよ．

（イ） 関数 $f(x)=-2x^2+7x$ の導関数を定義にしたがって求めよ．

微分係数 x を a から $a+h$ まで変化させたときの平均変化率 $\dfrac{f(a+h)-f(a)}{h}$ において，h を限りなく 0 に近づけたとき，この変化率がある一定値に限りなく近づく場合，その極限値を $f(x)$ の $x=a$ での微分係数といい，$f'(a)$ で表す．すなわち，$f'(a)=\lim\limits_{h\to 0}\dfrac{f(a+h)-f(a)}{h}$ である．

導関数 a に対して，関数 $f(x)$ の $x=a$ での微分係数 $f'(a)$ を対応させる関数を，$f(x)$ の導関数と呼び $f'(x)$ で表す．$f(x)$ の導関数は，$f'(x)=\lim\limits_{h\to 0}\dfrac{f(x+h)-f(x)}{h}$ で定義される．

関数 $f(x)$ から導関数 $f'(x)$ を求めることを，$f(x)$ を微分するという．

▒ 解 答 ▒

（1）
$$f'(3)=\lim_{h\to 0}\frac{f(3+h)-f(3)}{h}=\lim_{h\to 0}\frac{5(3+h)^2+2(3+h)-(5\cdot 3^2+2\cdot 3)}{h}$$

$\Leftarrow f'(a)=\lim\limits_{h\to 0}\dfrac{f(a+h)-f(a)}{h}$

$$=\lim_{h\to 0}\frac{45+30h+5h^2+6+2h-51}{h}$$

$\Leftarrow 5(3+h)^2-5\cdot 3^2$ を計算すると，$5\cdot 3^2$ は消えて $30h+5h^2$ となる．
$2(3+h)-2\cdot 3=2h$ と合わせて，
（分子）$=30h+5h^2+2h$
$\qquad\quad =32h+5h^2$
とするとやや早い．

$$=\lim_{h\to 0}\frac{32h+5h^2}{h}=\lim_{h\to 0}(32+5h)=\mathbf{32}$$

（2）
$$f'(x)=\lim_{h\to 0}\frac{f(x+h)-f(x)}{h}=\lim_{h\to 0}\frac{-2(x+h)^2+7(x+h)-(-2x^2+7x)}{h}$$

$$=\lim_{h\to 0}\frac{-2x^2-4xh-2h^2+7x+7h+2x^2-7x}{h}$$

$$=\lim_{h\to 0}\frac{-4xh-2h^2+7h}{h}$$

$\Leftarrow$ 上と同様に考えると，
（分子）$=-4xh-2h^2+7h$
がすぐわかるだろう．

$$=\lim_{h\to 0}(-4x-2h+7)=\mathbf{-4x+7}$$

▨（1） 定義によらず $f'(3)$ を求めるのであれば，$f(x)$ の導関数を公式によって求め，$x=3$ を代入すればよい．

$\Leftarrow$ 次頁の公式

$f(x)=5x^2+2x$ の導関数は，$f'(x)=10x+2$．これに $x=3$ を代入して，
$f'(3)=10\cdot 3+2=32$

▨ 右図で $h\to 0$ のとき，a から $a+h$ までの平均変化率 $\dfrac{f(a+h)-f(a)}{h}$ は，$(a,\ f(a))$ での $y=f(x)$ の接線の傾きに近づいていく．これが $x=a$ での微分係数である．

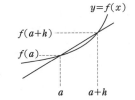

═══ ▷2 **演習題** （解答は p.117） ═══

（ア） 関数 $f(x)=3x^3-4x+2$ について，$x=-2$ での微分係数を定義にしたがって求めよ．

（イ） 関数 $f(x)=-2x^3+5x^2-4$ の導関数を定義にしたがって求めよ．

🕐 8分

◆3 微分の計算

次の関数を微分せよ．
（1） $y=3x^2-4x+5$
（2） $y=-x^3+2x-4$
（3） $y=(x+2)^3$
（4） $y=(2x-1)^3$

---

x^n の導関数 x, x^2, x^3 の導関数はそれぞれ，1，$2x$，$3x^2$ で，これを，$(x)'=1$，$(x^2)'=2x$，$(x^3)'=3x^2$ と表す．x^n の導関数は，$(x^n)'=nx^{n-1}$

導関数の公式 与えられた関数の導関数を求めるには次の公式を用いる．
（i） $(c)'=0$ （c は定数）
（ii） $(x^n)'=nx^{n-1}$
（iii） $\{kf(x)\}'=kf'(x)$
（iv） $\{f(x)+g(x)\}'=f'(x)+g'(x)$
（v） $\{f(x)-g(x)\}'=f'(x)-g'(x)$

$(x+a)^n$ の導関数 $(x+a)^n$ の導関数は，$\{(x+a)^n\}'=n(x+a)^{n-1}$ となる．$y=(x+a)^n$ は $y=x^n$ を x 方向に $-a$ だけ平行移動したグラフなので，$y=(x+a)^n$ の $x=t$ での微分係数は，$y=x^n$ の $x=t+a$ （$x=t$ を a だけ平行移動）での微分係数に等しい．

▨ 解 答 ▨

（1） $y'=(3x^2-4x+5)'=(3x^2)'-(4x)'+(5)'$
   $=3(x^2)'-4(x)'+(5)'=3\cdot2x-4\cdot1+0=\boldsymbol{6x-4}$

⇦慣れればすぐに答えを書こう．（途中経過は記述不要．暗算でよい．）

（2） $y'=(-x^3+2x-4)'=-(x^3)'+(2x)'-(4)'$
   $=-(x^3)'+2(x)'-(4)'=\boldsymbol{-3x^2+2}$

（3） $y'=\{(x+2)^3\}'=(x^3+6x^2+12x+8)'=(x^3)'+6(x^2)'+12(x)'+(8)'$
   $=\boldsymbol{3x^2+12x+12}\ (=3(x+2)^2)$

⇦$3x^2+12x+12=3(x^2+4x+4)$ から，カッコ内のようになる．

（4） $y'=\{(2x-1)^3\}'=(8x^3-12x^2+6x-1)'$
   $=8(x^3)'-12(x^2)'+6(x)'-(1)'$
   $=8\cdot3x^2-12\cdot2x+6\cdot1-0=\boldsymbol{24x^2-24x+6}\ (=6(2x-1)^2)$

⇦$24x^2-24x+6=6(4x^2-4x+1)$ から，カッコ内のようになる．

別解 $\{(x+a)^n\}'=n(x+a)^{n-1}\cdots\cdots☆$ を用いる．

（3） $y'=\{(x+2)^3\}'=\boldsymbol{3(x+2)^2}$

（4） $y=(2x-1)^3=\left\{2\left(x-\dfrac{1}{2}\right)\right\}^3=2^3\left(x-\dfrac{1}{2}\right)^3$ により，

   $y'=2^3\cdot3\left(x-\dfrac{1}{2}\right)^2=2\cdot3\cdot\left\{2^2\left(x-\dfrac{1}{2}\right)^2\right\}=2\cdot3(2x-1)^2$

⇦☆を使うには（ ）内の x の係数を1にする．

   $=\boldsymbol{6(2x-1)^2}$

▶3 演習題 （解答は p.117）

次の関数を微分せよ．
（1） $y=(3x-1)(2x+5)$
（2） $y=(x-2)^3$
（3） $y=(3x+2)^3$

🕐 3分

◆4 接線を求める

（ア）　曲線 $y=x^3-5x$ 上の点 $(2, -2)$ における接線の方程式を求めよ.

（イ）　点 $(2, 6)$ から曲線 $y=-x^3+3x$ に引いた接線の方程式を求めよ.

曲線 $y=f(x)$　曲線 $y=f(x)$ とは，関数 $y=f(x)$ のグラフのことである.

1点を通り，傾き m の直線　点 (a, b) を通り，傾き m の直線の方程式は，
$$y-b=m(x-a), \quad \text{すなわち，} \quad y=m(x-a)+b$$

曲線上のある点における接線を求める　曲線 $y=f(x)$ 上の点 $(\alpha, f(\alpha))$ での接線の傾きは微分係数 $f'(\alpha)$ である. $(\alpha, f(\alpha))$ を通って傾き $f'(\alpha)$ の直線の方程式は，$y=f'(\alpha)(x-\alpha)+f(\alpha)$. これが $(\alpha, f(\alpha))$ での接線の方程式である.

曲線外の点から曲線に引いた接線を求める　曲線外の点 (a, b) から曲線 $y=f(x)$ に引いた接線を求めるには，初めに，接線の x 座標を t とおき，$(t, f(t))$ での接線の方程式 $y=f'(t)(x-t)+f(t)$ が (a, b) を通ると考える. すなわち，$b=f'(t)(a-t)+f(t)$ を満たす t を求める. ここで求めた t の値を，$y=f'(t)(x-t)+f(t)$ に代入すれば，(a, b) から引いた接線を求めることができる.

接線になる直線を $y=m(x-a)+b$ とおき，これが曲線 $y=f(x)$ と接する条件を考える，とすると少々手間がかかる.

▤解答▤

（ア）　$f(x)=x^3-5x$ とおく. $f(x)$ を微分して，$f'(x)=3x^2-5$

$x=2$ での微分係数は，$f'(2)=3\cdot 2^2-5=7$

曲線上の点 $(2, -2)$ での接線の方程式は，
$$y=7(x-2)-2 \quad \therefore \quad \boldsymbol{y=7x-16}$$

（イ）　$f(x)=-x^3+3x$ とおく. $f(x)$ を微分して，$f'(x)=-3x^2+3$

$(t, f(t))$ での接線の傾きは，$-3t^2+3$.

この接線の方程式は，
$$y=(-3t^2+3)(x-t)-t^3+3t$$
$$\therefore \quad y=(-3t^2+3)x+2t^3 \quad\text{……………………………}①$$

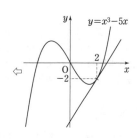

これが $(2, 6)$ を通るので，$x=2$, $y=6$ を代入して，
$$6=(-3t^2+3)\cdot 2+2t^3$$
$$\therefore \quad 2t^3-6t^2=0 \quad \therefore \quad t^3-3t^2=0 \quad \therefore \quad t^2(t-3)=0$$
$$\therefore \quad t=0, 3$$

$t=0$ のときの接線の方程式は，①に代入し，$y=3x$

$t=3$ のときの接線の方程式は，①に代入し，$y=-24x+54$

答えは，$\boldsymbol{y=3x}$ と $\boldsymbol{y=-24x+54}$

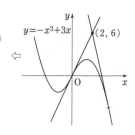

▶◀4　演習題 （解答は p.117）

（ア）　曲線 $y=-x^3+2x^2+3x$ の点 $(2, 6)$ における接線の方程式を求めよ.

（イ）　曲線 $y=-2x^2+3x-5$ 上の点 $(-1, -10)$ における接線の方程式を求めよ.

（ウ）　点 $(-1, 3)$ から曲線 $y=-2x^3+7x$ に引いた接線の方程式を求めよ.

（エ）　点 $(-1, -5)$ から曲線 $y=3x^2-4x$ に引いた接線の方程式を求めよ.

🕐 7分

◆5 グラフをかく

$y=x^3-3x^2-9x+5$ の増減・極値を調べ，グラフをかけ．

微分係数と関数の増減　微分係数 $f'(a)$ は，関数 $y=f(x)$ のグラフの $x=a$ での接線の傾きを表していたので，

　　$f'(a)>0$ ならば，$f(x)$ は $x=a$ の近くで増加（図1）
　　$f'(a)<0$ ならば，$f(x)$ は $x=a$ の近くで減少（図2）

関数の極大・極小　関数 $y=f(x)$ のグラフで図3のA$(a,\ f(a))$ のように，$x=a$ の前後で $f'(x)$ の値が正から負に変わる（増加状態から減少状態）とき，$y=f(x)$ は $x=a$ で極大となるといい，$f(a)$ を極大値という．図3のB$(b,\ f(b))$ のように，$x=b$ の前後で $f'(x)$ の値が負から正に変わる（減少状態から増加状態）とき，$y=f(x)$ は $x=b$ で極小となるといい，$f(b)$ を極小値という．

　極大値・極小値を合わせて極値という．極値をとる x では微分係数が0となる（$f'(a)=0,\ f'(b)=0$）．ただし，微分係数が0であるからといって極値になるとは限らない．例えば，$y=x^3$ の $(0,\ 0)$ では，微分係数が0であるが極大値でも極小値でもない．

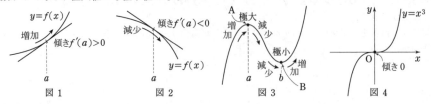

図1　　　　　図2　　　　　図3　　　　　図4

グラフをかく　$y=f(x)$ のグラフをかくためには，導関数 $f'(x)$ を計算する．$f'(x)$ の値（0になるのか，正か負か）の情報を整理した表を増減表という．

　3次関数や4次関数のグラフをかく問題の場合，問題文に指示がなくとも座標軸との交点が容易に求まるときは，それもかき込んでおこう．

▓解答▓

$f(x)=x^3-3x^2-9x+5$ の導関数を求め，

$$f'(x)=3x^2-6x-9=3(x^2-2x-3)$$
$$=3(x+1)(x-3)$$

よって，$f'(x)=0$ となるのは $x=-1,\ 3$
$f(x)$ の増減表は次のようになる．

x	$\cdots$	-1	$\cdots$	3	$\cdots$
$f'(x)$	$+$	0	$-$	0	$+$
$f(x)$	↗	10	↘	-22	↗

よって，グラフは右図のようになる．

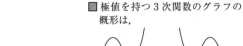

▓極値を持つ3次関数のグラフの概形は，

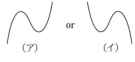

（ア）　　　or　　　（イ）

3次の係数が，正のとき（ア）
　　　　　　負のとき（イ）

───── ▶5　**演習題**（解答は p.118）═════

（ア）　$y=-x^3+6x^2-9x+7$ の増減・極値を調べ，グラフをかけ．

（イ）　$y=x^3+6x^2+12x-2$ の増減を調べてグラフをかけ．極値があれば答えよ．

（ウ）　$y=x^3+2x$ の増減を調べてグラフをかけ．極値があれば答えよ．

🕐10分

◆6 最大値・最小値を求める

次の関数の最大値と最小値を求めよ．

$$y = -2x^3 - 3x^2 + 12x \quad (-3 \leqq x \leqq 3)$$

最大値・最小値の求め方　　関数 $y = f(x)$ $(a \leqq x \leqq b)$ の最大値・最小値を求めるには，$a \leqq x \leqq b$ での増減表を書いて増減を調べよう．

極大値・極小値がつねに最大値・最小値になるとは限らないことに気をつけよう．

図1のように極大値が最大値にならない場合や図2のように極小値が最小値にならない場合がある．

$a \leqq x \leqq b$ での $f(x)$ の最大値は，$a \leqq x \leqq b$ にある極大値か，区間 $a \leqq x \leqq b$ の端での関数の値 $f(a)$，$f(b)$ のうち最も大きいものである．

$a \leqq x \leqq b$ での $f(x)$ の最小値は，$a \leqq x \leqq b$ にある極小値か，区間 $a \leqq x \leqq b$ の端での関数の値 $f(a)$，$f(b)$ のうち最も小さいものである．

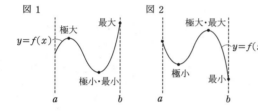

解答

$f(x) = -2x^3 - 3x^2 + 12x$ のとき，

$f'(x) = -6x^2 - 6x + 12 = -6(x^2 + x - 2)$

$\qquad = -6(x+2)(x-1)$

$f'(x) = 0$ となるのは，$x = -2,\ 1$

$f(x)$ の増減表は次のようになる．

x	-3	$\cdots$	-2	$\cdots$	1	$\cdots$	3
$f'(x)$		$-$	0	$+$	0	$-$	
$f(x)$	-9	↘	-20	↗	7	↘	-45

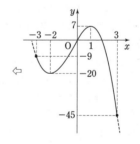

よって，最大値は，$x = 1$ のときの **$y = 7$**

　　　　最小値は，$x = 3$ のときの **$y = -45$**

▶6 演習題 (解答は p.118)

次の関数の最大値と最小値を求めよ．

（1）　$y = 4x^3 - 9x^2 - 12x + 14 \quad (-4 \leqq x \leqq 3)$

（2）　$y = x^3 - x^2 - x \quad (-1 \leqq x \leqq 2)$

🕐 7分

◆7 方程式・不等式への応用

（ア）方程式 $-2x^3+6x-3=0$ の実数解の個数を求めよ.

（イ）$x \geqq 0$ のとき，$2x^3+3x^2>12x-10$ が成り立つことを示せ.

実数解の個数 $f(x)=0$ の実数解の個数は，$y=f(x)$ のグラフと x 軸の共有点の個数に等しい.
よって実数解の個数を求めるには，$y=f(x)$ のグラフをかいて x 軸との共有点を調べる.

不等式の証明 $f(x)>g(x)$ を証明するには，変数 x を左辺に集めた $f(x)-g(x)>0$ を証明するのが基本で，$f(x)>g(x)$ の左辺と右辺をバラバラに扱うのはうまくない. 上の問題であれば，$2x^3+3x^2-12x+10>0$ を示せばよい.

$x \geqq 0$ のもとで，$f(x)>0$ を示すには，$f(x)$ の $x \geqq 0$ での最小値を求めることができれば，それが正であることを確認すればよい. 最小値を m とすると，$m>0$ のとき，$f(x) \geqq m>0$ となるからである.

▤ 解 答 ▤

（ア）$f(x)=-2x^3+6x-3$ とおくと，

$$f'(x)=-6x^2+6=-6(x^2-1)=-6(x-1)(x+1)$$

よって，$f(x)$ の増減表は

x	$\cdots$	-1	$\cdots$	1	$\cdots$
$f'(x)$	$-$	0	$+$	0	$-$
$f(x)$	$\searrow$	-7	$\nearrow$	1	$\searrow$

グラフは右の図のようになる.

$y=f(x)$ のグラフが x 軸と 3 個共有点を持つので，$f(x)=0$ の実数解は **3個** である.

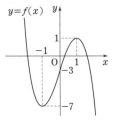

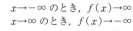

▨ x が限りなく大きくなるとき，$h(x)$ が限りなく大きくなることを，$x \to \infty$ のとき $h(x) \to \infty$ と表すことにすると（負でその絶対値が限りなく大きくなるときは $-\infty$ と表すことにすると），
$x \to -\infty$ のとき，$f(x) \to \infty$
$x \to \infty$ のとき，$f(x) \to -\infty$

（イ）$2x^3+3x^2>12x-10$ の右辺の項を左辺に移項して，

$$2x^3+3x^2-12x+10>0$$

これを示せばよい.

ここで，$f(x)=2x^3+3x^2-12x+10$ とおく.

$$f'(x)=6x^2+6x-12=6(x^2+x-2)=6(x-1)(x+2)$$

よって，$f(x)$ の増減表は，

x	0	$\cdots$	1	$\cdots$
$f'(x)$		$-$	0	$+$
$f(x)$	10	$\searrow$	3	$\nearrow$

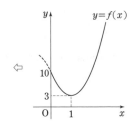

$f(x)$ の $x \geqq 0$ での最小値は 3 である.

よって，$f(x) \geqq 3>0$　∴　$f(x)>0$

$x \geqq 0$ のとき，$2x^3+3x^2>12x-10$ が成り立つ.

▶**7 演習題**（解答は p.119）

（ア）方程式 $x^3+6x^2-8=0$ の実数解の個数を求めよ.

（イ）方程式 $x^3-4x^2+4x+1=0$ の実数解の個数を求めよ.

（ウ）$x \geqq -1$ のとき，$x^3-x^2>x-2$ を示せ.

🕐 10分

微分法とその応用 演習題の解答

1 （イ）　分母分子で共通因数を約分してから代入する.

解　（ア）（1）$\dfrac{f(3)-f(1)}{3-1}=\dfrac{15-(-1)}{3-1}=\mathbf{8}$

（2）$\dfrac{f(a+2)-f(a)}{(a+2)-a}$

$=\dfrac{3(a+2)^2-4(a+2)-(3a^2-4a)}{2}$

$=\dfrac{3a^2+12a+12-4a-8-3a^2+4a}{2}$

$=\dfrac{12a+4}{2}=6a+2$

これが -4 に等しく,

$6a+2=-4$　　∴　$a=\mathbf{-1}$

（イ）（1）$\displaystyle\lim_{x\to-2}\dfrac{x^2-4}{x^2+6x+8}=\lim_{x\to-2}\dfrac{(x+2)(x-2)}{(x+2)(x+4)}$

$=\displaystyle\lim_{x\to-2}\dfrac{x-2}{x+4}=\dfrac{(-2)-2}{(-2)+4}=\mathbf{-2}$

（2）$\displaystyle\lim_{x\to2}\dfrac{x^2-4x+4}{x^3-12x+16}$

$=\displaystyle\lim_{x\to2}\dfrac{(x-2)^2}{(x-2)^2(x+4)}$

$=\displaystyle\lim_{x\to2}\dfrac{1}{x+4}=\dfrac{\mathbf{1}}{\mathbf{6}}$

$$\begin{array}{r|rrrr}
2 & 1 & 0 & -12 & 16 \\
  &   & 2 & 4 & -16 \\
\hline
2 & 1 & 2 & -8 & \underline{\;0} \\
  &   & 2 & 8 & \\
\hline
  & 1 & 4 & \underline{\;0} &
\end{array}$$

2　定義の式に代入して求める.

解　（ア）$f(x)=3x^3-4x+2$

のとき,

$f'(-2)=\displaystyle\lim_{h\to0}\dfrac{f(-2+h)-f(-2)}{h}$

$=\displaystyle\lim_{h\to0}\dfrac{3(-2+h)^3-4(-2+h)+2-\{3(-2)^3-4(-2)+2\}}{h}$

$=\displaystyle\lim_{h\to0}\dfrac{3(-8+12h-6h^2+h^3)-4(-2+h)+16}{h}$

$=\displaystyle\lim_{h\to0}\dfrac{32h-18h^2+3h^3}{h}$

$=\displaystyle\lim_{h\to0}(32-18h+3h^2)=\mathbf{32}$

（イ）$f(x)=-2x^3+5x^2-4$

のとき,

$f'(x)=\displaystyle\lim_{h\to0}\dfrac{f(x+h)-f(x)}{h}$

$=\displaystyle\lim_{h\to0}\dfrac{-2(x+h)^3+5(x+h)^2-4-(-2x^3+5x^2-4)}{h}$

$=\displaystyle\lim_{h\to0}\dfrac{-6x^2h-6xh^2-2h^3+10xh+5h^2}{h}$

$=\displaystyle\lim_{h\to0}(-6x^2-6xh-2h^2+10x+5h)=\mathbf{-6x^2+10x}$

3　基本は展開してから微分する.

$\{(x+a)^n\}'=n(x+a)^{n-1}$ も使えるようにしておきたい（☞ 別解）.

解　（1）$y=(3x-1)(2x+5)=6x^2+13x-5$

$y'=(6x^2+13x-5)'=6(x^2)'+13(x)'-(5)'$

$=6\cdot2x+13\cdot1=\mathbf{12x+13}$

（2）$y=(x-2)^3=x^3-6x^2+12x-8$

$y'=(x^3-6x^2+12x-8)'$

$=(x^3)'-6(x^2)'+12(x)'-(8)'$

$=3x^2-6(2x)+12=\mathbf{3x^2-12x+12}$

$(=3(x^2-4x+4)=\mathbf{3(x-2)^2})$

（3）$y=(3x+2)^3=27x^3+54x^2+36x+8$

$y'=(27x^3+54x^2+36x+8)'$

$=27(x^3)'+54(x^2)'+36(x)'+(8)'$

$=27\cdot3x^2+54\cdot2x+36\cdot1=\mathbf{81x^2+108x+36}$

$(=9(9x^2+12x+4)=\mathbf{9(3x+2)^2})$

別解　$\{(x+a)^n\}'=n(x+a)^{n-1}$ を用いる.

（2）$\{(x-2)^3\}'=\mathbf{3(x-2)^2}$

（3）$\{(3x+2)^3\}'=\left\{\left(3\left(x+\dfrac{2}{3}\right)\right)^3\right\}'=3^3\left\{\left(x+\dfrac{2}{3}\right)^3\right\}'$

$=3^3\cdot3\left(x+\dfrac{2}{3}\right)^2=3^2(3x+2)^2=\mathbf{9(3x+2)^2}$

4　（ア）（イ）曲線上の点での接線を求める問題.

（ウ）（エ）曲線上にはない点を通る接線を求める問題.
接点の x 座標を t とおこう.

解　（ア）$f(x)=-x^3+2x^2+3x$ とおく. $f(x)$ を
微分して, $f'(x)=-3x^2+4x+3$

$x=2$ での微分係数は, $f'(2)=-3\cdot2^2+4\cdot2+3=-1$

(2, 6)での接線の方程式は,

$y=-(x-2)+6$　　∴　$\mathbf{y=-x+8}$

（イ）$f(x)=-2x^2+3x-5$ とおく．$f(x)$ を微分して，$f'(x)=-4x+3$

$x=-1$ での微分係数は，$f'(-1)=-4(-1)+3=7$

$(-1, -10)$ での接線の方程式は，
$$y=7\{x-(-1)\}-10 \quad \therefore \quad \boldsymbol{y=7x-3}$$

（ウ）$f(x)=-2x^3+7x$ とおく．$f(x)$ を微分して，
$$f'(x)=-6x^2+7$$

$(t, f(t))$ での接線の傾きは，$f'(t)=-6t^2+7$

この接線の方程式は，
$$y=(-6t^2+7)(x-t)+(-2t^3+7t)$$
$$\therefore \quad y=(-6t^2+7)x+4t^3 \quad \cdots\cdots\cdots\cdots①$$

これが $(-1, 3)$ を通るので，
$$3=(-6t^2+7)(-1)+4t^3$$
$$\therefore \quad 4t^3+6t^2-10=0$$
$$\therefore \quad 2t^3+3t^2-5=0$$
$$\therefore \quad (t-1)(2t^2+5t+5)=0$$

ここで，$2t^2+5t+5=0$ の判別式を D とすると，

$D=5^2-4\cdot2\cdot5=-15<0$ であるから，$2t^2+5t+5=0$ は実数解を持たない．

これより，$t=1$

$(-1, 3)$ を通る接線は，$t=1$ を①に代入して，
$$\boldsymbol{y=x+4}$$

（エ）$f(x)=3x^2-4x$ とおく．$f(x)$ を微分して，
$$f'(x)=6x-4$$

$(t, f(t))$ での接線の傾きは，$6t-4$

この接線の方程式は，
$$y=(6t-4)(x-t)+3t^2-4t$$
$$\therefore \quad y=(6t-4)x-3t^2 \quad \cdots\cdots\cdots\cdots②$$

これが $(-1, -5)$ を通るので，
$$-5=(6t-4)(-1)-3t^2$$
$$\therefore \quad 3t^2+6t-9=0 \quad \therefore \quad t^2+2t-3=0$$
$$\therefore \quad (t+3)(t-1)=0 \quad \therefore \quad t=-3, 1$$

$(-1, -5)$ を通る接線は，

②に $t=-3$ を代入した，$\boldsymbol{y=-22x-27}$

②に $t=1$ を代入した，$\boldsymbol{y=2x-3}$

5 極値を求めるために $f'(x)=0$ となる x を求める．$f(x)$ の増減は $f'(x)$ の符号から分かる．なお，$f'(x)=0$ となる x は必ずしも極値を与えるわけではないことに注意（（イ））．

解 （ア）$f(x)=-x^3+6x^2-9x+7$ を微分して，
$$f'(x)=-3x^2+12x-9=-3(x-1)(x-3)$$

これを元に増減表を書き，グラフを描くと，

x	$\cdots$	1	$\cdots$	3	$\cdots$
$f'(x)$	$-$	0	$+$	0	$-$
$f(x)$	$\searrow$	3	$\nearrow$	7	$\searrow$

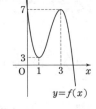

$x=1$ のとき 極小値 **3**

$x=3$ のとき 極大値 **7**

をとる．

（イ）$f(x)=x^3+6x^2+12x-2$ を微分して，
$$f'(x)=3x^2+12x+12=3(x+2)^2$$

これを元に増減表を書き，グラフを描くと，

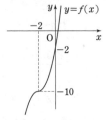

x	$\cdots$	-2	$\cdots$
$f'(x)$	$+$	0	$+$
$f(x)$	$\nearrow$	-10	$\nearrow$

極値は存在しない．

（ウ）$f(x)=x^3+2x$ を微分して，$f'(x)=3x^2+2$

すべての x について，$f'(x)=3x^2+2\geqq2>0$

が成り立つ．これを元に増減表を書き，グラフを描くと，

x	$\cdots$
$f'(x)$	$+$
$f(x)$	$\nearrow$

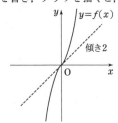

極値は存在しない．

6 関数の定義域に注意しよう．

解 （1）$f(x)=4x^3-9x^2-12x+14$ を微分して，
$$f'(x)=12x^2-18x-12=6(2x^2-3x-2)$$
$$=6(2x+1)(x-2)$$

これを元に増減表を書くと，

x	-4	$\cdots$	$-\dfrac{1}{2}$	$\cdots$	2	$\cdots$	3
$f'(x)$		$+$	0	$-$	0	$+$	
$f(x)$	-338	$\nearrow$	$\dfrac{69}{4}$	$\searrow$	-14	$\nearrow$	5

$x=-4$ のとき，最小値 **-338**

$x=-\dfrac{1}{2}$ のとき，最大値 $\dfrac{69}{4}$ をとる．

（2） $f(x)=x^3-x^2-x$ を微分して，
$$f'(x)=3x^2-2x-1=(3x+1)(x-1)$$
これを元に増減表を書くと，

x	-1	$\cdots$	$-\dfrac{1}{3}$	$\cdots$	1	$\cdots$	2
$f'(x)$		$+$	0	$-$	0	$+$	
$f(x)$	-1	$\nearrow$	$\dfrac{5}{27}$	$\searrow$	-1	$\nearrow$	2

$x=-1,\ 1$ のとき，**最小値 -1**
$x=2$ のとき，**最大値 2** をとる．

これを元にして増減表を書くと，

x	-1	$\cdots$	$-\dfrac{1}{3}$	$\cdots$	1	$\cdots$
$f'(x)$		$+$	0	$-$	0	$+$
$f(x)$	1	$\nearrow$	$\dfrac{59}{27}$	$\searrow$	1	$\nearrow$

$x\geqq-1$ のとき，$f(x)=x^3-x^2-x+2\geqq1>0$ なので，
$x^3-x^2>x-2$ が成り立つ．

7 （ア）（イ） 左辺を $f(x)$ とおき，$y=f(x)$ のグラフと x 軸の共有点の個数を調べる．
（ウ） 与式から左辺に項を集め $f(x)$ とおき，$x\geqq-1$ のときの $f(x)$ の最小値が正であることを示す．

解 （ア） $f(x)=x^3+6x^2-8$ とおき，微分すると，
$$f'(x)=3x^2+12x=3x(x+4)$$
これを元に増減表を調べ，グラフを描くと，

x	$\cdots$	-4	$\cdots$	0	$\cdots$
$f'(x)$	$+$	0	$-$	0	$+$
$f(x)$	$\nearrow$	24	$\searrow$	-8	$\nearrow$

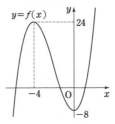

$y=f(x)$ のグラフと x 軸との共有点は 3 個なので，
$f(x)=0$ を満たす実数解は **3 個**である．

（イ） $f(x)=x^3-4x^2+4x+1$ とおき，微分すると，
$$f'(x)=3x^2-8x+4=(3x-2)(x-2)$$
これを元に増減表を調べ，グラフを描くと，

x	$\cdots$	$\dfrac{2}{3}$	$\cdots$	2	$\cdots$
$f'(x)$	$+$	0	$-$	0	$+$
$f(x)$	$\nearrow$	$\dfrac{59}{27}$	$\searrow$	1	$\nearrow$

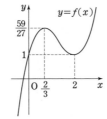

$y=f(x)$ のグラフと x 軸との共有点は 1 個なので，
$f(x)=0$ を満たす実数解は **1 個**である．
（ウ） $x^3-x^2>x-2$ の右辺の項を左辺に移項して，
$$x^3-x^2-x+2>0$$
これを示せばよい．
$f(x)=x^3-x^2-x+2$ を微分して，
$$f'(x)=3x^2-2x-1=(3x+1)(x-1)$$

第 1 部 積分法とその応用

積分法とその応用
公式など

【不定積分】

（1） 不定積分

関数 $f(x)$ に対して，微分すると $f(x)$ になる関数 $F(x)$，すなわち，

$$F'(x) = f(x)$$

となる関数 $F(x)$ を，$f(x)$ の不定積分または原始関数という.

関数 $f(x)$ の不定積分を，記号 $\int f(x)\,dx$ で表す.

$f(x)$ の原始関数の 1 つを $F(x)$ とすると，$f(x)$ の任意の原始関数 $G(x)$ について，

$$\{G(x) - F(x)\}' = G'(x) - F'(x)$$
$$= f(x) - f(x) = 0$$

一般に，常に $h'(x) = 0$ ならば $h(x)$ は定数になることが知られているから，$G(x) - F(x)$ は定数となる. この定数を C とすると，$G(x) = F(x) + C$ となるので，$f(x)$ の任意の原始関数は $F(x) + C$ と表される.

$F'(x) = f(x)$ のとき，

$$\int f(x)\,dx = F(x) + C \quad （C は定数）$$

であり，C を積分定数という. また，関数 $f(x)$ の不定積分を求めることを，$f(x)$ を積分するという.

（2） 不定積分の公式

以下，C は積分定数とする.

$$\int 1\,dx = x + C$$

$$\int x^n\,dx = \frac{1}{n+1}x^{n+1} + C \quad （n は正の整数）$$

$$\int kf(x)\,dx = k\int f(x)\,dx \quad （k は定数）$$

$$\int \{f(x) + g(x)\}\,dx = \int f(x)\,dx + \int g(x)\,dx$$

$$\int \{f(x) - g(x)\}\,dx = \int f(x)\,dx - \int g(x)\,dx$$

⇨注 a を定数，n を正の整数とするとき，

$$\int (x+a)^n\,dx = \frac{1}{n+1}(x+a)^{n+1} + C$$

【定積分】

（1） 定積分

関数 $f(x)$ の不定積分の 1 つを $F(x)$ とするとき，2 つの実数 a，b に対して，$F(b) - F(a)$ を $f(x)$ の a から b までの定積分といい，記号 $\int_a^b f(x)\,dx$ で表す.

また，$F(b) - F(a)$ を，記号 $\left[F(x)\right]_a^b$ で表す.

したがって，

$$\int_a^b f(x)\,dx = \left[F(x)\right]_a^b = F(b) - F(a)$$

定積分 $\int_a^b f(x)\,dx$ において，a を定積分の下端，b を上端といい，この定積分を求めることを，関数 $f(x)$ を a から b まで積分するという.

（2） 定積分の公式その 1

$$\int_a^b kf(x)\,dx = k\int_a^b f(x)\,dx \quad （k は定数）$$

$$\int_a^b \{f(x) + g(x)\}\,dx = \int_a^b f(x)\,dx + \int_a^b g(x)\,dx$$

$$\int_a^b \{f(x) - g(x)\}\,dx = \int_a^b f(x)\,dx - \int_a^b g(x)\,dx$$

（3） 定積分の公式その 2

$$\int_a^a f(x)\,dx = 0$$

$$\int_a^b f(x)\,dx = -\int_b^a f(x)\,dx$$

$$\int_a^b f(x)\,dx = \int_a^c f(x)\,dx + \int_c^b f(x)\,dx$$

$$（c は任意の定数）$$

【微分と積分の関係】

$$\frac{d}{dx}\int_a^x f(t)\,dt = f(x) \quad (a \text{ は定数})$$

（ただし $f(t)$ は x を含まないとき．例えば $f(t)=t+x$ は $f(t)$ に x を含むので上の関係式は適用できない）

【定積分と面積】

（1） x 軸と曲線の間の面積

区間 $a \leqq x \leqq b$ で常に $f(x) \geqq 0$ のとき，曲線 $y=f(x)$ と x 軸および 2 直線 $x=a$, $x=b$ で囲まれた図形の面積は

$$\int_a^b f(x)\,dx$$

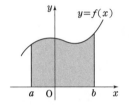

（2） 2 つの曲線の間の面積

区間 $a \leqq x \leqq b$ で常に $f(x) \geqq g(x)$ のとき，2 つの曲線 $y=f(x)$, $y=g(x)$ および 2 直線 $x=a$, $x=b$ で囲まれた図形の面積は

$$\int_a^b \{f(x)-g(x)\}\,dx$$

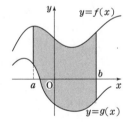

◆ 1 不定積分

次の不定積分を求めよ.

（1）$\displaystyle\int (x^2+2x+4)\,dx$

（2）$\displaystyle\int (x-1)(3x+1)\,dx$

不定積分とは 関数 $f(x)$ に対して,「微分すると $f(x)$ になる関数」を原始関数または不定積分といい, 記号 $\displaystyle\int f(x)\,dx$ で表す. $F(x)$, $G(x)$ がともに $f(x)$ の原始関数であるとき, $F(x)-G(x)$ は定数になることが知られていて（つまり, 原始関数は定数の差を除いて決まる）, 通常,

$$\int f(x)\,dx = F(x)+C \qquad (C \text{ は積分定数}) \qquad [F(x) \text{ は } f(x) \text{ の原始関数の一つ}]$$

と表す.「不定積分を求めよ」という問題では, 右辺の形で答える.

不定積分の公式 以下の公式は, 微分（導関数）の公式から得られる.

（ⅰ）$\displaystyle\int 1\,dx = x+C, \ \int x\,dx = \frac{1}{2}x^2+C, \ \int x^2\,dx = \frac{1}{3}x^3+C, \ \int x^3\,dx = \frac{1}{4}x^4+C$

　　（いずれも C は積分定数）

（ⅱ）$\displaystyle\int \{f(x)+g(x)\}\,dx = \int f(x)\,dx + \int g(x)\,dx,$

　　　$\displaystyle\int \{f(x)-g(x)\}\,dx = \int f(x)\,dx - \int g(x)\,dx$

（ⅲ）$\displaystyle\int kf(x)\,dx = k\int f(x)\,dx$ 　（k は定数）

　例題の（1）は上記の公式を組み合わせて計算する.

　（2）は, $\displaystyle\int (x-1)(3x+1)\,dx = \int (x-1)\,dx \cdot \int (3x+1)\,dx$ とはならないので, $(x-1)(3x+1)$ を展開して（1）の形にする.

▓ 解 答 ▓

（1）$\displaystyle\int (x^2+2x+4)\,dx = \int x^2\,dx + 2\int x\,dx + 4\int 1\,dx$

$$= \frac{1}{3}x^3 + 2\cdot\frac{1}{2}x^2 + 4\cdot x + C = \boldsymbol{\frac{1}{3}x^3 + x^2 + 4x + C}$$

▨ $\displaystyle\int 1\,dx$ は, 1 を省略して $\displaystyle\int dx$ と書くことが多い.

⇦ 積分定数は, まとめて一つにしてよい.

（2）$\displaystyle\int (x-1)(3x+1)\,dx = \int (3x^2-2x-1)\,dx$

$$= 3\int x^2\,dx - 2\int x\,dx - \int 1\,dx$$

$$= 3\cdot\frac{1}{3}x^3 - 2\cdot\frac{1}{2}x^2 - x + C = \boldsymbol{x^3 - x^2 - x + C}$$

（いずれも C は積分定数）

⇦ 慣れてきたら, この行は書かずに先に進もう.

━━━━ ▶ **1 演習題**（解答は p.132）━━━━━━━━

次の不定積分を求めよ.

（1）$\displaystyle\int (x^3+2x+2)\,dx$

（2）$\displaystyle\int \{2x^2+(x+2)(x-4)\}\,dx$

🕐 2分

◆2 定積分の計算

次の定積分を求めよ.

（1） $\displaystyle\int_0^3 \{x(x+2)-1\}\,dx$

（2） $\displaystyle\int_1^2 (x+3)^2\,dx-\int_1^2 (x^2+9)\,dx$

定積分とは　不定積分 $\int f(x)\,dx$ に区間 $(a\leqq x\leqq b)$ を加えて $\int_a^b f(x)\,dx$ と書き表したもののことで，これは，$f(x)$ の原始関数のひとつを $F(x)$ とするときの値 $F(b)-F(a)$ である．この値は，原始関数の選び方によらない．なぜならば，$G(x)$ を $f(x)$ の原始関数とすると，$G(x)=F(x)+C$（C は定数）と書くことができて，$G(b)-G(a)=\{F(b)+C\}-\{F(a)+C\}=F(b)-F(a)$ となるからである．実際の計算は，次の例（ⅰ）のように書く.

定積分の例と公式　◆1 の不定積分の公式から，次が得られる.

（ⅰ） $\displaystyle\int_0^2 dx=\Big[\,x\,\Big]_0^2=2, \quad \int_1^4 x^2\,dx=\Big[\frac{1}{3}x^3\Big]_1^4=\frac{1}{3}\cdot 4^3-\frac{1}{3}\cdot 1^3=21$

（ⅱ） $\displaystyle\int_a^b \{f(x)+g(x)\}\,dx=\int_a^b f(x)\,dx+\int_a^b g(x)\,dx$

$\displaystyle\int_a^b \{f(x)-g(x)\}\,dx=\int_a^b f(x)\,dx-\int_a^b g(x)\,dx$

（ⅲ） $\displaystyle\int_a^b kf(x)\,dx=k\int_a^b f(x)\,dx$ 　　　（k は定数）

（ⅰ）の例のように，原始関数は定数項を 0 にしておくとよい（無駄な計算をしなくてすむ）.

例題の（1）は，不定積分の計算と同様，（ⅱ）を用いて項ごとに計算するが，解答のように「原始関数をひとつの多項式」の形にして書くことが多い（解答の横のコメント参照）.

（2）は少し工夫ができる．積分区間（この問題では 1 から 2）が同じ 2 つの定積分の差なので，（ⅱ）を右辺 ⇨ 左辺 の向きに使うと，積分する関数をまとめることができる.

▤ 解 答 ▤

（1） $\displaystyle\int_0^3 \{x(x+2)-1\}\,dx=\int_0^3 (x^2+2x-1)\,dx$

$\displaystyle =\Big[\frac{1}{3}x^3+x^2-x\Big]_0^3=\frac{1}{3}\cdot 3^3+3^2-3=9+9-3=\mathbf{15}$

（2） $\displaystyle\int_1^2 (x+3)^2\,dx-\int_1^2 (x^2+9)\,dx$

$\displaystyle =\int_1^2 \{(x+3)^2-(x^2+9)\}\,dx=\int_1^2 \{x^2+6x+9-(x^2+9)\}\,dx$

$\displaystyle =\int_1^2 6x\,dx=\Big[3x^2\Big]_1^2=3\cdot 2^2-3\cdot 1^2=\mathbf{9}$

▨ 積分の計算では，求めた原始関数を微分して元に戻ることを確かめよう（ミスに気づきやすくなる）.

$\Big(\dfrac{1}{3}x^3+x^2-x\Big)'=x^2+2x-1$

▶◀2 演習題 （解答は p.132）

次の定積分を求めよ.

（1） $\displaystyle\int_0^2 \{(x+1)(x-2)+4\}\,dx$

（2） $\displaystyle\int_{-1}^3 (x-1)(x^2+x-2)\,dx-\int_{-1}^3 (x^3+6x)\,dx$

🕐 3分

◆3 定積分の計算／積分区間の統合

次の定積分を求めよ．

（1） $\displaystyle\int_0^1 (6x^2-1)\,dx + \int_1^2 (6x^2-1)\,dx$

（2） $\displaystyle\int_{-1}^2 (2x^2+x+1)\,dx - \int_{-1}^0 (2x^2+x+1)\,dx$

積分区間についての公式　例題の（1）（2）は，素直に計算すれば求められるが，

（ⅰ） $\displaystyle\int_a^b f(x)\,dx = \int_a^c f(x)\,dx + \int_c^b f(x)\,dx$

を用いると少し簡単になる．

まず，上式が成り立つことを確かめよう．$f(x)$ の原始関数の一つを $F(x)$ とすると，左辺は $F(b)-F(a)$，右辺は $F(c)-F(a)+F(b)-F(c)=F(b)-F(a)$（＝左辺）となる．$a,\,b,\,c$ はどんな値でも成り立つ（2つ以上が同じ値でもよく，また，大小順も自由）ことに注意しよう．

積分する関数が同じなら，連続した積分区間 $a\to c$ と $c\to b$ をまとめて $a\to b$ とできる，ということを意味している．

（ⅰ）の特殊な場合として，次の2式が成り立つ．

（ⅱ） $\displaystyle\int_a^a f(x)\,dx = 0$　　　　［（ⅰ）の c を a にする］

（ⅲ） $\displaystyle\int_a^b f(x)\,dx = -\int_b^a f(x)\,dx$　　　　［（ⅰ）の b を a，c を b にして（ⅱ）を用いる］

例題の（2）は，（ⅲ）を使ってマイナスをプラスにするとどうなるか，を考えてみよう．

▓解 答▓

（1） $\displaystyle\int_0^1 (6x^2-1)\,dx + \int_1^2 (6x^2-1)\,dx = \int_0^2 (6x^2-1)\,dx$　　⇦0→1 と 1→2 をまとめて 0→2

$= \Big[2x^3 - x\Big]_0^2 = 2\cdot 2^3 - 2 = \mathbf{14}$

（2） $\displaystyle\int_{-1}^2 (2x^2+x+1)\,dx - \int_{-1}^0 (2x^2+x+1)\,dx$

$= \displaystyle\int_{-1}^2 (2x^2+x+1)\,dx + \int_0^{-1} (2x^2+x+1)\,dx$　　⇦（ⅲ）を使って，2つめの積分の前のマイナスをプラスにした．

$= \displaystyle\int_0^2 (2x^2+x+1)\,dx = \Big[\frac{2}{3}x^3 + \frac{1}{2}x^2 + x\Big]_0^2$　　⇦−1→2 と 0→−1 をまとめて（0→−1→2 で）0→2

$= \dfrac{2}{3}\cdot 2^3 + \dfrac{1}{2}\cdot 2^2 + 2 = \dfrac{16}{3} + 2 + 2 = \mathbf{\dfrac{28}{3}}$

▷3 演習題 （解答は p.132）

次の定積分を求めよ．

（1） $\displaystyle\int_0^4 (x^2+x+2)\,dx + \int_4^1 (x^2+x+2)\,dx$

（2） $\displaystyle\int_{-2}^3 (3x^2+5)\,dx - \int_{-2}^1 (3x^2+5)\,dx$

（3） $\displaystyle\int_{-1}^3 (2x^2-x+3)\,dx + \int_3^0 (2x+1)(x-1)\,dx$

公式（ⅰ）を使ってみよう．
（2）は（ⅲ）も使う．
（3）は，積分の中身を同じにすれば使えるが，…

🕐 5分

◆4 定積分の計算／偶関数・奇関数

次の定積分を求めよ.

（1） $\displaystyle\int_{-2}^{2}(2x^3+3x^2+4x+5)\,dx$

（2） $\displaystyle\int_{-4}^{4}(x^2+x+1)\,dx-\int_{0}^{4}(2x+1)(x+2)\,dx$

（ $-a$ から a までの定積分 ） $-a$ から a までの定積分を計算するときは，次の式を利用するとよい.

$$\int_{-a}^{a}dx=2\int_{0}^{a}dx,\quad \int_{-a}^{a}x\,dx=0,\quad \int_{-a}^{a}x^2\,dx=2\int_{0}^{a}x^2\,dx,\quad \int_{-a}^{a}x^3\,dx=0$$

奇数次の項の定積分は 0，偶数次の項の定積分は 0 から a までの定積分の 2 倍であり（このように覚えよう），これは次数が高くなっても成り立つ．一般の場合で計算して確かめると，

（ⅰ） $\displaystyle\int_{-a}^{a}x^{2n-1}\,dx=\left[\dfrac{x^{2n}}{2n}\right]_{-a}^{a}=\dfrac{a^{2n}}{2n}-\dfrac{(-a)^{2n}}{2n}=0 \quad (n=1,\ 2,\ 3,\ \cdots)$

（ⅱ） $\displaystyle\int_{-a}^{a}x^{2n}\,dx=\left[\dfrac{x^{2n+1}}{2n+1}\right]_{-a}^{a}=\dfrac{a^{2n+1}}{2n+1}-\dfrac{(-a)^{2n+1}}{2n+1}=2\cdot\dfrac{a^{2n+1}}{2n+1}$,

$\displaystyle\int_{0}^{a}x^{2n}\,dx=\left[\dfrac{x^{2n+1}}{2n+1}\right]_{0}^{a}=\dfrac{a^{2n+1}}{2n+1}$ より $\displaystyle\int_{-a}^{a}x^{2n}\,dx=2\int_{0}^{a}x^{2n}\,dx$

となる．なお，$a\leqq0$ の場合にも成り立つ.

例題(2)は，まず1つめの積分に上の公式を適用して積分区間を 0→4 にする.

▤ 解 答 ▤

（1） $\displaystyle\int_{-2}^{2}(2x^3+3x^2+4x+5)\,dx=2\int_{0}^{2}(3x^2+5)\,dx$ ⇦偶数次の項の 0→2 の定積分の 2 倍，という式を書く.

$\displaystyle =2\left[x^3+5x\right]_{0}^{2}=2(2^3+5\cdot2)=\mathbf{36}$

（2） $\displaystyle\int_{-4}^{4}(x^2+x+1)\,dx-\int_{0}^{4}(2x+1)(x+2)\,dx$

$\displaystyle =2\int_{0}^{4}(x^2+1)\,dx-\int_{0}^{4}(2x^2+5x+2)\,dx$ ⇦第 1 項に公式を利用.

$\displaystyle =\int_{0}^{4}\{2(x^2+1)-(2x^2+5x+2)\}\,dx=\int_{0}^{4}(-5x)\,dx$ ⇦◆2 の(ⅱ)を利用.

$\displaystyle =\left[-\dfrac{5}{2}x^2\right]_{0}^{4}=-\dfrac{5}{2}\cdot4^2=\mathbf{-40}$

▶◀4 演習題（解答は p.133）

次の定積分を求めよ.

（1） $\displaystyle\int_{-3}^{3}(x-1)(x-2)(x-3)\,dx$

（2） $\displaystyle\int_{2}^{-2}(x^2+3x+2)\,dx+\int_{0}^{2}(x+4)(2x+1)\,dx$

（2） 1つめの積分区間を $-2\to2$ にしたあとで 0→2 にする.

🕐 4分

◆5 定積分を含む関数

等式 $f(x) = -6x + 2\int_{-1}^{2} f(t)\,dt$ を満たす関数 $f(x)$ は，$f(x) = \boxed{}$ である.

（立教大・経済，法）

（変数は何を使っても同じ） $g(x) = x - 2$ とすると，$\int_{0}^{2} g(x)\,dx = \left[\frac{1}{2}x^2 - 2x\right]_{0}^{2} = 2 - 4 = -2$ となる.

それでは $\int_{0}^{2} g(t)\,dt$ はどうなるだろうか. これは，変数を x から t に変えただけで，上と同じものを表

す. つまり，$\int_{0}^{2} g(t)\,dt = \int_{0}^{2}(t-2)\,dt = \left[\frac{1}{2}t^2 - 2t\right]_{0}^{2} = -2$ である.

（具体例を作ると） 例題の等式は入れ子になっていて（$f(x)$ が左辺にも積分の中にもあって）着眼

点が難しい，と思う人もいるだろう. そこで，具体例を考えてみよう. 上の $g(x) = x - 2$ について，定

数項の -2 を，$\int_{0}^{2} g(t)\,dt$ でおきかえると，$g(x) = x - \int_{0}^{2} g(t)\,dt$ となる. 例題の $f(x)$ もこのような

意味で成り立つ.

（定積分は定数） 例題では，「$f(x)$ が求められたとしたら…」と考えてみよう. そうすると，定積分

は定数だから，$\int_{-1}^{2} f(t)\,dt = c$（$c$ は定数）とおける. このとき，$f(x) = -6x + 2c$ であるから，定積分

$\int_{-1}^{2} f(t)\,dt$ は計算できて，c の式になる. これが $= c$ となることから，c の方程式が得られる.

▓解 答▓

$\int_{-1}^{2} f(t)\,dt = c$ ……① （c は定数）とおくことができ，このとき

$f(x) = -6x + 2c$ ……② である. ②を①の左辺に代入すると，

$$\int_{-1}^{2}(-6t + 2c)\,dt = \left[-3t^2 + 2ct\right]_{-1}^{2}$$
$$= -3 \cdot 2^2 + 2c \cdot 2 - \{-3 \cdot (-1)^2 + 2c \cdot (-1)\}$$
$$= -12 + 4c + 3 + 2c$$
$$= 6c - 9$$

よって，①から

$$6c - 9 = c \qquad \therefore \quad c = \frac{9}{5}$$

求める $f(x)$ は，$f(x) = -6x + \dfrac{18}{5}$

▷5 演習題（解答は p.133）

関数 $f(x)$ が $f(x) = 2x^2 + 3x + \int_{0}^{\frac{1}{2}} f(t)\,dt$ を満たすとき，$f(x) = \boxed{}$ である.

（慶大・看）

🕐 4分

◆6 微分と積分の関係

（ア）　$F(x)=\displaystyle\int_0^x (t^2+2t)\,dt$ とおく．$F'(x)$ を求めよ．

（イ）　$\displaystyle\int_1^x g(t)\,dt=x^3-2x+a$ を満たす関数 $g(x)$ と定数 a の値を求めよ．

微分と積分の関係　　一般に，$f(x)$ の原始関数の一つを $F(x)$ とすると，定義から $F'(x)=f(x)$ である．つまり，$f(x)\overset{\text{積分}}{\underset{\text{微分}}{\rightleftharpoons}}F(x)$ となっていて，積分して微分すると元に戻る．これの定積分バージョンを考えよう．関数 $f(x)$ と定数 c を固定し，$F(x)=\displaystyle\int_c^x f(t)\,dt$ とおく．右辺は x の値を決めると値が決まるからそれを $F(x)$ とおく，ということである．このとき，$f(t)$ の原始関数の一つを $F_1(t)$ とすると，$F(x)=F_1(x)-F_1(c)$ となる．ここで，各辺を微分すると，右辺については
$(F_1(x)-F_1(c))'=F_1'(x)-0=f(x)$　　［$F_1(c)$ は定数］となるから，$F'(x)=f(x)$ が得られる．

　　（公式）　　$F(x)=\displaystyle\int_c^x f(t)\,dt$　　（c は定数）とおくと，$F'(x)=f(x)$

　　$F(x)$ とおかないなら，$\dfrac{d}{dx}\displaystyle\int_c^x f(t)\,dt=f(x)$

　　（ア）は，上の公式にそのままあてはめる．

定積分を 0 にしよう　（イ）は，まず各辺を（x で）微分する．そうすると $g(x)$ が求められるから，それを代入すれば a の値も計算できるが，a はもっと簡単に求められる．$x=1$ を問題の等式の各辺に代入する（すべての x に対して成り立つのだから具体的な数値を代入しても成り立つ）のがポイントで，このとき左辺は 0 になる．

▤解　答▤

（ア）　微分と積分の関係より，$F'(x)=x^2+2x$

（イ）　$\displaystyle\int_1^x g(t)\,dt=x^3-2x+a$　………………………………①

　①の各辺を微分すると，$g(x)=3x^2-2$

　①で $x=1$ とすると，$0=1^3-2\cdot1+a$ となるので，$a=1$

▤前文の公式に名前をつけていない教科書もあるので，答えだけ書いてもよいだろう．

⇦左辺に代入して，$a=1$ になることを確かめてみよう．

▤ 例題(イ)のタイプで，積分区間に未知数が含まれるものがある（演習題(ウ)）．このような場合でも，定積分が 0 になるような x を代入する．

▷◁6　演習題（解答は p.133）

（ア）　$F(x)=\displaystyle\int_4^x (t^3-2t^2+4)\,dt$ とおく．$F'(x)$ を求めよ．

（イ）　$\displaystyle\int_2^x f(t)\,dt=x^3+x^2-5x+a$ を満たす関数 $f(x)$ と定数 a の値を求めよ．

（ウ）　$\displaystyle\int_b^x g(t)\,dt=x^2-4x+4$ を満たす関数 $g(x)$ と定数 b の値を求めよ．

（ウ）　$x=b$ とする．

🕐 6分

◆7 面積／x軸と曲線の間の面積

（ア）　$y=x^2-2x+3$ のグラフを C とする．C と x 軸，y 軸，$x=3$ で囲まれる部分の面積を求めよ．

（イ）　$y=-x^2+5x-4$ のグラフと x 軸で囲まれる部分の面積を求めよ．

> **面積は定積分**　$f(x)$ は $f(x) \geqq 0$ を満たすとする．$y=f(x)$ のグラフと x 軸，$x=a$，$x=b$（a, b は $a<b$ を満たす定数）で囲まれる部分（右図の網目部）の面積は，
> $$\int_a^b f(x)\,dx$$
> である．（ア）はこの公式にあてはめて計算する．
>
> 　（イ）は，上の形そのものではないが，$y=-x^2+5x-4$ と x 軸の交点の x 座標を $x=a$, b として公式を使うことができる．まず，$-x^2+5x-4=0$ を解いて a, b の値を求めよう．

▓ 解　答 ▓

（ア）　$y=x^2-2x+3=(x-1)^2+2>0$ より，求める面積は，

$$\int_0^3 (x^2-2x+3)\,dx=\left[\frac{1}{3}x^3-x^2+3x\right]_0^3$$

$$=\frac{1}{3}\cdot3^3-3^2+3\cdot3=\mathbf{9}$$

⇦ C が x 軸の上側にある．

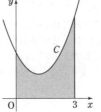

（イ）　$-x^2+5x-4=0$ のとき，

$$x^2-5x+4=0 \quad \therefore \quad (x-1)(x-4)=0$$

であるから，$y=-x^2+5x-4$ と x 軸の交点の x 座標は $x=1$, 4 となり，グラフは右のようになる．

　よって，求める面積は，

$$\int_1^4 (-x^2+5x-4)\,dx=\left[-\frac{1}{3}x^3+\frac{5}{2}x^2-4x\right]_1^4$$

$$=\left(-\frac{1}{3}\cdot4^3+\frac{5}{2}\cdot4^2-4\cdot4\right)-\left(-\frac{1}{3}+\frac{5}{2}-4\right)$$

$$=-\frac{64}{3}+40-16+\frac{1}{3}-\frac{5}{2}+4=\mathbf{\frac{9}{2}}$$

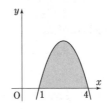

⇦ $-\dfrac{1}{3}(4^3-1^3)+\dfrac{5}{2}(4^2-1^2)$
　　　　　　　　　$-4(4-1)$
と計算してもよい（演習題2の解答のあとのコメント参照）．

▨（イ）のタイプの面積を求めるのに便利な公式がある．☞ p.161

▶7　演習題（解答は p.133）

（ア）　$y=x^2+x+4$ のグラフを C とする．C と x 軸，y 軸，$x=2$ で囲まれる部分の面積を求めよ．

（イ）　$y=x^2-6x+9$ のグラフを C とする．C と x 軸，y 軸で囲まれる部分の面積を求めよ．

（ウ）　$y=-x^2+7x-10$ のグラフと x 軸で囲まれる部分の面積を求めよ．

（イ）　C と x 軸は接する．

🕐 7分

◆8 面積／2つの曲線の間の面積

（ア）$y=x^2$ のグラフを C，$y=2x^2-x+3$ のグラフを D とする．C，D，y軸，直線 $x=2$ で囲まれる部分の面積を求めよ．

（イ）$y=x^2$ のグラフを C，$y=2x+3$ のグラフを l とする．C と l で囲まれる部分の面積を求めよ．

曲線の間の面積は（上－下）を積分　2曲線の間にある部分の面積は，

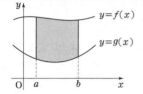 = 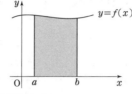 −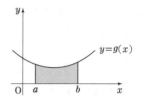

と考えればよく，上の左辺の図の網目部の面積は

$$\int_a^b f(x)\,dx - \int_a^b g(x)\,dx = \int_a^b \{f(x)-g(x)\}\,dx$$

となる．ここでは，$y=f(x)$，$y=g(x)$ とも x 軸の上側にある図を描いたが，一方が他方の上側にあれば，$f(x)$，$g(x)$ が負の値をとる場合であっても（上－下）の積分で面積が求められる．

▤解 答▤

（ア）　［まず，C と D の上下を調べる］

$$2x^2-x+3-x^2=x^2-x+3 \quad\cdots\cdots①$$
$$=\left(x-\frac{1}{2}\right)^2+\frac{11}{4}>0$$

より，D が C の上側にある．求める面積は，

$$\int_0^2\{(2x^2-x+3)-x^2\}\,dx=\int_0^2(x^2-x+3)\,dx$$
$$=\left[\frac{1}{3}x^3-\frac{1}{2}x^2+3x\right]_0^2=\frac{1}{3}\cdot2^3-\frac{1}{2}\cdot2^2+3\cdot2=\frac{\mathbf{20}}{\mathbf{3}}$$

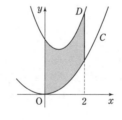

⇦2次の係数が大きい方から小さい方を引いた．

⇦積分の中身は①

⇦$\frac{8}{3}-2+6$

（イ）　C と l の交点の x 座標は $x^2=2x+3$ の解なので，

$$x^2-2x-3=0 \quad\therefore\quad (x+1)(x-3)=0$$

より，$x=-1$，3 となる．右図より，求める面積は，

$$\int_{-1}^3(2x+3-x^2)\,dx=\left[x^2+3x-\frac{1}{3}x^3\right]_{-1}^3$$
$$=(9+9-9)-\left(1-3+\frac{1}{3}\right)=\frac{\mathbf{32}}{\mathbf{3}}$$

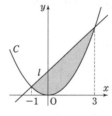

⇦$-1\leqq x\leqq 3$ では直線 l の方が放物線 C より上側にある．

▶8 演習題（解答は p.134）

（ア）$y=x^2-1$ のグラフを C，$y=3x^2-4x+5$ のグラフを D とする．C，D，直線 $x=1$，直線 $x=2$ で囲まれた部分の面積を求めよ．

（イ）$y=x^2-x-6$ のグラフを C とする．C と x 軸で囲まれた部分の面積を求めよ．

（ウ）$y=x^2-2$ のグラフを C，$y=2x+6$ のグラフを l とする．C と l で囲まれる部分の面積を求めよ．

（イ）x 軸を表す式は $y=0$

🕐9分

積分法とその応用
演習題の解答

① （2）まず，積分の中身を計算して整理する．

解 （1）$\displaystyle\int(x^3+2x+2)\,dx$

$\displaystyle=\int x^3\,dx+\int 2x\,dx+2\int dx$

$\displaystyle=\frac{1}{4}x^4+x^2+2x+C$ （C は積分定数）

（2）$\displaystyle\int\{2x^2+(x+2)(x-4)\}\,dx$

$\displaystyle=\int(2x^2+x^2-2x-8)\,dx$

$\displaystyle=\int(3x^2-2x-8)\,dx$

$=x^3-x^2-8x+C$ （C は積分定数）

■ 例題の解答のように，係数を積分記号の外に出す書き方をしてもよいが，ここでは

$$(x^2)'=2x \text{ より } \int 2x\,dx=x^2+C$$

$$(x^3)'=3x^2 \text{ より } \int 3x^2\,dx=x^3+C$$

のようにした．

② （2）2つの定積分は積分区間が同じので，ひとつにまとめることができる．

解 （1）$\displaystyle\int_0^2\{(x+1)(x-2)+4\}\,dx$

$\displaystyle=\int_0^2(x^2-x+2)\,dx=\left[\frac{1}{3}x^3-\frac{1}{2}x^2+2x\right]_0^2$

$\displaystyle=\frac{8}{3}-2+4=\frac{14}{3}$

（2）$\displaystyle\int_{-1}^3(x-1)(x^2+x-2)\,dx-\int_{-1}^3(x^3+6x)\,dx$

$\displaystyle=\int_{-1}^3(x^3-3x+2)\,dx-\int_{-1}^3(x^3+6x)\,dx$

$\displaystyle=\int_{-1}^3\{(x^3-3x+2)-(x^3+6x)\}\,dx$

$\displaystyle=\int_{-1}^3(-9x+2)\,dx=\left[-\frac{9}{2}x^2+2x\right]_{-1}^3$ ………※

$\displaystyle=-\frac{81}{2}+6-\left(-\frac{9}{2}-2\right)=-28$

■ ※の計算について．上の解答では，原始関数に（積分区間の端点の）値を代入した式を書いたが，次のように項ごとに書いた方が計算しやすいことがある．

$$\int_{-1}^3(-9x+2)\,dx=-9\int_{-1}^3 x\,dx+2\int_{-1}^3 dx$$

$$=-\frac{9}{2}\left[x^2\right]_{-1}^3+2\left[x\right]_{-1}^3$$

$$=-\frac{9}{2}(9-1)+2\{3-(-1)\}\cdots\cdots\cdots\cdots\cdots*$$

$$=-36+8=-28$$

係数が分数の場合，このようにすると分母が同じ項がまとまって出てくる，というメリットがある．なお，答案は※の次に ＊ を書いてよい．

③ 普通に計算すればできるが，積分区間を統合する公式を使う練習をしてみよう．（1）は公式をそのまま使う．（2）は，2つめの積分の前のマイナスをプラスにする．（3）は，2つの積分の中身を同じにするとよい．

$(2x+1)(x-1)=2x^2-x-1=(2x^2-x+3)-4$ となるので，カッコ内の積分を1つめの積分と統合することができる．

解 （1）$\displaystyle\int_0^4(x^2+x+2)\,dx+\int_4^1(x^2+x+2)\,dx$

$\displaystyle=\int_0^1(x^2+x+2)\,dx=\left[\frac{1}{3}x^3+\frac{1}{2}x^2+2x\right]_0^1$

$\displaystyle=\frac{1}{3}+\frac{1}{2}+2=\frac{17}{6}$

（2）$\displaystyle\int_{-2}^3(3x^2+5)\,dx-\int_{-2}^1(3x^2+5)\,dx$

$\displaystyle=\int_{-2}^3(3x^2+5)\,dx+\int_1^{-2}(3x^2+5)\,dx$

$\displaystyle=\int_1^3(3x^2+5)\,dx=\left[x^3+5x\right]_1^3$

$=27+15-(1+5)=36$

（3）2つめの積分の被積分関数について，

$(2x+1)(x-1)=2x^2-x-1=(2x^2-x+3)-4$ となるので，

$$\int_{-1}^3(2x^2-x+3)\,dx+\int_3^0(2x+1)(x-1)\,dx$$

$$=\int_{-1}^3(2x^2-x+3)\,dx+\int_3^0(2x^2-x+3)\,dx$$

$$+\int_3^0(-4)\,dx$$

$$=\int_{-1}^0(2x^2-x+3)\,dx+4\int_0^3 dx$$

$$= \left[\frac{2}{3}x^3 - \frac{1}{2}x^2 + 3x \right]_{-1}^0 + 4\left[x \right]_0^3$$

$$= -\left(-\frac{2}{3} - \frac{1}{2} - 3 \right) + 4 \cdot 3$$

$$= \frac{97}{6}$$

■ 積分する関数（積分の中身）を被積分関数という.

4 （1）被積分関数を展開して，偶数次と奇数次に分けよう.

（2）◆2 の公式も使う．まず，1 つめの積分区間を $-2 \to 2$ にしてみる.

解 （1）$\displaystyle\int_{-3}^3 (x-1)(x-2)(x-3)\,dx$

$$= \int_{-3}^3 (x^3 - 6x^2 + 11x - 6)\,dx$$

$$= 2\int_0^3 (-6x^2 - 6)\,dx = 2\left[-2x^3 - 6x \right]_0^3$$

$$= 2(-2 \cdot 27 - 6 \cdot 3) = \mathbf{-144}$$

（2）$\displaystyle\int_2^{-2}(x^2+3x+2)\,dx + \int_0^2 (x+4)(2x+1)\,dx$

$$= -\int_{-2}^2 (x^2+3x+2)\,dx + \int_0^2 (2x^2+9x+4)\,dx$$

$$= -2\int_0^2 (x^2+2)\,dx + \int_0^2 (2x^2+9x+4)\,dx$$

$$= \int_0^2 \{ -2(x^2+2) + (2x^2+9x+4) \}\,dx$$

$$= \int_0^2 9x\,dx = \left[\frac{9}{2}x^2 \right]_0^2$$

$$= 18$$

■（1）の被積分関数について．展開の計算は，解答では省略したが，普通に前から展開すると

$$(x-1)(x-2)(x-3) = (x^2-3x+2)(x-3)$$
$$= x^3 - (3+3)x^2 + (9+2)x - 6$$

となる．あるいは，解と係数の関係を用いて，次数ごとに係数を求めてもよい.

$$x^2 \cdots -(1+2+3) \qquad x \cdots 1 \cdot 2 + 2 \cdot 3 + 3 \cdot 1$$
$$\text{定数項} \cdots -1 \cdot 2 \cdot 3$$

5 解き方は例題と同じ．定積分は定数であるから，$\displaystyle\int_0^{\frac{1}{2}} f(t)\,dt = c$ とおける．この式の左辺を c で表し，c の方程式を作る.

解 $f(x) = 2x^2 + 3x + \displaystyle\int_0^{\frac{1}{2}} f(t)\,dt$ ……………①

定積分は定数だから，

$$\int_0^{\frac{1}{2}} f(t)\,dt = c \quad (c \text{ は定数}) \cdots\cdots\cdots②$$

とおける．このとき，①より $f(x) = 2x^2 + 3x + c$ であるから，②の左辺に代入して，

$$\int_0^{\frac{1}{2}} f(t)\,dt = \int_0^{\frac{1}{2}} (2t^2 + 3t + c)\,dt$$

$$= \left[\frac{2}{3}t^3 + \frac{3}{2}t^2 + ct \right]_0^{\frac{1}{2}}$$

$$= \frac{1}{12} + \frac{3}{8} + \frac{c}{2} = \frac{11}{24} + \frac{c}{2}$$

よって，②より

$$\frac{11}{24} + \frac{c}{2} = c \qquad\qquad \therefore \quad c = \frac{11}{12}$$

従って，$f(x) = \mathbf{2x^2 + 3x + \dfrac{11}{12}}$

6 （イ）各辺を微分すると $f(x)$ が求められる．また，$x=2$ を代入すると，左辺は 0 になるから a の値が求められる.

（ウ）各辺を微分すると $g(x)$ が得られるのは同じ．また，$x=b$ を代入すると左辺は 0 なので b の方程式を作ることができる.

解 （ア）$F(x) = \displaystyle\int_4^x (t^3 - 2t^2 + 4)\,dt$ のとき，微分と積分の関係より，$F'(x) = x^3 - 2x^2 + 4$

（イ）$\displaystyle\int_2^x f(t)\,dt = x^3 + x^2 - 5x + a$ ……………①

①の各辺を x で微分すると，
$$f(x) = \mathbf{3x^2 + 2x - 5}$$

①の各辺に $x=2$ を代入すると，
$$0 = 2^3 + 2^2 - 5 \cdot 2 + a$$
$$\therefore \quad a = -8 - 4 + 10 = \mathbf{-2}$$

（ウ）$\displaystyle\int_b^x g(t)\,dt = x^2 - 4x + 4$ ……………②

②の各辺を x で微分すると，
$$g(x) = \mathbf{2x - 4}$$

②の各辺に $x=b$ を代入すると，
$$0 = b^2 - 4b + 4$$
$$\therefore \quad (b-2)^2 = 0 \qquad\qquad \therefore \quad \mathbf{b = 2}$$

7 （イ）C と x 軸が接するので囲まれる領域が決まる．積分計算は，普通にやる他に，2 乗の形を生かす方法がある（コメント参照）.

解 （ア） $y=x^2+x+4=\left(x+\dfrac{1}{2}\right)^2+\dfrac{15}{4}>0$

より，求める面積は，

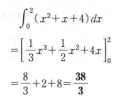

$$\int_0^2 (x^2+x+4)\,dx$$

$$=\left[\dfrac{1}{3}x^3+\dfrac{1}{2}x^2+4x\right]_0^2$$

$$=\dfrac{8}{3}+2+8=\dfrac{\mathbf{38}}{\mathbf{3}}$$

（イ） $y=x^2-6x+9=(x-3)^2$ より，C と x 軸は $x=3$ で接する．よって，題意の領域は図の網目部となり，その面積は，

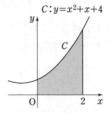

$$\int_0^3 (x^2-6x+9)\,dx$$

$$=\left[\dfrac{1}{3}x^3-3x^2+9x\right]_0^3$$

$$=9-27+27=\mathbf{9}$$

（ウ） $-x^2+7x-10=0$ のとき，$x^2-7x+10=0$ だから

$$(x-2)(x-5)=0 \qquad \therefore \quad x=2,\ 5$$

よって，題意の領域は図の網目部となる．面積は，

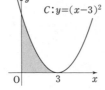

$$\int_2^5 (-x^2+7x-10)\,dx$$

$$=\left[-\dfrac{1}{3}x^3+\dfrac{7}{2}x^2-10x\right]_2^5$$

$$=-\dfrac{1}{3}(5^3-2^3)+\dfrac{7}{2}(5^2-2^2)$$

$$\qquad\qquad -10(5-2)$$

$$=-39+\dfrac{147}{2}-30=\dfrac{\mathbf{9}}{\mathbf{2}}$$

例題（イ）と演習題（ウ）の答えの数値が一致するのは偶然ではない．$y=-x^2+5x-4$ を x 軸方向に 1 平行移動すると $y=-x^2+7x-10$ になるからである．

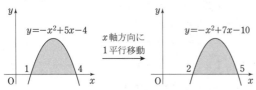

平行移動しても面積は変わらない，という性質は（イ）で利用することもできる．接点を $x=0$ にすると

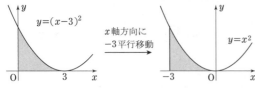

移動後の曲線を表す式は $y=x^2$ となるから，面積は

$$\int_{-3}^0 x^2\,dx=\left[\dfrac{1}{3}x^3\right]_{-3}^0=-\dfrac{1}{3}(-3)^3=9$$

と求められる．

なお，導関数の公式 $\{(x-\alpha)^3\}'=3(x-\alpha)^2$ を用いて

$$\int_0^3 (x-3)^2\,dx=\left[\dfrac{1}{3}(x-3)^3\right]_0^3=-\dfrac{1}{3}(-3)^3=9$$

と計算することもできる（☞ p.160）．

8 （イ） x 軸を表す式は $y=0$（これが上）なので，被積分関数は $0-（C$ の式$)=-(x^2-x-6)$ となる．

解 （ア） $C:y=x^2-1$ と $D:y=3x^2-4x+5$ の上下を調べると，

$$(3x^2-4x+5)-(x^2-1)=2x^2-4x+6 \cdots\cdots①$$

$$\qquad\qquad\qquad =2(x-1)^2+4>0$$

より常に D が上側にある．

よって，求める面積は，①を用いて

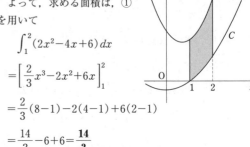

$$\int_1^2 (2x^2-4x+6)\,dx$$

$$=\left[\dfrac{2}{3}x^3-2x^2+6x\right]_1^2$$

$$=\dfrac{2}{3}(8-1)-2(4-1)+6(2-1)$$

$$=\dfrac{14}{3}-6+6=\dfrac{\mathbf{14}}{\mathbf{3}}$$

（イ） $x^2-x-6=0$ のとき，$(x-3)(x+2)=0$ より $x=-2,\ 3$ なので，求める面積は，

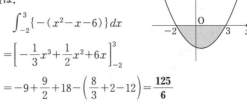

$$\int_{-2}^3 \{-(x^2-x-6)\}\,dx$$

$$=\left[-\dfrac{1}{3}x^3+\dfrac{1}{2}x^2+6x\right]_{-2}^3$$

$$=-9+\dfrac{9}{2}+18-\left(\dfrac{8}{3}+2-12\right)=\dfrac{\mathbf{125}}{\mathbf{6}}$$

（ウ） $C:y=x^2-2$ と $l:y=2x+6$ の交点の x 座標は，$x^2-2=2x+6$，つまり $x^2-2x-8=0$ の解なので，

$$(x+2)(x-4)=0 \qquad \therefore \quad x=-2,\ 4$$

右図より，求める面積は，

$$\int_{-2}^4 \{(2x+6)-(x^2-2)\}\,dx$$

$$=\int_{-2}^4 (-x^2+2x+8)\,dx$$

$$=\left[-\dfrac{1}{3}x^3+x^2+8x\right]_{-2}^4$$

$$=-\dfrac{1}{3}(64+8)+(16-4)+8(4+2)$$

$$=-24+12+48=\mathbf{36}$$

第2部

◆1 不等式の証明

（ア）　$x>y>1$ であるとき，$xy>x+y-1$ が成り立つことを示しなさい.

（大阪学院大／演習題（ア）に続く）

（イ）　x, y, z は実数とする.

（1）　$\dfrac{1}{2}(x^4+y^4) \geqq x^2y^2$ が成り立つことを示せ.

（2）　$x^4+y^4+z^4 \geqq x^2y^2+y^2z^2+z^2x^2$ が成り立つことを示せ.

◯因数分解して不等式を示そう◯　（ア）は，左辺や右辺を変形しようとしてもうまくいかない. 不等式の証明では，文字を左辺，右辺の一方に集めて因数分解することを考えよう. （ア）のように文字に条件（$x>y>1$）があるときは，条件から各因数の符号が決まることが多い. （イ）のように条件がない（全実数をとりうる）ときは，平方の形（つまり，$X^2 \geqq 0$ を利用する）になる，と思っていてよいだろう.

◯文字は何を入れてもよい◯　（イ）の（2）では，（1）には出てこない z があるが，それでも（1）を使って（2）を示すことができる. （1）の x, y は何でも成り立つことに注目しよう. 文字を替えて，例えば x を y，y を z にした $\dfrac{1}{2}(y^4+z^4) \geqq y^2z^2$ も成り立つ. また，$A \geqq B$ かつ $C \geqq D$ ならば $A+C \geqq B+D$（不等号の向きが同じ不等式は辺々加えても成り立つ）も頭に入れておこう.

▨解答▨

（ア）　$xy-x-y+1=(x-1)(y-1)$ ……①　であり，$x>1$, $y>1$ より
$x-1>0$, $y-1>0$ である. よって，①>0 となり，示すべき不等式
$xy>x+y-1$ が成り立つ.

（イ）（1）　$\dfrac{1}{2}(x^4+y^4)-x^2y^2=\dfrac{1}{2}(x^4+y^4-2x^2y^2)=\dfrac{1}{2}(x^2-y^2)^2 \geqq 0$

であるから，$\dfrac{1}{2}(x^4+y^4) \geqq x^2y^2$ ……②　が成り立つ.

⇦ 等号は $x^2=y^2$ のときに成り立つが，等号成立条件は要求されていないので答えなくてよい.

（2）　②の文字をかえると，$[x$ を y，y を z；x を z，y を $x]$

$$\dfrac{1}{2}(y^4+z^4) \geqq y^2z^2 \text{……③}, \qquad \dfrac{1}{2}(z^4+x^4) \geqq z^2x^2 \text{……④}$$

②，③，④を辺々加えると，

$$\dfrac{1}{2}(x^4+y^4)+\dfrac{1}{2}(y^4+z^4)+\dfrac{1}{2}(z^4+x^4) \geqq x^2y^2+y^2z^2+z^2x^2$$

よって，$x^4+y^4+z^4 \geqq x^2y^2+y^2z^2+z^2x^2$ が成り立つ.

⇦ この等号は，②③④の等号がすべて成り立つとき（また，そのときに限り）成り立つ. その条件は，$x^2=y^2$ かつ $y^2=z^2$ かつ $z^2=x^2$ だから，まとめて $x^2=y^2=z^2$ となる.

▨1　演習題 （解答は p.165）

（ア）　$x>y>1$ であるとき，$x^2(y-1)-y^2(x-1)+x-y>0$ が成り立つことを示しなさい. （大阪学院大／例題（ア）の続き）

（イ）　x, y, z は実数とする.

（1）　$\dfrac{1}{2}(x^2y^2+y^2z^2) \geqq xy^2z$ が成り立つことを示せ.

（2）　上の（1）と例題（イ）を用いて，$x^4+y^4+z^4 \geqq xyz(x+y+z)$ が成り立つことを示せ.

（ア）　左辺を因数分解

（イ）（2）　等号成立条件も求めてみよう.

🕐 12分

◆2 相加平均と相乗平均

（ア）　$x>0$ のとき，次の式の最小値，および最小値を与える x の値を求めなさい．

$$3x+1+\frac{4}{3x+1}$$

（尾道市立大）

（イ）　$ab>0$ のとき，$\left(a+\dfrac{2}{b}\right)\left(2b+\dfrac{1}{a}\right)\geqq 9$ を証明せよ．

相加平均と相乗平均の不等式　$X>0$，$Y>0$ のとき，$\dfrac{X+Y}{2}\geqq\sqrt{XY}$ を相加平均と相乗平均の関係式（相加・相乗平均の不等式）という．分母を払って左辺に移項すると $X+Y-2\sqrt{XY}\geqq 0$ となるが，この式の左辺は $(\sqrt{X}-\sqrt{Y})^2$ となるので成り立つ．また，等号は $\sqrt{X}-\sqrt{Y}=0$，すなわち $X=Y$ のときに限り成り立つ．

相加・相乗平均の不等式の使い方　相加・相乗平均の不等式を使って最大値・最小値を求める問題を解いてみよう．各辺 2 倍した $X+Y\geqq 2\sqrt{XY}$ で $Y=\dfrac{a}{X}$（a は正の定数）とおき，$X+\dfrac{a}{X}\geqq 2\sqrt{a}$

$\left[\text{右辺は } 2\sqrt{XY}=2\sqrt{X\cdot\dfrac{a}{X}}=2\sqrt{a}\right]$ の形で使うのが基本である．この式から，X が $X>0$ の範囲で動くとき，$X+\dfrac{a}{X}$ の最小値は $2\sqrt{a}$，最小値を与える X の値は，等号成立条件である $X=\dfrac{a}{X}$，すなわち $X=\sqrt{a}$ となる．

　　例題(ア)は，$3x+1$ をかたまり（$=X$）とみる．(イ)は，左辺を展開する．

▌解　答▐

（ア）　与式を F とする．$x>0$ より $3x+1>0$ だから，相加・相乗平均の不等式を用いて

$$F=(3x+1)+\frac{4}{3x+1}\geqq 2\sqrt{(3x+1)\cdot\frac{4}{3x+1}}=2\sqrt{4}=4$$

　等号は $3x+1=\dfrac{4}{3x+1}$，$x>0$，つまり $(3x+1)^2=4$（$x>0$）で $x=\dfrac{1}{3}$

⇦ $3x+1=\pm 2$
$3x+1>0$ より $3x+1=2$

のときに成り立つから，**F の最小値は 4，最小値を与える x の値は $\dfrac{1}{3}$**

（イ）　$\left(a+\dfrac{2}{b}\right)\left(2b+\dfrac{1}{a}\right)=2ab+1+4+\dfrac{2}{ab}=2\left(ab+\dfrac{1}{ab}\right)+5$

$\geqq 2\cdot 2\sqrt{ab\cdot\dfrac{1}{ab}}+5=4+5=9$

⇦ $X=ab$，$Y=\dfrac{1}{ab}$ に相加・相乗平均の不等式を用いた．

▨ 演習題(ア)は等号成立条件を考える必要があるが，(イ)では不要である．これについては，演習題の解答のあとのコメント参照．

▌◀2 演習題（解答は p.165）

（ア）　x が $x>0$ の範囲を動くとき，$x+\dfrac{9}{x+2}$ の最小値と最小値を与える x の値を求めよ．

（イ）　x，y を正の実数とする．このとき次の不等式が成り立つことを証明しなさい．

$$(x+y+1)\left(\frac{1}{x}+\frac{1}{y}+1\right)\geqq 9$$

（尾道市立大）

（ア）　$x+2+\dfrac{9}{x+2}$ なら例題と同じ．
（イ）　展開する．

🕐10分

◆3 ルート，絶対値を含む不等式

（ア）　$x \geqq 0$，$y \geqq 0$ のとき，$\sqrt{3}\sqrt{x+2y} \geqq \sqrt{x}+2\sqrt{y}$ が成り立つことを証明せよ．

（イ）　x, y を実数とする．

（1）　$|x|+|y| \geqq |x+y|$ が成り立つことを証明せよ．

（2）　$|x|-|y| \leqq |x-y|$ が成り立つことを証明せよ．

> **ルートを含む不等式の証明**　一般に，$A \geqq 0$，$B \geqq 0$ のとき，$A \geqq B \Longleftrightarrow A^2 \geqq B^2$ である．従って，$A \geqq B$ を示す問題では，$A^2 \geqq B^2$ を示せばよい．2乗するとルートが外れるときは，この性質を用いよう．答案は，A^2-B^2 を変形して（例えば $A^2-B^2=X^2$ として）$\geqq 0$ という形にするとよい．

> **絶対値を含む不等式の証明**　絶対値をはずす（中身の符号で場合わけ）のが絶対値を含む式を扱うときの基本であるが，不等式の証明では2乗して絶対値を解消するとすっきりできることがある．ここでは，そのような問題を扱う．一般に，$|A|^2=A^2$ となることを利用しよう．例題（イ）の（1）右辺は $|x+y|^2=(x+y)^2$ なので絶対値が消える．左辺は $(|x|+|y|)^2=|x|^2+|y|^2+2|x||y|$ でまだ絶対値が残るが，消える項を消した後で $|x||y|=|xy|$ と変形し，よく見てみよう．$|A|-A \geqq 0$ が成り立つ $[A \geqq 0$ のとき $|A|-A \geqq 0$，$A \leqq 0$ のとき $|A|-A=-A-A=-2A \geqq 0$ だから成立$]$ ことを最後に使う．

▤解 答▤

（ア）　$\sqrt{3}\sqrt{x+2y} \geqq 0$，$\sqrt{x}+2\sqrt{y} \geqq 0$ だから，示すべき式は，各辺を2乗した $3(x+2y) \geqq (\sqrt{x}+2\sqrt{y})^2 \cdots\cdots$① と同値．①の（左辺）−（右辺）は

$$3(x+2y)-(x+4y+4\sqrt{xy})=2x+2y-4\sqrt{xy}$$
$$=2(x+y-2\sqrt{xy})=2\{(\sqrt{x})^2+(\sqrt{y})^2-2\sqrt{x}\sqrt{y}\}=2(\sqrt{x}-\sqrt{y})^2$$

なので，これは0以上であり，①は成り立つ．よって，示された．

（イ）（1）　$|x|+|y| \geqq 0$，$|x+y| \geqq 0$ だから，示すべき式は，各辺を2乗した $(|x|+|y|)^2 \geqq |x+y|^2 \cdots\cdots$② と同値．②の（左辺）−（右辺）は

$$|x|^2+|y|^2+2|x||y|-(x+y)^2$$
$$=x^2+y^2+2|xy|-(x^2+y^2+2xy)=2(|xy|-xy) \geqq 0$$

となるので②は成り立つ．よって，示された．

（2）　（1）の x を $x-y$，y を y にすると，

$$|x-y|+|y| \geqq |(x-y)+y| \qquad \therefore \quad |x-y|+|y| \geqq |x|$$

よって，$|x|-|y| \leqq |x-y|$ が成り立つ．

$\Leftarrow |■|+|▲| \geqq |■+▲|$ の ■ に $x-y$，▲ に y を入れるということ．

▨（イ）の（2）は，左辺は負になることがあるので，2乗は慎重におこなわなければならない．左辺が負になるときは成り立ち，左辺が0以上のときは各辺2乗，とするか，$|y|$ を右辺に移項し，$|x| \leqq |y|+|y-x|$ としてから各辺2乗する（$|A|+A \geqq 0$ を使う形になる）．

$\Leftarrow |x|-|y|<0 \leqq |x-y|$ で成立．

▶3 演習題（解答は p.166）

（ア）（1）　$0<x<1$ のとき，$4+\dfrac{x}{9}<\sqrt{16+x}<4+\dfrac{x}{8}$ が成り立つことを証明せよ．

（2）　$\sqrt{16.4}$ の値を，小数第3位を切り捨てて小数第2位まで求めよ．

（イ）　x, y は実数とする．

（1）　$|x+y|+|x-y| \geqq 2|x|$ が成り立つことを証明せよ．

（2）　$|x+y|+|x-y| \geqq 2|y|$ が成り立つことを証明せよ．

（イ）2乗してもできるが，…

🕐 12分

◆ 4 割り算の活用／次数下げ

（ア） $x=-1+\sqrt{2}$ のとき，次の問いに答えよ.

（1） $x^2+2x-1=0$ となることを示せ.

（2） （1）の結果を用いて，x^3+4x^2-2x+1 の値を求めよ.

（イ） $x=-2-i$ のとき，$2x^3+3x^2+x+5$ の値を求めよ.

$x=a+\sqrt{b}$ などの代入　x^3+4x^2-2x+1 など3次以上の式に $x=-1+\sqrt{2}$ を代入する計算は，$(-1+\sqrt{2})^3$ の展開を計算することになり煩雑になる. そこで工夫を考える.

まず $x=-1+\sqrt{2}$ を解に持つ2次方程式を作る. その方程式が $f(x)=0$ であれば，文字を t に変え，t^3+4t^2-2t+1 を $f(t)$ で割って，割り算の式を作る. 商を $q(t)$，余りを $at+b$ [割る式が2次式なので余りは1次以下の式] とすると，

$$t^3+4t^2-2t+1=f(t)q(t)+at+b \quad （これは t の恒等式）$$

となる. この式に $t=-1+\sqrt{2}$ を代入するとよい. $f(-1+\sqrt{2})=0$ なので，右辺は $a(-1+\sqrt{2})+b$ となる. 1次式に $-1+\sqrt{2}$ を代入するだけでよいので計算のストレスが軽減する.

方程式の作り方　$x=-1+\sqrt{2}$ を解に持つ2次方程式を作るには，式を $x+1=\sqrt{2}$ としてから，これを2乗して求める.

▤ 解 答 ▤

（ア）（1） $x=-1+\sqrt{2}$ より，$x+1=\sqrt{2}$. 2乗して，$x^2+2x+1=2$

∴ $\boldsymbol{x^2+2x-1=0}$

（2） t^3+4t^2-2t+1 を t^2+2t-1 で割ると，商が $t+2$，余りが $-5t+3$ なので，

$$t^3+4t^2-2t+1=(t^2+2t-1)(t+2)-5t+3$$

この式に $t=x=-1+\sqrt{2}$ を代入すると，波線部は0になり，右辺は，

$$-5(-1+\sqrt{2})+3=8-5\sqrt{2}$$

よって，x^3+4x^2-2x+1 に，$x=-1+\sqrt{2}$ を代入すると，$\boldsymbol{8-5\sqrt{2}}$ になる.

$$
\begin{array}{r}
t+2 \\
t^2+2t-1 \overline{)t^3+4t^2-2t+1} \\
\underline{t^3+2t^2-t} \\
2t^2-t+1 \\
\underline{2t^2+4t-2} \\
-5t+3
\end{array}
$$

（イ） $x=-2-i$ より，$x+2=-i$. 2乗して，$x^2+4x+4=-1$

よって，$x^2+4x+5=0$ が成り立つ.

⇦ $x=-2-i$ は $x^2+4x+5=0$ の解.

$2t^3+3t^2+t+5$ を t^2+4t+5 で割ると，商が $2t-5$，余りが $11t+30$ なので，

$$2t^3+3t^2+t+5=(t^2+4t+5)(2t-5)+11t+30$$

この式に $t=x=-2-i$ を代入すると，波線部は0になる. 右辺は

$$11(-2-i)+30=8-11i$$

よって，$2x^3+3x^2+x+5$ に $x=-2-i$ を代入すると，$\boldsymbol{8-11i}$ になる.

$$
\begin{array}{r}
2t-5 \\
t^2+4t+5 \overline{)2t^3+3t^2+\ t+5} \\
\underline{2t^3+8t^2+10t} \\
-5t^2-9t+5 \\
\underline{-5t^2-20t-25} \\
11t+30
\end{array}
$$

▨（ア）割り算を用いない解法を紹介しよう. $x^2+2x-1=0$ より，$x^2=-2x+1$ なので，多項式の高次の項から x^2 を括り出すたびにこの式で置き換えることにより，x の1次式にする.

$$x^3+4x^2-2x+1=x\cdot x^2+4x^2-2x+1=x(-2x+1)+4x^2-2x+1$$
$$=2x^2-x+1=2(-2x+1)-x+1=-5x+3=-5(-1+\sqrt{2})+3=\boldsymbol{8-5\sqrt{2}}$$

▶ 4 演習題（解答は p.167）

（ア） $x=\sqrt{3}+2$ のとき，x^3+3x^2-2x-1 の値を求めよ.

（イ） $x=\dfrac{3i+1}{2}$ のとき，$2x^3+4x^2-5x-3$ の値を求めよ.

🕐 15分

◆5 座標を使った図形の性質の証明

△ABC において，BC の中点を M とするとき，$AB^2 + AC^2 = 2(AM^2 + BM^2)$ が成り立ち，これを中線定理とよぶ．この定理を座標平面を使って証明せよ．

> 図形問題における座標の活用　例えば，2 点の座標が分かっていれば，その 2 点間の距離はすぐに計算できる．そこで，本問のような，長さがらみの図形の性質の問題は，座標を活用するとうまく証明できることが少なくない．
>
> 　ここで，座標軸の設定の仕方がポイントになる．本問の場合，辺の長さが求めやすいように設定する工夫をする．各点の座標になるべく 0 が多く現れるようにしたい．そこで，
> 　　BC を x 軸に，M を原点とするような座標軸をとる
> 　このとき，A(a, b)，B$(-c, 0)$，C$(c, 0)$と表すことができる．

▒解答▒

直線 BC を x 軸，M を原点とすると，3 頂点は，
　　A(a, b)，B$(-c, 0)$，C$(c, 0)$
と表すことができる．

このとき，

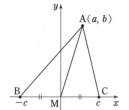

$$AB^2 + AC^2 = \{(a+c)^2 + b^2\} + \{(a-c)^2 + b^2\}$$
$$= 2(a^2 + b^2 + c^2)$$
$$AM^2 + BM^2 = (a^2 + b^2) + c^2 = a^2 + b^2 + c^2$$

よって，$AB^2 + AC^2 = 2(AM^2 + BM^2)$

➡注　$AB^2 + AC^2 - 2(AM^2 + BM^2)$ が 0 になることを示してもよい．

▶5 演習題（解答は p.167）

（ア）　平面上の四角形 ABCD を考える．四角形の ABCD が長方形であるとき，この平面上の任意の点 P に対して

$$PA^2 + PC^2 = PB^2 + PD^2$$

が成り立つことを証明せよ．　　　　　　　　　　　　　　　　　（信州大・医／一部）

（イ）　△ABC があり，内角のうち ∠A が最大角とする．直線 BC が x 軸，点 A が y 軸上にあるように座標軸をかき，A の y 座標が 1 となるように目盛を設定して，B$(b, 0)$，C$(c, 0)$（ただし $b<0$，$c>0$）とする．B を通り AC に垂直な直線と y 軸との交点を H とし，AB，BC，AH，BH の中点をそれぞれ L，M，R，S とする．また，MR の中点を F とする．

（1）　H，F の座標を求め，FO^2 を計算せよ．

（2）　FL＝FS＝FO であることを証明せよ．

🕐 20分

140

◆ 6 定点通過

（ア）　xy 平面上の直線 $(k-1)x-(2k+1)y-3k+9=0$ は，定数 k の値によらず点 $\boxed{}$ を通る．

（千葉工大）

（イ）　円 $x^2+y^2-kx-\sqrt{5}\,ky+6(k-6)=0$ は k の値に関係なく 2 つの定点を通り，2 定点間の距離は $\boxed{}$ である．

（日本工大／一部）

（ k によらず通る点 ）　定数 k と x, y で表された方程式 ……① があり，図形 C を表すとする．①が $(x, y$ だけの式$)+k(x, y$ だけの式$)=0$ と変形できるとし，〰〰=0 を②，┄┄=0 を③とする．②と③を同時に満たす (x, y)，つまり②と③の交点 (x, y) は，②$+k\times$③$=0$ つまり①を満たすので，②と③の交点は図形 C 上にある．②と③の交点は k の値によらないので，図形 C が通る定点である．

要するに，このような定点を求めるには，①を k について整理することがポイントとなる．

▤ 解 答 ▤

（ア）　$(k-1)x-(2k+1)y-3k+9=0$ を k について整理すると，
$$-x-y+9+k(x-2y-3)=0 \quad\cdots\cdots\cdots\cdots①$$
ここで，$-x-y+9=0\cdots\cdots②$　と　$x-2y-3=0\cdots\cdots③$　を同時に満たす (x, y) は①を満たすから，これが求める k によらない定点である．

②$+$③により，$-3y+6=0$．よって $y=2$ で，③に代入して $x=7$

したがって，②と③の交点は $(7, 2)$ で，これが答えである．

▨ 原点 O とこの直線 l の距離が最大となる k の値を求めてみよう．直線 l は定点 A$(7, 2)$ を通るので，（O と直線 l の距離）$\leqq$OA であり，OA$\perp l$ のとき等号が成立する．ここで，OA の傾きは $\dfrac{2}{7}$，l の傾きは $\dfrac{k-1}{2k+1}\left(k\neq-\dfrac{1}{2}\ \text{のとき}\right)$であるから，OA$\perp l$ のとき，$\dfrac{2}{7}\times\dfrac{k-1}{2k+1}=-1$　$\therefore$　$k=-\dfrac{5}{16}$

（l）

（イ）　$x^2+y^2-kx-\sqrt{5}\,ky+6(k-6)=0$ を k について整理すると，
$$x^2+y^2-36-k(x+\sqrt{5}\,y-6)=0 \quad\cdots\cdots\cdots\cdots①$$
ここで，$x^2+y^2-36=0\cdots\cdots②$　と　$x+\sqrt{5}\,y-6=0\cdots\cdots③$　を同時に満たす (x, y) は①を満たすから，これが求める k によらない定点である．

③により $x=-\sqrt{5}\,y+6\cdots\cdots③'$ で，②に代入して，
$(-\sqrt{5}\,y+6)^2+y^2-36=0$　$\therefore$　$6y^2-12\sqrt{5}\,y=0$　$\therefore$　$y=0,\ 2\sqrt{5}$

これを③'に代入して x を求め，2 つの定点は，A$(6, 0)$，B$(-4, 2\sqrt{5}\,)$

このとき，AB$=\sqrt{(-10)^2+(2\sqrt{5}\,)^2}=\sqrt{120}=\bm{2\sqrt{30}}$

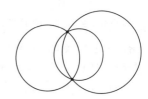

▶◀ 6 演習題 （解答は p.168）

（ア）　直線 $(k+3)x+8(k-1)y-8(3k-1)=0$ は定数 k の値に関係なく定点 $\boxed{}$ を通る．また，$k=\dfrac{1}{5}$ のとき，この直線に関して点 $(2, 1)$ と対称な点は $\boxed{}$ である．

（中京大・文系）

（イ）　円 $x^2+y^2-5-2ax+4a=0$ が定数 a の値にかかわらず通る 2 点の座標は $\boxed{}$ および $\boxed{}$ である．また，円の半径が最小になるときの a の値は $\boxed{}$ であり，そのときの半径は $\boxed{}$ となる．

（摂南大・理工）

（イ）　後半は，図形的に考えることもできるが，円の半径を a で表せば解決する．

🕐 20 分

◆7 円，放物線の弦の長さ

（ア）円 $C : x^2-4x+y^2-4y-17=0$ と直線 $l : y=x+1$ について，C が l から切り取る線分の長さを求めよ．
（大阪経大／一部）

（イ）放物線 $C : y=x^2$ と直線 $l : y=2x+1$ について，C が l から切り取る線分の長さを求めよ．

円と弦の長さ　円と直線が2点 A, B で交わるとき，AB の長さの求め方を考えてみよう．A, B の座標を求めて計算するのは効率的ではない．もっとうまい方法がある．右図の網目部の直角三角形に着目するのが定石である．

　半径を r，弦の長さ AB を $2l$，中心と弦との距離を d とすると，$d^2+l^2=r^2$ が成り立つ．点と直線の距離を求める公式があるので，d は求め易い．そこで，$l^2=r^2-d^2$ により，$AB=2l=2\sqrt{r^2-d^2}$ として AB を求めるのがよい．

傾き m の直線上の線分の長さ　円の弦の長さでない場合，
右図の線分 AB の長さは，　$AB=\sqrt{1+m^2}\,(\beta-\alpha)$
として計算しよう．このように，x 座標の差と傾きをもとに求めよう．放物線と直線が2点で交わるとき，その交点の x 座標は2次方程式の2解であり，きれいに求まらないときは，その差を解の公式から求める．2解の差は解の公式の $\sqrt{}$ の部分だけが残り，意外にきれいな形である．

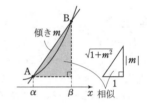

▓解 答▓

（ア）$x^2-4x+y^2-4y-17=0$ を変形すると，
　　$(x-2)^2-2^2+(y-2)^2-2^2-17=0$
$\therefore\ (x-2)^2+(y-2)^2=5^2$

よって，C の中心は A$(2,\ 2)$，半径5である．
A と $l : x-y+1=0$ の距離 d は，

$$d=\frac{|2-2+1|}{\sqrt{1^2+(-1)^2}}=\frac{1}{\sqrt{2}}$$

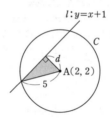

　求める長さは，図の網目部に着目して，$2\sqrt{5^2-\left(\dfrac{1}{\sqrt{2}}\right)^2}=2\sqrt{\dfrac{49}{2}}=\mathbf{7\sqrt{2}}$

（イ）C と l の交点を A, B とし，A, B の x 座標を $\alpha,\ \beta\ (\alpha<\beta)$ とすると，右図から，
　　$AB=\sqrt{1+2^2}\,(\beta-\alpha)=\sqrt{5}\,(\beta-\alpha)$
一方，$\alpha,\ \beta$ は，$x^2=2x+1$，つまり
$x^2-2x-1=0$ の解で，$x=1\pm\sqrt{2}$
$\therefore\ \alpha=1-\sqrt{2}$，$\beta=1+\sqrt{2}$
よって，$AB=\sqrt{5}\,(\beta-\alpha)=\sqrt{5}\cdot2\sqrt{2}=\mathbf{2\sqrt{10}}$

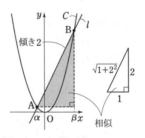

⇦ C と l の方程式を連立して y を消去した x の方程式の解が，$\alpha,\ \beta$

━━━━━ ▷◁7 **演習題**（解答は p.168）━━━━━

（ア）座標平面上に円 $C : x^2+y^2=2$ および点 A$(2,\ 1)$ がある．

（1）点 A を通り，円 C に接する直線の方程式を求めよ．

（2）点 A を通る直線が円 C と異なる2点 P と Q で交わり，PQ の長さが2であるとき，直線の方程式を求めよ．
（東京理科大・工）

（イ）放物線 $y=x^2-5x+3$ が直線 $y=2x+k$ から切り取る線分の長さが3であるという．このとき，k の値を求めなさい．
（愛知学院大・薬）

🕐 20分

◆8 円／中心と半径に着目

xy 平面上において，$x^2+y^2+2x-4y+k=0$ が円の方程式となるような k の範囲は $k<\boxed{}$ であり，半径 2 の円を表すのは $k=\boxed{}$ のときである．この半径 2 の円を C とする．

点 P が円 C 上を動くとき，点 A$(3,\ 0)$ と点 P との距離の最小値は $\boxed{}$ であり，最大値は $\boxed{}$ である．

（北九州市大・国際環境工／改題）

$\boxed{x^2+y^2+ax+by+c=0\ \text{は必ずしも円を表すわけではない}}$ この方程式が円を表す条件を考えよう．$(x-\boxed{})^2+(y-\boxed{})^2=\boxed{}$ の形に直したとき，右辺の定数の値が正であることが，この方程式が円を表すための条件である．

$\boxed{\text{円がらみの距離}}$ 円がらみの距離の最大・最小を考えるとき，円の中心を持ち出すのが定石．

▤解 答▤

$x^2+y^2+2x-4y+k=0$ を変形すると，$(x^2+2x)+(y^2-4y)+k=0$

$\therefore\quad (x+1)^2-1^2+(y-2)^2-2^2+k=0$

$\therefore\quad (x+1)^2+(y-2)^2=5-k$

よって，これが円を表すとき，$5-k>0$

$\therefore\quad \boldsymbol{k<5}$

このとき，半径 $\sqrt{5-k}$ の円を表すので，半径 2 の円を表すとき，

$\sqrt{5-k}=2\quad \therefore\quad 5-k=4\quad \therefore\quad \boldsymbol{k=1}$

C は中心 $(-1,\ 2)$，半径 2 の円である．この中心を B とおく． ⇦$C:(x+1)^2+(y-2)^2=2^2$

直線 AB と円 C との交点のうち，A に近い方を ⇦A$(3,\ 0)$ は円 C の外側にある．
P$_1$，A から遠い方を P$_2$ とすると，右図から，AP は

$\quad$ P$=$P$_1$ のとき最小，P$=$P$_2$ のとき最大 ⇦A を中心とする円の半径を徐々に

となる． $\quad$ に大きくしていこう．

ここで，AB$=\sqrt{(-1-3)^2+2^2}=2\sqrt{5}$ であ ⇦A$(3,\ 0)$，B$(-1,\ 2)$
るから，

AP の最小値は，AP$_1=$AB$-$BP$_1=\boldsymbol{2\sqrt{5}-2}$

AP の最大値は，AP$_2=$AB$+$BP$_2=\boldsymbol{2\sqrt{5}+2}$

▶8 演習題 （解答は p.169）

xy 平面上において，$x^2+y^2-4x-12y+32-k=0$ が円を表すのは $k>\boxed{}$ のときであり，半径 1 の円を表すのは $k=\boxed{}$ のときである．この半径 1 の円を C とする．

点 P が円 C 上を動くとき，点 A$(-1,\ 2)$ と点 P との距離の最小値は $\boxed{}$ であり，最大値は $\boxed{}$ である．さらに点 P と直線 $x+y-2=0$ との距離の最小値は $\boxed{}$ である．

円上の点と直線との距離についても同様に処理できる．

🕐 12分

◆9 2円の交点を通る直線，円

2つの円 $x^2+y^2-5=0$ ……①，$x^2+y^2+6x-6y+1=0$ ……② は2点 A，B で交わる．

（1） A，B を通る直線の方程式を求めよ．

（2） A，B と原点 O を通る円の中心と半径を求めよ．

（1）を素朴に考えてみると　A，B の座標を求める方針で考えてみよう．A，B の座標は，①かつ②の解である．①－②により，$-6x+6y-6=0$　∴　$y=x+1$ ……☆

☆を①に代入すると，$x^2+(x+1)^2-5=0$　∴　$x^2+x-2=0$　∴　$(x+2)(x-1)=0$
よって $x=-2$，1 で，☆とから，交点は $(-2,-1)$，$(1,2)$

この2点を通る直線を求めると，$y=x+1$ である．これは☆と一致するが偶然なのか？

交点の座標が満たす式　A を (α,β) とおくと，A は①上にも②上にもあるから，
$\alpha^2+\beta^2-5=0$ ……①′ と，$\alpha^2+\beta^2+6\alpha-6\beta+1=0$ ……②′ がともに成り立つ．よって，①′－②′，つまり
$-6\alpha+6\beta-6=0$　∴　$\beta=\alpha+1$ も成り立ち，(α,β) は☆上にあることが分かる．同様に B も☆上にあるから，☆は A，B を通る．A，B を通る直線は一通りに決まるから，☆は直線 AB の式である．

同様に A，B を通る円の方程式も作れる．①′，②′ がともに成り立つから，勝手な実数 t に対して，
$\alpha^2+\beta^2-5+t(\alpha^2+\beta^2+6\alpha-6\beta+1)=0$ が成り立つ．したがって，A(α,β) は
$$x^2+y^2-5+t(x^2+y^2+6x-6y+1)=0 \quad \cdots\cdots ③$$
上にある．同様に B も③上にあるから，③は A，B を通る図形を表す．式の形から，円または直線を表す（なお，A，B を通る円のうち $x^2+y^2+6x-6y+1=0$ だけは表せない）．

解 答

A，B の座標は，①，②を同時に満たすから，
$$x^2+y^2-5+t(x^2+y^2+6x-6y+1)=0 \quad \cdots\cdots ③$$
も満たす．よって③は，2円の2交点 A，B を通る図形を表す．

（1）　［2次の項が消えるように］$t=-1$ とすると，
$-6x+6y-6=0$　∴　$\boldsymbol{y=x+1}$

これは直線を表すから，直線 AB の方程式に他ならない．

⇐$t=-1$ のとき，③は①－②である．2円の式の差を作ると，2交点 A，B を通る直線の方程式が得られる．

（2）　③が原点を通るとき，$x=0$，$y=0$ を代入して，
$-5+t=0$　∴　$t=5$

これを③に代入して，$6x^2+6y^2+5\cdot6x-5\cdot6y=0$
∴　$x^2+y^2+5x-5y=0$　∴　$(x^2+5x)+(y^2-5y)=0$
∴　$\left(x+\dfrac{5}{2}\right)^2-\left(\dfrac{5}{2}\right)^2+\left(y-\dfrac{5}{2}\right)^2-\left(\dfrac{5}{2}\right)^2=0$
∴　$\left(x+\dfrac{5}{2}\right)^2+\left(y-\dfrac{5}{2}\right)^2=\dfrac{25}{2}$

これは円を表し，A，B，O を通る．3点を通る円はただ1つであるから，これ
が求める円であり，**中心は** $\left(-\dfrac{5}{2},\dfrac{5}{2}\right)$，**半径は** $\dfrac{5}{\sqrt{2}}\left(=\dfrac{5\sqrt{2}}{2}\right)$

▶9 演習題（解答は p.170）

xy 平面上に，円 $C_1: x^2-12x+y^2-4y+15=0$，$C_2: x^2-4x+y^2-2y-15=0$
があり，C_1 と C_2 との2つの交点を A，B とする．

（1）　A，B を通る直線の方程式を求めよ．

（2）　A，B および原点を通る円の方程式を求めよ．　　　　　（名城大）　　🕐 10分

◆10 領域と最大・最小／線形計画法

次の連立不等式の表す領域を D とする．点 $P(x, y)$ がこの領域 D 内を動くとき，以下の問いに答えよ．

$$x \geq 0, \quad y \geq 0, \quad x+3y \leq 8, \quad 4x+y \leq 9$$

（1） 2つの直線 $x+3y=8$ と $4x+y=9$ の交点の座標を求めよ．

（2） $x+y$ の最大値，最小値をそれぞれ求めよ．

（3） $x-y$ の最大値，最小値をそれぞれ求めよ．

（北海道医療大・薬，歯）

（＝k とおいて最大値・最小値を求める） 本問の（2）の解き方を説明しよう．

$x+y$ が k という値をとるかどうかは，直線 $x+y=k$ と D が共有点をもつかどうかと同じである．共有点をもつとき，共有点（の1つ）を P とすれば，この P のとき $x+y=k$ となり，共有点が存在しなければ，$x+y=k$ となることはない．

$x+y=k$ のとき，$y=-x+k$ であるから，これは傾きが -1，y 切片が k の直線を表す．この直線と D が共有点をもつような k の値の最大値と最小値を求めればよい．

このように言い換えると，視覚的に最大値・最小値がどういう場合にとるか判断できる．

▌解 答 ▌

（1） $x+3y=8$ ……① と $4x+y=9$ ……② を連立させる．

①×4－②により，$11y=23$

よって $y=\dfrac{23}{11}$ で，①とから，$x=\dfrac{19}{11}$．交点の座標は $\text{A}\left(\dfrac{19}{11}, \dfrac{23}{11}\right)$

（2）（1）に注意して，D は右図の網目部（境界を含む）である．$x+y$ が k という値を取り得る条件は，直線 $x+y=k$ ……③ が D と共有点をもつことである．③の傾きは -1 で，y 切片は k である．

①の傾きは $-\dfrac{1}{3}$ で，②の傾きは -4 で，③の傾きはこれらの間にある．よって，③を D と共有点をもつように k を動かすとき，y 切片（$=k$）が**最大**になるのは，③が交点 A を通るときで，$k=\dfrac{19}{11}+\dfrac{23}{11}=\dfrac{\mathbf{42}}{\mathbf{11}}$

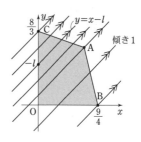

⇐③は $y=-x+k$
　①は $y=-\dfrac{1}{3}x+\dfrac{8}{3}$, ②は
　$y=-4x+9$

⇐③は傾きが一定なので，k が変化すると，"平行"に動いていく．

また，k が最小になるのは，③が原点 O を通るときで，$k=\mathbf{0}$

（3） $x-y$ が l という値を取り得る条件は，直線 $x-y=l$ ……④ が D と共有点をもつことである．④（$\Longleftrightarrow y=x-l$）の傾きは 1 で，y 切片は $-l$ である．④を D と共有点をもつように l を動かすとき，y 切片（$=-l$）が最大になるのは図の点 C を通るとき，最小になるのは点 B を通るときなので（y 切片は $-l$ でありマイナスがついていることに注意），

l の最小値は $-\dfrac{\mathbf{8}}{\mathbf{3}}$, 最大値は $\dfrac{\mathbf{9}}{\mathbf{4}}$

─────────── ▶10 **演習題**（解答は p.170）───────────

2つの実数 x, y が，4つの不等式

$$x \geq 0, \quad y \geq 0, \quad x+3y \leq 15, \quad 2x+y \leq 10$$

を同時に満たすとき，$x+y$ の最大値は $\boxed{(1)}$ であり，$8x+3y$ の最大値は $\boxed{(2)}$ である．

（南山大・経済）

🕐 10分

◆11 領域を使った不等式の証明

(ア) $x^2+y^2<1$ のとき，$x^2+y^2-4x-5<0$ が成り立つことを証明せよ．

(イ) $x^2+y^2<1$ のとき，$4x+3y<6$ が成り立つことを証明せよ．

命題の真偽と集合の包含関係　x, y の不等式で表される 2 つの条件 p, q があり，

条件 p を満たす (x, y) の集合を P，

条件 q を満たす (x, y) の集合を Q

とすると，

「$p \Longrightarrow q$ が真」$\Longleftrightarrow$「$P \subset Q$ が成り立つ」$\cdots\cdots\cdots\cdots\cdots$☆

が成り立つ．

「p のとき，q が成り立つ」は，「$p \Longrightarrow q$ が真」と同じである．

本問は，☆を使ってうまく解ける．

▓解 答▓

(ア)　不等式 $x^2+y^2<1$ が表す領域を P，不等式
$x^2+y^2-4x-5<0$ ……① が表す領域を Q とする．
①のとき，$(x-2)^2+y^2<9$ である．

　P は，原点 O を中心とする半径 1 の円 C の内部
　Q は，$(2, 0)$ を中心とする半径 3 の円 D の内部
を表し，右図のように，C と D は $(-1, 0)$ で接して，
$P \subset Q$ が成り立つ．

　よって，$x^2+y^2<1$ のとき，$x^2+y^2-4x-5<0$ が成り立つ．

⇦中心間の距離 d は $d=2$
　C の半径 r は $r=1$，D の半径 R は $R=3$
　いま $R-r=d$ であるから，C は D に内接する．

(イ)　不等式 $x^2+y^2<1$ が表す領域を P，不等式
$4x+3y<6$ が表す領域を Q とする．

　$4x+3y<6$ のとき，$y<-\dfrac{4}{3}x+2$ であるから，

Q は直線 $l : 4x+3y=6$ の下側を表す．

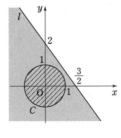

　P は，原点 O を中心とする半径 1 の円 C の内部を

表し，中心 O と l の距離は，$\dfrac{6}{\sqrt{4^2+3^2}}=\dfrac{6}{5}$ で，円 C

の半径よりも大きい．よって，右図のようになり，$P \subset Q$ が成り立つ．

　したがって，$x^2+y^2<1$ のとき，$4x+3y<6$ が成り立つ．

⇦点 (p, q) と直線 $ax+by+c=0$
の距離は $\dfrac{|ap+bq+c|}{\sqrt{a^2+b^2}}$

▶11 演習題（解答は p.170）

(ア)　$(x^2+y^2-1)(x^2+y^2-2x-3)>0$ のとき，$x^2+y^2-4x+3>0$ が成り立つことを証明せよ．

(イ)　$x \geqq -1, \ y \geqq 0$ を満たす x, y に対して，
$$x^2+y^2 \leqq 4 \ \text{ならば} \ x+\sqrt{3}\,y \geqq 2$$
が成り立つことを証明せよ．

🕐 20分

◆12 絶対値記号を含む不等式が表す領域

（ア）　不等式 $|2x+y| \leqq 2$ の表す領域を図示せよ．

（イ）　不等式 $|2x|+|y| \leqq 2$ の表す領域を図示せよ．

> **絶対値記号をはずす基本**　絶対値記号をはずす基本は，絶対値記号の中身の符号で場合分けすることである．ただし，$|X| \leqq 2$ などは工夫できて，$-2 \leqq X \leqq 2$ と処理できる．（本シリーズ「数Ⅰ」p.18）

> **対称性の活用**　例えば，$C: y=x^2$ は y 軸に関して対称である．これは次のように説明できる．C 上の勝手な点 $(a,\ b)$ に対して，$(-a,\ b)$ も C 上にあることを言えばよい．$(a,\ b)$ が C 上 $\iff b=a^2$
>
> 一方，$(-a,\ b)$ が C 上 $\iff b=(-a)^2$，つまり $b=a^2$
>
> したがって，$(a,\ b)$ が C 上にあれば，$(-a,\ b)$ も C 上にあり，示された．
>
> 一般に，図形 D が y 軸に関して対称であることを示すには，D 上の勝手な点 $(a,\ b)$ に対して，$(-a,\ b)$ も D 上にあることを言えばよい．
>
> 同様の考え方で，x 軸に関して対称であることや原点対称であることも示すことができる．

▤解 答▤

（ア）　$|2x+y| \leqq 2 \iff -2 \leqq 2x+y \leqq 2$

$$\iff \begin{cases} y \geqq -2x-2 \\ y \leqq -2x+2 \end{cases}$$

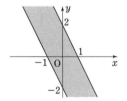

⇦ $|A| \leqq B \iff -B \leqq A \leqq B$

よって，求める領域は，右図の網目部（境界線を含む）である．

（イ）　題意の領域を E とする．

$(a,\ b)$ が E 上 $\iff |2a|+|b| \leqq 2$ ……………①

$(-a,\ b)$ が E 上 $\iff |-2a|+|b| \leqq 2 \iff$ ①

$(a,\ -b)$ が E 上 $\iff |2a|+|-b| \leqq 2 \iff$ ①

したがって，$(a,\ b)$ が E 上にあれば，$(-a,\ b)$，$(a,\ -b)$ も E 上にあり，E は y 軸に関して対称であり，x 軸に関しても対称である．

$x \geqq 0,\ y \geqq 0$ のとき，E は，

$$2x+y \leqq 2 \quad \therefore \quad y \leqq -2x+2$$

これは図1の網目部（境界線を含む）であるから，E は図2の網目部（境界線を含む）である．

図1

図2

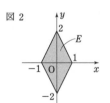

⇦ 点 $(a,\ b)$ と点 $(a,\ -b)$ は x 軸に関して対称．

▨応用的な問題では，

$$E: |2x|+|y| \leqq 2$$

は，x 軸，y 軸に関して対称，と説明なく述べてよいだろう．

▶12　**演習題**（解答は p.171）

（ア）　不等式 $|3x-2y| \leqq 6$ の表す領域を図示せよ

（イ）　不等式 $|3x|+|2y| \leqq 6$ の表す領域を図示せよ．

（ウ）　$x^2+y^2 \leqq \dfrac{36}{13}$ ならば $|3x|+|2y| \leqq 6$ であることを証明せよ．

（ウ）（イ）を利用できる．　🕐 20分

◆ 13 2直線のなす角

直線 $4x-y+7=0$ と x 軸のなす角を α とし，この直線と直線 $5x+3y-3=0$ のなす角を θ とする．ただし，$0<\alpha<\dfrac{\pi}{2}$，$0<\theta<\dfrac{\pi}{2}$ とする．

（1）$\tan\alpha=\boxed{}$ である．

（2）$\theta=\boxed{}\pi$ である．

(九州産大・情，工)

傾きは $\tan\theta$ 　図1のように x 軸の正方向から直線 l まで反時計回りに測った回転角を θ とすると，l の傾きは $\tan\theta$ （ただし，$\theta\neq90^\circ$）である．

2直線のなす角 　2直線のなす角は，交点のまわりに角を集め，回転角でとらえよう．傾き m_1 の直線から傾き m_2 の直線に反時計回りに測った角 θ は $\tan$ の加法定理でとらえられる．図2において，$\theta=\beta-\alpha$ であるから，

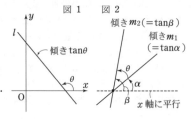

図1　図2

$$\tan\theta=\tan(\beta-\alpha)=\frac{\tan\beta-\tan\alpha}{1+\tan\beta\tan\alpha}=\frac{m_2-m_1}{1+m_2m_1}$$

また，m_1 と θ から m_2 をとらえることもできて，$m_2=\tan(\alpha+\theta)=\dfrac{\tan\alpha+\tan\theta}{1-\tan\alpha\tan\theta}=\dfrac{m_1+\tan\theta}{1-m_1\tan\theta}$ となる．ただし直線が y 軸に平行なときや，2直線が垂直（$m_1m_2=-1$）のときは使えないことに注意.

▓ 解　答 ▓

直線の傾きはそれぞれ 4，$-\dfrac{5}{3}$ であり，右図のように β を定めると，$\tan\beta=-\dfrac{5}{3}$

（1）$\tan\alpha=4$

（2）$\tan\theta=\tan(\beta-\alpha)=\dfrac{\tan\beta-\tan\alpha}{1+\tan\beta\tan\alpha}$

$$=\frac{-\dfrac{5}{3}-4}{1-\dfrac{5}{3}\cdot4}=\frac{-\dfrac{17}{3}}{-\dfrac{17}{3}}=1$$

$$\therefore\quad\theta=\frac{1}{4}\pi$$

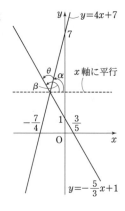

⇦2直線の交点を通る x 軸に平行な直線を引き，その直線から測った回転角を考える．

▶ 13 演習題 （解答は p.171）

（ア）2直線 $y=3x+2$ と $y=-4x-5$ のなす鋭角を θ とすると $\tan\theta=\boxed{}$ である．

(城西大)

（イ）直線 $y=\dfrac{\sqrt{3}}{5}x$ と $\dfrac{\pi}{3}$ の角をなす直線の傾きのうち，正であるものは $\boxed{}$ である．

(東京薬大・薬)

（ア）図をかいて，回転角が鋭角になるなす角をとらえよう．

🕐 10分

◆14 三角関数／$\cos\theta$，$\sin\theta$ の2次式

（ア）　関数 $f(\theta)=9\cos^2\theta+4\cos\theta\sin\theta+3\sin^2\theta$ を $f(\theta)=a\sin2\theta+b\cos2\theta+c$ と表すとき，

$a=\boxed{}$，$b=\boxed{}$，$c=\boxed{}$ である．したがって，$f(\theta)$ の最大値は $\boxed{}$ である．

（大阪電通大）

（イ）　関数 $f(x)=2\sqrt{3}\sin^2x-2\sin x\cos x-\sqrt{3}+1$ は，

$f(x)=-\boxed{}\sin(\boxed{}x+\boxed{})+\boxed{}$ と変形できるので，$-\pi<x\leqq\pi$ において

$f(x)=0$ となるのは，$x=\boxed{}$，$\boxed{}$，$\boxed{}$，$\boxed{}$ のときである．　（摂南大・理工）

> **$\cos\theta$，$\sin\theta$ の2次式の扱い方**　$\cos^2\theta=\dfrac{1+\cos2\theta}{2}$，$\sin^2\theta=\dfrac{1-\cos2\theta}{2}$，$\sin\theta\cos\theta=\dfrac{\sin2\theta}{2}$
>
> を使って，$\cos\theta$，$\sin\theta$ の2次式は $\cos2\theta$，$\sin2\theta$ の1次式に直せる．$a\sin2\theta+b\cos2\theta+c$ の形に直せば，合成を活用できる．

▋解 答▋

（ア）　$f(\theta)=9\cos^2\theta+4\cos\theta\sin\theta+3\sin^2\theta$

$\qquad\qquad=9\cdot\dfrac{1+\cos2\theta}{2}+2\sin2\theta+3\cdot\dfrac{1-\cos2\theta}{2}$

$\qquad\qquad=\mathbf{2}\sin2\theta+\mathbf{3}\cos2\theta+\mathbf{6}$　　　　　　　　　　　　　$\Leftarrow a=2,\ b=3,\ c=6$

図のように α を定めると，

$\qquad f(\theta)=\sqrt{13}\left(\sin2\theta\cdot\dfrac{2}{\sqrt{13}}+\cos2\theta\cdot\dfrac{3}{\sqrt{13}}\right)+6$　　　$\Leftarrow\sqrt{2^2+3^2}=\sqrt{13}$

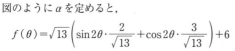

$\qquad\qquad=\sqrt{13}\,(\sin2\theta\cos\alpha+\cos2\theta\sin\alpha)+6=\sqrt{13}\,\sin(2\theta+\alpha)+6$

$-1\leqq\sin(2\theta+\alpha)\leqq1$ により，$f(\theta)$ の最大値は $\sqrt{13}+6$

（イ）　$f(x)=2\sqrt{3}\sin^2x-2\sin x\cos x-\sqrt{3}+1$

$\qquad\qquad=2\sqrt{3}\cdot\dfrac{1-\cos2x}{2}-\sin2x-\sqrt{3}+1=-(\sin2x+\sqrt{3}\cos2x)+1$

$\qquad\qquad=-2\left(\sin2x\cdot\dfrac{1}{2}+\cos2x\cdot\dfrac{\sqrt{3}}{2}\right)+1$　　　　　$\Leftarrow\sqrt{1^2+(\sqrt{3})^2}=2$

$\qquad\qquad=-2\left(\sin2x\cos\dfrac{\pi}{3}+\cos2x\sin\dfrac{\pi}{3}\right)+1=-\mathbf{2}\sin\left(\mathbf{2}x+\dfrac{\pi}{3}\right)+\mathbf{1}$

$f(x)=0$ のとき，$\sin\left(2x+\dfrac{\pi}{3}\right)=\dfrac{1}{2}$ …………………………①

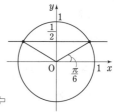

$-\pi<x\leqq\pi$ のとき，$-2\pi+\dfrac{\pi}{3}<2x+\dfrac{\pi}{3}\leqq2\pi+\dfrac{\pi}{3}$ であるから，①の解は，

$2x+\dfrac{\pi}{3}=-\dfrac{7}{6}\pi,\ \dfrac{\pi}{6},\ \dfrac{5}{6}\pi,\ \dfrac{13}{6}\pi$　　$\therefore\ x=-\dfrac{3}{4}\pi,\ -\dfrac{\pi}{12},\ \dfrac{\pi}{4},\ \dfrac{11}{12}\pi$　$\Leftarrow$

▶◀**14 演習題**（解答は p.172）═

（ア）　関数 $y=\cos^2x+\sin x\cos x\ \left(0\leqq x\leqq\dfrac{\pi}{2}\right)$ の最大値を求めよ．また，そのときの x の

値を求めよ．　　　　　　　　　　　　　　　　　　　　　　　　　　　　（東京電機大）

（イ）　$0\leqq x<2\pi$ において，不等式 $\cos^2x+\sqrt{3}\sin x\cos x-\dfrac{1}{2}-\dfrac{\sqrt{3}}{2}<0$ を解け．

🕐 15分

149

◆ 15 三角関数／$\sin\theta,\ \cos\theta$ の対称式

$f(\theta)=2\sin\theta+2\cos\theta+2\sin\theta\cos\theta\ (0\leqq\theta<2\pi)$ を考える.

$t=\sin\theta+\cos\theta$ とおき，$f(\theta)$ を t の式で表すと $\boxed{}$ である.

$f(\theta)$ の最大値は，$\theta=\boxed{}$ のときで，その値は $\boxed{}$ である.

最小値は $\theta=\boxed{}$ および $\boxed{}$ のときで，その値は $\boxed{}$ である. （関西大・総情）

$\sin\theta\cos\theta$ は $t=\sin\theta+\cos\theta$ で表せる $\quad t=\sin\theta+\cos\theta$ のとき，

$t^2=(\sin\theta+\cos\theta)^2=\sin^2\theta+\cos^2\theta+2\sin\theta\cos\theta=1+2\sin\theta\cos\theta$ であるから，

$$\sin\theta\cos\theta=\frac{t^2-1}{2}$$

である．したがって，上の例題は t の2次関数に帰着される.

　$\sin\theta,\ \cos\theta$ の対称式は，同様に t の式で表せる．例えば，$\sin^3\theta+\cos^3\theta$ なら，

$$\sin^3\theta+\cos^3\theta=(\sin\theta+\cos\theta)(\sin^2\theta+\cos^2\theta-\sin\theta\cos\theta)=t\cdot\left(1-\frac{t^2-1}{2}\right)=\frac{1}{2}(-t^3+3t)$$

$t=\sin\theta+\cos\theta$ の範囲に注意 $\quad \theta$ があらゆる角度を動いたとしても，t は実数全体を動かない.

$$t=\sin\theta+\cos\theta=\sqrt{2}\left(\sin\theta\cdot\frac{1}{\sqrt{2}}+\cos\theta\cdot\frac{1}{\sqrt{2}}\right)=\sqrt{2}\left(\sin\theta\cos\frac{\pi}{4}+\cos\theta\sin\frac{\pi}{4}\right)=\sqrt{2}\sin\left(\theta+\frac{\pi}{4}\right)$$

［合成した］により，$-\sqrt{2}\leqq t\leqq\sqrt{2}$ である.

▤ 解 答 ▤

$t=\sin\theta+\cos\theta$ のとき，$t^2=\sin^2\theta+\cos^2\theta+2\sin\theta\cos\theta=1+2\sin\theta\cos\theta$
により，$2\sin\theta\cos\theta=t^2-1$ であるから，

$\quad f(\theta)=2\sin\theta\cos\theta+2(\sin\theta+\cos\theta)=t^2-1+2t=\boldsymbol{t^2+2t-1}\cdots\cdots$①
$\qquad\qquad =(t+1)^2-2$

ここで，$t=\sin\theta+\cos\theta=\sqrt{2}\left(\sin\theta\cdot\dfrac{1}{\sqrt{2}}+\cos\theta\cdot\dfrac{1}{\sqrt{2}}\right)=\sqrt{2}\sin\left(\theta+\dfrac{\pi}{4}\right)$　　⇦合成

であり，θ が $0\leqq\theta<2\pi$ の範囲を動くから，$-\sqrt{2}\leqq t\leqq\sqrt{2}$ 　　⇦θ が $\sin$ の1周期分を動くとき，

$y=(t+1)^2-2\ (-\sqrt{2}\leqq t\leqq\sqrt{2})$ のグラフは右　　　　　　　$\theta+\dfrac{\pi}{4}$ も1周期分動く.
のようになるから，$t=\sqrt{2}$ のとき最大になる.
最大値は $t=\sqrt{2}$ を①に代入して，$\boldsymbol{2\sqrt{2}+1}$ 　　⇦$(\sqrt{2})^2+2\sqrt{2}-1=2\sqrt{2}+1$

$\quad t=\sqrt{2}$ のとき，$\sin\left(\theta+\dfrac{\pi}{4}\right)=1$ により，

$\quad \theta+\dfrac{\pi}{4}=\dfrac{\pi}{2}\qquad\therefore\quad \boldsymbol{\theta=\dfrac{\pi}{4}}$

$\quad t=-1$ のとき，最小値 $\boldsymbol{-2}$ をとり，このとき，

$\quad \sin\left(\theta+\dfrac{\pi}{4}\right)=-\dfrac{1}{\sqrt{2}}\qquad\therefore\quad \theta+\dfrac{\pi}{4}=\dfrac{5}{4}\pi,\ \dfrac{7}{4}\pi\qquad\therefore\quad \boldsymbol{\theta=\pi,\ \dfrac{3}{2}\pi}$

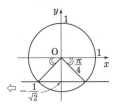

⇦$-\dfrac{1}{\sqrt{2}}$

▷15 演習題（解答は p.172）

（ア）$0\leqq x\leqq2\pi$ の範囲で，関数 $f(x)=4(\sin x+\cos x)-4\sin x\cos x$ の最小値を求めよ.
　　　　　　　　　　　　　　　　　　　　　　　　　（東京電機大／数値変更）

（イ）$\dfrac{\pi}{2}\leqq\theta\leqq\pi$ とする．$t=\cos\theta+\sin\theta$ とおくと，t のとりうる値の範囲は $\boxed{}$ であり，

$\quad \cos^3\theta+\sin^3\theta$ の最大値は $\boxed{}$ である.　　　　　　　（福岡大・工）　　　🕐 15分

◆ 16 三角関数の不等式

（ア）　$0 \leqq \theta < 2\pi$ のとき，不等式 $\sin 2\theta > \sqrt{2}\,\sin\theta$ を解け．

（イ）　$0 \leqq x < 2\pi$ とする．不等式 $\sin 2x + \cos x < 0$ を解きなさい．

（龍谷大・文系）

（角をそろえる）　上の（ア），（イ）を解くときは，◆9 (p.74) で述べたように，まず角をそろえよう．

（$(2\cos\theta+1)(2\sin\theta-1)<0$ の解き方）　単位円をかいて，各因数の符号を考えよう．P$(\cos\theta,\ \sin\theta)$ について，$2\cos\theta+1$ の符号を⊕，⊖，$2\sin\theta-1$ の符号を⊞，⊟で表すと右図のようになるから，2行上の不等式を満たす P の範囲は（⊕⊟か⊖⊞で）図の太線部分になる．

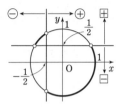

$0 \leqq \theta < 2\pi$ とすると，答えは，$0 \leqq \theta < \dfrac{\pi}{6}$, $\dfrac{2}{3}\pi < \theta < \dfrac{5}{6}\pi$, $\dfrac{4}{3}\pi < \theta < 2\pi$

▓ 解 答 ▓

（ア）　$\sin 2\theta > \sqrt{2}\,\sin\theta$ のとき，

$\quad 2\sin\theta\cos\theta > \sqrt{2}\,\sin\theta$

$\therefore\quad \sqrt{2}\,\sin\theta(\sqrt{2}\cos\theta-1) > 0$ ……①

P$(\cos\theta,\ \sin\theta)$ について，

$\quad \sin\theta$ の符号を⊕，⊖

$\quad \sqrt{2}\cos\theta-1$ の符号を⊞，⊟

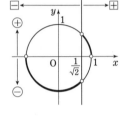

で表すと右図のようになる．よって，①を満たす

P の範囲は（⊕⊞か⊖⊟で）図の太線部になる．よって，求める θ の範囲は，

$$0 < \theta < \frac{\pi}{4}, \ \pi < \theta < \frac{7}{4}\pi$$

（イ）　$\sin 2x + \cos x < 0$ のとき，

$\quad 2\sin x\cos x + \cos x < 0$

$\therefore\quad \cos x(2\sin x + 1) < 0$ …………①

P$(\cos x,\ \sin x)$ について，

$\quad \cos x$ の符号を⊕，⊖

$\quad 2\sin x + 1$ の符号を⊞，⊟

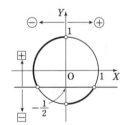

で表すと右図のようになる．よって，①を満たす

P の範囲は（⊕⊟か⊖⊞で）図の太線部になる．よって，求める x の範囲は，

$$\frac{\pi}{2} < x < \frac{7}{6}\pi, \ \frac{3}{2}\pi < x < \frac{11}{6}\pi$$

▶ 16 演習題（解答は p.173）

（ア）　$0 \leqq x < 2\pi$ のとき，不等式 $2\sin 2x - 2\sqrt{2}\,\sin x - 2\cos x + \sqrt{2} \geqq 0$ を解け．

（愛媛大・理，工／後）

（イ）　$-\dfrac{\pi}{2} < \theta < \dfrac{\pi}{2}$ のとき，不等式 $\sin 2\theta + 5\sin\theta - 3\tan\theta < 0$ を解け．

（イ）　まず $\cos\theta$, $\sin\theta$ の不等式に直す．

🕐 15分

◆17 指数と対数／方程式

（ア）　方程式 $2^{x+1}+5 \cdot 2^{-x}-11=0$ を解け. （広島修道大）

（イ）　方程式 $4^x-2^{-x}=5(2^x-1)$ を満たす x のうち最大のものを a，最小のものを b とする.

このとき 2^a の値は ① で，4^a+4^b の値は ② である. （福岡大・工）

> **方程式の解がきれいにならないときは**　（ア）の解の一つは，$2^x=5$ ……① を満たす x となる．

答えがきれい（整数や有理数）にならないが，間違いではない．この場合は，素直に（対数の定義から）$x=\log_2 5$ と答えるのがよい．

　対数の問題では，答えの見た目の形が一つに決まらないことが多い（底の変換公式があるから）．上の ① では，各辺の $\log_{10}$ を考えると，$x \cdot \log_{10} 2=\log_{10} 5$ となるから $x=\dfrac{\log_{10} 5}{\log_{10} 2}$ とも書ける（前の答えと同じになることを確かめよう）．これでも間違いではないが，なるべく簡単な形を結論とするのが慣例となっている．

　（イ）では，a や b を具体的に表す必要はない．2^a，2^b の値から求める値を計算しよう．

▓解 答▓

（ア）　$2^x=X$ とおくと，方程式は $2 \cdot 2^x+\dfrac{5}{2^x}-11=0$ なので，

$$2X+5 \cdot \frac{1}{X}-11=0 \qquad \therefore \quad 2X^2-11X+5=0$$

$$\therefore \quad (2X-1)(X-5)=0$$

よって，$X=\dfrac{1}{2}$, 5, すなわち $2^x=\dfrac{1}{2}$, 5 となるから，$\dfrac{1}{2}=2^{-1}$ より

$$x=-1, \ \log_2 5$$

（イ）　$2^x=X$ とおくと，方程式は $(2^x)^2-\dfrac{1}{2^x}=5(2^x-1)$ なので，

$$X^2-\frac{1}{X}=5(X-1) \qquad \therefore \quad X^3-5X^2+5X-1=0$$

$$\therefore \quad (X-1)(X^2-4X+1)=0$$

$X^2-4X+1=0$ の解は $X=2\pm\sqrt{3}$ で，$0<2-\sqrt{3}<1<2+\sqrt{3}$ であるから，

$2^a=$（最大の解 X）$=2+\sqrt{3}$, $2^b=$（最小の解 X）$=2-\sqrt{3}$

これより，

$$4^a+4^b=(2^a)^2+(2^b)^2=(2+\sqrt{3})^2+(2-\sqrt{3})^2$$
$$=(4+4\sqrt{3}+3)+(4-4\sqrt{3}+3)=14$$

$\Leftarrow X^3-5X^2+5X-1$ に $X=1$ を代入すると $1-5+5-1=0$

$\Leftarrow p<q \Longleftrightarrow 2^p<2^q$

$\Leftarrow 4^a=(2^2)^a=(2^a)^2$

▶17 演習題 （解答は p.173）

次の ☐ にあてはまる整数を答えよ.

（ア）　方程式 $3^{5x-7}=5^{2-x}$ の解は $x=\dfrac{\boxed{}+\boxed{}\log_3 5}{\boxed{}+\boxed{}\log_3 5}$ である.

（広島修道大／形式変更）

（イ）　方程式 $3^{3x}-4 \cdot 9^x-3^{x+1}+2=0$ の最大の解を a，最小の解を b とする.

（1）　$n<a<n+1$ を満たす整数 n は $n=\boxed{}$ である.

（2）　（1）の n に対して $c=a-n$ とすると，$3^b+3^c=\dfrac{\boxed{}}{\boxed{}}-\dfrac{\boxed{}}{\boxed{}}\sqrt{\boxed{}}$ である.

（イ）3^a，3^b を求める.
（1）は $a=\cdots$ の形にするのではなく，
$3^n<3^a<3^{n+1}$ となる n を見つける.

🕐 10分

◆ 18 常用対数／桁数など

（ア）$\log_{10}5=\boxed{}-\log_{10}2$ である．また，5^{50} は $\boxed{}$ 桁の整数である．ただし，$\log_{10}2=0.3010$ とする． （千葉工大）

（イ）$\left(\dfrac{1}{3}\right)^{26}$ を小数で表すと，小数第何位に初めて 0 でない数字が現れるか．ただし，必要ならば $\log_{10}3=0.4771$ として計算せよ． （愛媛大・教，農，工）

【10^n ではさむ】 自然数 N が 4 桁であることは，$1000\leqq N<10000$ と表される．桁数がわかりやすいように $10^{\bullet}$ の形にすると，$10^3\leqq N<10^4$ となる（一般に，n 桁なら $10^{n-1}\leqq N<10^n$）．各辺の $\log_{10}$ を考えれば，$3\leqq\log_{10}N<4$（一般には $n-1\leqq\log_{10}N<n$）．つまり，$10^{n-1}\leqq N<10^n$ または $n-1\leqq\log_{10}N<n$ であれば N の桁数は n と言える．このような式を作ることを目指そう．

　（イ）の小数第何位という問題も同様に考える．例えば，小数第 3 位に初めて 0 でない数字が現れるとすると，$0.00*\cdots$ と書けるということだから，$0.001\leqq M<0.01$，つまり，$10^{-3}\leqq M<10^{-2}$ となる．一般に，正の実数 M（<1）を小数で表したときに小数第 m 位に初めて 0 でない数字が現れることは，$10^{-m}\leqq M<10^{-m+1}$ と表される．各辺の $\log_{10}$ を考えれば，$-m\leqq\log_{10}M<-m+1$ であり，これらのいずれかの式を目標にする．

▒ 解 答 ▒

（ア）　$\log_{10}2+\log_{10}5=\log_{10}(2\cdot5)=1$ より $\log_{10}5=\mathbf{1}-\log_{10}2$

$\log_{10}2=0.3010$ を用いると，$\log_{10}5=0.6990$

これより，$\log_{10}5^{50}=50\log_{10}5=50\times0.6990=34.95$

よって $5^{50}=10^{34.95}=10^{0.95}\times10^{34}=(1\text{ 以上 }10\text{ 未満の数})\times10^{34}$ であり，10^{34} は 35 桁だから，5^{50} は **35** 桁の整数である．

（イ）　$\log_{10}\left(\dfrac{1}{3}\right)^{26}=26\log_{10}\dfrac{1}{3}=-26\log_{10}3$

$\qquad\qquad\qquad =-26\times0.4771=-12.4046=-13+0.5954$ ………………①

よって $\left(\dfrac{1}{3}\right)^{26}=10^{0.5954}\times10^{-13}=(1\text{ 以上 }10\text{ 未満の数})\times10^{-13}$ であり，

$\left(\dfrac{1}{3}\right)^{26}$ は**小数第 13 位**に初めて 0 でない数が現れる．

▒（ア）では，$10^{0.95}$ を見ると最高位の数字がわかる．

$\log_{10}8=3\log_{10}2=0.9030$ から $8=10^{0.9030}$，$\log_{10}9=2\log_{10}3=0.9542$ から $9=10^{0.9542}$ であり，$10^{0.9030}<10^{0.95}<10^{0.9542}$ となるから，$8<10^{0.95}<9$ 従って，5^{50} の最高位の数字は 8.

▒（ア）は $\log_{10}5^{50}=34.95$ から 35 桁，と直ちに答えを書いてもよいし，上式から $10^{34}\leqq5^{50}<10^{35}$ となるので 35 桁，としてもよい．

解答では，$10^{0.95}$（$10^0=1$ と $10^1=10$ の間）と 10^{34} に分離しているが，それぞれ最高位の数字（☞ 解答のあと）と桁数（$10^{34}=1\underbrace{0\cdots0}_{34\text{ 個}}$）が読み取れる．

（イ）も同様の形にした．①のように小数部分を正（0 と 1 の間）にするのがポイント．

⇦ $\log_{10}3=0.4771$ とした．

▷ 18 演習題（解答は p.173）

以下の問題では，$\log_{10}2=0.3010$，$\log_{10}3=0.4771$ とする．

（ア）4^x が 18 桁の数であるような整数 x の値は $\boxed{}$ である． （東京都市大）

（イ）$(2.56)^{40}$ の整数部分は $\boxed{}$ 桁の数である． （日本大・生産工）

（ウ）$\left(\dfrac{1}{8}\right)^{15}$ を小数で表すとき，小数第何位に初めて 0 でない数字が現れるか．

（エ）$N=6^{30}$ とする．
（1）$N=10^k$ と表すとき，k の値を求めよ．
（2）N の桁数を求めよ．
（3）$2\leqq10^{0.343}<3$ を示せ．
（4）N の最高位の数字を求めよ．

（イ）　$256=2^8$

（エ）（4）（3）と上の解答のあとのコメントがヒント．

⏱ 20分

◆19 指数・対数の関数の最大・最小

（ア） $0 \leqq x \leqq 2$ のとき，関数 $y = 9 \cdot 3^x - 9^x$ は，$x = \boxed{}$ で最大値 $\boxed{}$，$x = \boxed{}$ で最小値 $\boxed{}$ をとる．　　　　　　　（神戸女子大）

（イ） $1 \leqq x \leqq 8$ のとき，関数 $y = \left(\log_2 \dfrac{x}{8}\right)\left(\log_4 \dfrac{x}{2}\right) \cdots\cdots ①$　について，

（1）　$\log_2 x = t$ とおくとき，t の値の範囲を求めよ．

（2）　y を t の式で表せ．

（3）　①の最大値と最小値を求めよ．また，そのときの x の値を求めよ．　　　（吉備国際大）

> （新しい変数の動く範囲に注意）　（ア）では，x の関数とみると難しいが，$3^x = t$ とおいて y を t で表し，t の関数とみると2次関数になるので扱える．ここで重要なのは x の範囲を t に反映させること．$0 \leqq x \leqq 2$ なので，$t = 3^x$ の動く範囲は $1 \leqq t \leqq 9$ となる．

解 答

（ア）　$t = 3^x$ とおくと，$0 \leqq x \leqq 2$ のとき $1 \leqq t \leqq 9$ であり，

$$y = 9 \cdot 3^x - (3^x)^2 = 9t - t^2 \qquad\qquad \Leftarrow 9^x = (3^2)^x = (3^x)^2$$

平方完成すると $y = -\left(t - \dfrac{9}{2}\right)^2 + \dfrac{81}{4}$ となるから，

・最大にする t は $\dfrac{9}{2}$, そのとき $3^x = \dfrac{9}{2}$ より

$x = \log_3 \dfrac{9}{2} = 2 - \log_3 2$ で最大値 $\dfrac{81}{4}$　　　$\Leftarrow \log_3 \dfrac{9}{2} = \log_3 9 - \log_3 2$

・最小にする t は 9, そのとき $x = 2$ で最小値 0　　　$\Leftarrow 1$ と 9 のうち $\dfrac{9}{2}$ から遠い方

（イ）（1）　$t = \log_2 x$, $1 \leqq x \leqq 8$ より $0 \leqq t \leqq 3$　　　$3^x = 9$ となる x は $x = 2$

（2）　$y = (\log_2 x - \log_2 8)(\log_4 x - \log_4 2)$　　　$y = 9t - t^2$ に $t = 9$ を代入して最小値を計算．

$\qquad = (\log_2 x - 3)\left(\dfrac{\log_2 x}{\log_2 4} - \dfrac{\log_2 2}{\log_2 4}\right) = (t - 3)\left(\dfrac{t}{2} - \dfrac{1}{2}\right)$

$\qquad = \dfrac{1}{2}(t^2 - 4t + 3)$

（3）　$y = \dfrac{1}{2}\{(t-2)^2 - 1\}$, $0 \leqq t \leqq 3$ より

・最大にする t は 0, そのとき $x = 1$ で最大値 $\dfrac{3}{2}$　　　$t = \log_2 x = 0$ のとき $x = 1$　$\Leftarrow$（2）の式に $t = 0$ を代入して最大値を計算

・最小にする t は 2, そのとき $x = 4$ で最小値 $-\dfrac{1}{2}$　　　$t = \log_2 x = 2$ のとき $x = 4$　$\Leftarrow$ 平方完成した式から最小値がわかる．

▶19 演習題（解答は p.174）

（ア）　$f(x) = 5^{-x} - 25^{-x}$ とする．

（1）　x の範囲を $x \geqq 0$ とするとき，$f(x)$ の最大値，最小値を求めよ．

（2）　x の範囲を $x \leqq 0$ とするとき，$f(x)$ の最大値，最小値を求めよ．ただし，存在しない場合は「存在しない」と答えよ．

（イ）　$\dfrac{1}{16} \leqq x \leqq 4$ のとき，$f(x) = (\log_2 x)^2 + 2\log_2(x^3)$ の最大値と最小値を求めよ．

（甲南大・理系）　　　🕐 10分

◆20 a^x+a^{-x} タイプ

実数 x に対して $t=3^x+3^{-x}$ とおく. t の取り得る値の範囲は $t \geqq \boxed{(1)}$ である.

関数 $y=3(9^x+9^{-x})-20(3^x+3^{-x})$ を t の整式で表すと $y=\boxed{(2)}$ である. 関数 y は $x=\boxed{(3)}$ で最小値 $\boxed{(4)}$ をとる. (関西学院大・経済, 国際, 総政, 人間)

この例題では,（1）t の取り得る値の範囲を求める,（2）y を t の式で表す, の2つのポイントがある. 解き方は決まっているので基本パターンを覚えればかなりの問題が解ける.

（ （1）は相加・相乗平均の不等式を使う ）　相加・相乗平均の不等式 $X+Y \geqq 2\sqrt{XY}$ を使う. $X=3^x$, $Y=3^{-x}$ としてみると, $XY=3^x \cdot 3^{-x}=3^{x-x}=3^0=1$ となることがポイントで, $3^x+3^{-x} \geqq 2$ が得られる. 穴埋めなら, この2を答えとすればよい.

（ （2）は t^2 を計算してみよう ）　9^x+9^{-x} を t で表せばよい. $9^x=(3^2)^x=(3^x)^2$ となるから, t^2 を計算してみよう.

$$t^2=(3^x+3^{-x})^2=(3^x)^2+(3^{-x})^2+2\cdot\underset{\sim\sim\sim\sim}{3^x \cdot 3^{-x}}=9^x+9^{-x}+2$$

〜〜〜が定数になる（ここがミソ）ので, $9^x+9^{-x}=t^2-2$ と, t だけの式で表すことができる.

▤ 解 答 ▤

（1）相加・相乗平均の不等式より, $t=3^x+3^{-x} \geqq 2\sqrt{3^x \cdot 3^{-x}}=2\sqrt{3^0}=2$
　　等号は, $3^x=3^{-x}$ すなわち $x=0$ のときに成立する.　　　　　　　　　　$\Leftarrow 3^{2x}=1$ のとき.

　　x を大きくすると 3^x はいくらでも大きい値をとり, $3^{-x}>0$ であるから, t は2以上のすべての値（実数）を取る. 答えは, $\boldsymbol{t \geqq 2}$

（2）$t^2=(3^x+3^{-x})^2=(3^x)^2+(3^{-x})^2+2\cdot3^x \cdot 3^{-x}=9^x+9^{-x}+2$ であるから,

$$y=3(t^2-2)-20t=\boldsymbol{3t^2-20t-6}$$　　　　　　　　　　　　　　$\Leftarrow 9^x+9^{-x}=t^2-2$

（3）（4）$y=3\left(t^2-\dfrac{20}{3}t\right)-6=3\left(t-\dfrac{10}{3}\right)^2-\dfrac{100}{3}-6$

（1）より $t=\dfrac{10}{3}$ となる x があるから, y の最小値は $-\dfrac{100}{3}-6=\boldsymbol{-\dfrac{118}{3}}$

$t=\dfrac{10}{3}$ のとき, $3^x+3^{-x}=\dfrac{10}{3}$ である.

$u=3^x$ とおくと, $3^{-x}=\dfrac{1}{u}$ だから $u+\dfrac{1}{u}=\dfrac{10}{3}$

　　$\therefore \quad 3u^2-10u+3=0 \qquad \therefore \quad (3u-1)(u-3)=0$　　　　　　$\Leftarrow$ 上式の各辺を $3u$ 倍して整理.

従って $u=3, \dfrac{1}{3}$ となるから, $\boldsymbol{x=1, \ -1}$

▨演習題（イ）のようにノーヒントで最小値を求めよ, となっているときは, ひっかかりやすい. このワナを見抜けるだろうか.

▶20 演習題 （解答は p.175）

（ア）方程式 $2(4^x+4^{-x})-7(2^x+2^{-x})+9=0$ について次の問いに答えよ.
　（1）$2^x+2^{-x}=t$ とおいて t の満たす方程式を作れ.
　（2）（1）の方程式を解け.
　（3）x の値を求めよ.

（イ）$f(x)=3^{2x+1}+3^{-2x+1}-5(3^x+3^{-x})+7$ とおく. $f(x)$ の最小値を求めよ.　　　🕐 10分

◆21 微分法の応用／極値の条件から関数を決定

（ア） 関数 $f(x)=x^3+ax^2+bx-2$ が $x=2$ で極小値をとり，$x=-4$ で極大値をとるとき，定数 a，b を求めよ．また，このとき極値を求めよ．

（イ） 関数 $f(x)=x^3+ax^2+bx+c$ が $x=2$ で極小値 -10 をとり，$x=-2$ で極大値をとるとき，定数 a，b，c を求めよ．また，このとき極大値を求めよ．

導関数 $f'(x)$ を主役に　3次関数 $f(x)$ に関して極値を与える x の値の条件から関数を決定する問題では，$f(x)$ の導関数 $f'(x)$ から求めていくとよい．$x=\alpha$ で極値をとるとき $f'(\alpha)=0$ となる．例えば，極値をとる x の値が $x=2$，$x=3$ であれば，導関数 $f'(x)$ について，$f'(2)=0$，$f'(3)=0$ となる．これをもとに係数を決定していく．

▤ 解 答 ▤

（ア） $f(x)$ を微分して，$f'(x)=3x^2+2ax+b$

$x=2$，$x=-4$ で極値をとるので，$f'(2)=0$，$f'(-4)=0$

つまり，$12+4a+b=0$……①，$48-8a+b=0$……②

①－②より，$-36+12a=0$　∴ $\boldsymbol{a=3}$．①に代入して，$\boldsymbol{b=-24}$

これより，$f(x)=x^3+3x^2-24x-2$ なので，

極小値 $f(2)=\boldsymbol{-30}$，極大値 $f(-4)=\boldsymbol{78}$

⇦ $f(2)=8+12-48-2=-30$
$f(-4)=-64+48+96-2=78$

（イ） $f(x)$ を微分して，$f'(x)=3x^2+2ax+b$

$x=2$，$x=-2$ で極値をとるので，$f'(2)=0$，$f'(-2)=0$

つまり，$12+4a+b=0$……①，$12-4a+b=0$……②

①－②より，$8a=0$　∴ $\boldsymbol{a=0}$．①に代入して，$\boldsymbol{b=-12}$

これより，$f(x)=x^3-12x+c$

$f(2)=-10$ より，$8-24+c=-10$　∴ $\boldsymbol{c=6}$

したがって，$f(x)=x^3-12x+6$ なので，

極大値は，$f(-2)=-8+24+6=\boldsymbol{22}$

⇦ $x=2$ で極小値 -10 をとる．

▨ 連立方程式を解かない解法

（ア）のように極値をとる x の値が $x=2$，$x=-4$ であれば，導関数 $f'(x)$ について，$f'(2)=0$，$f'(-4)=0$ となる．$f'(x)=0$ は2次方程式なので，$x=2$，-4 が解になるということである．これより $f'(x)$ は $(x-2)(x+4)$ の定数倍となり，$f'(x)=k(x-2)(x+4)$ ［k は定数］とおくことができる．

一方，$f(x)=x^3+ax^2+bx-2$ の導関数は，$f'(x)=3x^2+2ax+b$ なので，2次の係数を比較して $k=3$ となる．

$f'(x)=3(x-2)(x+4)=3(x^2+2x-8)=3x^2+6x-24$.

これを積分して $f(x)$ を求めると，定数項は -2 なので，

$$f(x)=x^3+3x^2-24x-2$$

━━ ▶◀21 **演習題**（解答は p.175）━━━━━

（ア） 関数 $f(x)=-x^3+ax^2+bx+4$ が，$x=1$ と $x=-5$ で極値をとるとき，a，b を求めよ．また，このとき極大値と極小値を求めよ．

（イ） 関数 $f(x)=ax^3+bx^2+cx$ が，$x=-1$ で極大値 16，$x=5$ で極小値をとるとき，a，b，c を求めよ．また，このとき極小値を求めよ．

🕐 15分

横 16 cm，縦 6 cm の長方形の厚紙の四隅から一辺の長さが x cm の正方形を切り取り，ふたのない直方体の箱を作る．この直方体の体積を V cm³ としたとき，次の問いに答えよ．

（1） 体積 V を x の式で表せ．

（2） 体積 V が最大となる x を求めよ．

（3） V の最大値を求めよ．

> **具体的な図形量の最大値（最小値）** 図計量などの最大値・最小値を求めるには，長さ・角度などを変数とおき，図計量をその変数の関数で表すことが第一手である．例えば，本問のように長さを x [cm] とおいて体積を x の関数で $V(x)$ [cm³] と表す．
> 体積 $V(x)$ [cm³] の最大（最小）を求めるには，$V(x)$ を x で微分して $V(x)$ の増減を調べる．このとき，x の取りうる範囲に注意しよう．x は図計量なので問題の設定によって取りうる範囲が限定される．このもとで関数の最大値（最小値）を求める．

▤ 解 答 ▤

（1） 展開図は右図のようになるので，
直方体の体積 V は，
$$V = (16-2x)(6-2x)x$$
$$= 4(8-x)(3-x)x \cdots\cdots ①$$
$$= 4(x^3 - 11x^2 + 24x)$$

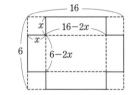

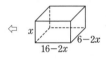

（2） 直方体の横，縦，高さは正なので
$$16-2x>0, \quad 6-2x>0, \quad x>0.$$

$\Leftarrow x<8, \ x<3, \ x>0$

これより x の取りうる範囲は，$0<x<3$

V を x で微分して，
$$V' = 4(3x^2 - 22x + 24) = 4(3x-4)(x-6)$$

$0<x<3$ において，増減表をかくと，右のようになる．

x	0	$\cdots$	$\frac{4}{3}$	$\cdots$	3
V'		$+$	0	$-$	
V		↗	極大	↘	

$\Leftarrow$
$$\begin{array}{ccc} 1 & -6 & \to & -18 \\ 3 & -4 & \to & -4 \\ \hline & & & -22 \end{array}$$

$x = \dfrac{4}{3} \cdots\cdots ②$　のとき最大となる．

（3） ②を①に代入して，
$$V = 4\left(8-\frac{4}{3}\right)\left(3-\frac{4}{3}\right)\frac{4}{3} = 4\cdot\frac{20}{3}\cdot\frac{5}{3}\cdot\frac{4}{3} = \frac{1600}{27} \ [\text{cm}^3]$$

V のグラフは，

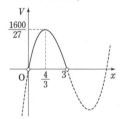

▨ 本問では変数の置き方が問題で与えられていたが，問題によっては自分で設定しなければならない場合がある．基本は求めたい長さを変数としておくとよい．しかし，図計量の関数が扱いづらくなる場合は，他の長さを変数に置くことも考えよう．また，長さでうまく行かないときは，角度を変数と置くとうまく行くという場合もある．

▷◁ 22 **演習題** （解答は p.175）

図のように半径 r の半球面に円柱が内接している．円柱の体積が最大になるのは円柱の高さが ［ ア ］ のときであり，その円柱の体積は ［ イ ］ である．

（南山大・外，総合政策）

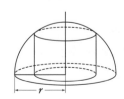

円柱の高さを変数にとる．円柱の半径を高さで表すには，円柱の軸を含む平面で考える．

⏱ 15分

◆ 23 微分法の応用／方程式の実数解の個数

3次方程式 $3x^3+9x^2+8x-k=0$ が異なる3つの実数解を持つとき，定数 k の値の範囲は $\boxed{}$ である．

（日本工大）

定数分離 方程式 $3x^3+9x^2+8x-k=0$ を，$3x^3+9x^2+8x=k$ というように，定数 k が入っている項を右辺に，定数 k が入っていない項を左辺に集めて式変形することを定数分離という．

$3x^3+9x^2+8x=k$ は，連立方程式 $y=3x^3+9x^2+8x$，$y=k$ から y を消去したものなので，方程式 $3x^3+9x^2+8x=k$ の実数解は，連立方程式 $y=3x^3+9x^2+8x$，$y=k$ の実数解の x となる．

この連立方程式の実数解は，3次関数 $y=3x^3+9x^2+8x$ のグラフと直線 $y=k$（x 軸に平行）のグラフの共有点の x 座標として捉えることができる．

方程式 $3x^3+9x^2+8x-k=0$ の実数解の個数は，$y=3x^3+9x^2+8x$ のグラフと $y=k$ のグラフの共有点の個数に一致する．この解法は視角的に捉えることができるのがメリットである．

▤ 解 答 ▤

$3x^3+9x^2+8x-k=0$ を変形して，$3x^3+9x^2+8x=k$

方程式 $3x^3+9x^2+8x=k$ の実数解の個数は，

$y=3x^3+9x^2+8x$ のグラフと $y=k$ のグラフの共有点の個数に一致する．

$f(x)=3x^3+9x^2+8x$ とおく．微分して，

$f'(x)=9x^2+18x+8=(3x+2)(3x+4)$

であり，増減表を書くと，

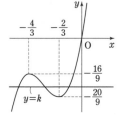

x	$\cdots$	$-\dfrac{4}{3}$	$\cdots$	$-\dfrac{2}{3}$	$\cdots$
y'	$+$	0	$-$	0	$+$
y	$\nearrow$	$-\dfrac{16}{9}$	$\searrow$	$-\dfrac{20}{9}$	$\nearrow$

$y=3x^3+9x^2+8x$ のグラフは右図のようになる．

$y=k$ のグラフとの共有点が3個になる k の範囲を考えて，答は，

$$-\frac{20}{9}<k<-\frac{16}{9}$$

⇦ x 軸に平行な直線 $y=k$ を動かして，交点が3つあるような k の範囲を求める．

⇦ 3解とも負

▨「実数解の個数を k（文字定数）の範囲によって場合分けして答えよ．」という設問の場合，答えは例えば，

「$k<1$ のとき2個，$k=1$ のとき1個，$1<k$ のとき2個」

というようになる．k がどの実数であっても，答えを見て解の個数が分かるような答え方でなければならない．

──── ▷ 23 **演習題**（解答は p.176）════════════

3次方程式 $x^3-9x-a=0$ の実数解の個数を，定数 a の値によって場合分けして答えよ．また，3つの異なる実数解をもち，そのうち2つが正，1つが負となるような a の範囲を求めよ．

🕐 15分

◆ 24 $(x-a)^n$ の積分

次の定積分を求めよ.

（1） $\displaystyle\int_0^1 (x+1)^2 dx$　　　　　　（2） $\displaystyle\int_1^3 (x-2)^3 dx$

（3） $\displaystyle\int_{-1}^0 (x+3)^4 dx$

───

$(x-a)^n$ の積分　例題の定積分は, いずれも被積分関数を展開して計算すればできる. しかし, この方法では計算量が多くなり, ミスをしやすくなってしまう.

$(x-a)^n$ の積分では, 次の公式を利用しよう.

a を定数, n を自然数とするとき, $f(x)=(x-a)^n$ の導関数は $f'(x)=n(x-a)^{n-1}$　（☞ p.112）であった. 欲しいのは, 微分して $(x-a)^n$ になる関数なので, まず n を $n+1$ にしてみると, $((x-a)^{n+1})'=(n+1)(x-a)^n$ となる. 各辺を $n+1$ で割れば,

$\left(\dfrac{1}{n+1}(x-a)^{n+1}\right)'=(x-a)^n$ となるので $\displaystyle\int (x-a)^n dx=\dfrac{1}{n+1}(x-a)^{n+1}+C$ が得られる.

▓ 解 答 ▓

（1） $\displaystyle\int_0^1 (x+1)^2 dx=\left[\dfrac{1}{3}(x+1)^3\right]_0^1=\dfrac{1}{3}(2^3-1^3)=\dfrac{\mathbf{7}}{\mathbf{3}}$　　　　⇦ $n=2,\ a=-1$

（2） $\displaystyle\int_1^3 (x-2)^3 dx=\left[\dfrac{1}{4}(x-2)^4\right]_1^3=\dfrac{1}{4}\{1^4-(-1)^4\}=\mathbf{0}$　　　⇦ $n=3,\ a=2$

（3） $\displaystyle\int_{-1}^0 (x+3)^4 dx=\left[\dfrac{1}{5}(x+3)^5\right]_{-1}^0=\dfrac{1}{5}(3^5-2^5)=\dfrac{\mathbf{211}}{\mathbf{5}}$　⇦ $n=4,\ a=-3$; $\dfrac{1}{5}(243-32)$

▓ 前文の微分・積分の公式は, カッコ内の x の係数が 1 の場合に限って使うことができる. x の係数が 1 でない場合は, 次のようになる.

⇦ 例えば, $f(x)=(2x-1)^4$ のとき $f'(x)=4(2x-1)^3$ は誤り.

$g(x)=(ax+b)^n$ （a, b は定数, n は自然数）のとき,

$g(x)=\left\{a\left(x+\dfrac{b}{a}\right)\right\}^n=a^n\left(x+\dfrac{b}{a}\right)^n$ より

$g'(x)=a^n\cdot n\left(x+\dfrac{b}{a}\right)^{n-1}=na\left\{a\left(x+\dfrac{b}{a}\right)\right\}^{n-1}=na(ax+b)^{n-1}$

n を $n+1$ にしてみると, $((ax+b)^{n+1})'=a(n+1)(ax+b)^n$

これより, $\displaystyle\int (ax+b)^n dx=\dfrac{1}{a(n+1)}(ax+b)^{n+1}+C$

───

▷◁ 24 演習題 （解答は p.176）

（ア）次の定積分を求めよ.

（1） $\displaystyle\int_0^2 (x-4)^3 dx$　　　　　　（2） $\displaystyle\int_{-1}^2 (x-1)^4 dx$

（3） $\displaystyle\int_0^1 (3x-1)^3 dx$

（イ）（1） $(x+1)^2(x-4)=(x+1)^3+k(x+1)^2$ を満たす定数 k の値を求めよ.

（2） $\displaystyle\int_0^2 (x+1)^2(x-4)\,dx$ の値を求めよ.

🕐 8 分

◆ 25 絶対値のついた関数の積分

次の定積分を求めよ.

（1） $\displaystyle\int_0^3 |x-1|\,dx$　　　　　　　（2） $\displaystyle\int_1^3 |x^2-2x|\,dx$

絶対値をはずすには　まず，積分する区間で絶対値の中身の符号が一定である問題を考えてみよう.

例えば，$\displaystyle\int_2^3 |x-1|\,dx$ ……① は，$2\leqq x\leqq 3$ で $|x-1|=x-1$ であることから，① $=\displaystyle\int_2^3 (x-1)\,dx$ となる（計算できる形が得られた）.この例から，絶対値の中身の符号が一定になるように積分区間を分け，それぞれ絶対値をはずせば計算できることがわかるだろう.

実際の計算では，解答のように，絶対値の中身の符号を調べてそれをもとに積分区間を分けるとよい.

▓ 解 答 ▓

（1）　$0\leqq x\leqq 3$ の範囲で $|x-1|=\begin{cases}-(x-1) & (0\leqq x\leqq 1)\\ x-1 & (1\leqq x\leqq 3)\end{cases}$ だから，

$$\int_0^3 |x-1|\,dx=\int_0^1 |x-1|\,dx+\int_1^3 |x-1|\,dx$$

$$=\int_0^1 \{-(x-1)\}\,dx+\int_1^3 (x-1)\,dx=\left[-\frac{1}{2}x^2+x\right]_0^1+\left[\frac{1}{2}x^2-x\right]_1^3$$

$$=-\frac{1}{2}+1+\left(\frac{9}{2}-3\right)-\left(\frac{1}{2}-1\right)=\boldsymbol{\frac{5}{2}}$$

（2）　$x^2-2x=x(x-2)$ だから，$1\leqq x\leqq 3$ の範囲で

$|x^2-2x|=\begin{cases}-(x^2-2x) & (1\leqq x\leqq 2)\\ x^2-2x & (2\leqq x\leqq 3)\end{cases}$ となる.よって，

$$\int_1^3 |x^2-2x|\,dx=\int_1^2 |x^2-2x|\,dx+\int_2^3 |x^2-2x|\,dx$$

$$=\int_1^2 \{-(x^2-2x)\}\,dx+\int_2^3 (x^2-2x)\,dx$$

$$=\left[-\frac{1}{3}x^3+x^2\right]_1^2+\left[\frac{1}{3}x^3-x^2\right]_2^3$$

$$=-\frac{8}{3}+4-\left(-\frac{1}{3}+1\right)+(9-9)-\left(\frac{8}{3}-4\right)$$

$$=\boldsymbol{2}$$

▓ 積分計算の最後に，同じものが 2 か所にあらわれていることに気づくだろうか.これは，被積分関数の符号を同じにしてみる（第 1 項の上端と下端を入れかえ，〰〰を同じにする）と納得できる.（1）は

$$\int_0^1 \{-(x-1)\}\,dx+\int_1^3 (x-1)\,dx=\int_1^0 (x-1)\,dx+\int_1^3 (x-1)\,dx$$

$$=\left[\frac{1}{2}x^2-x\right]_1^0+\left[\frac{1}{2}x^2-x\right]_1^3$$

となるので，$\frac{1}{2}x^2-x$ に $x=1$ を代入，が 2 回あらわれる.

▓ 面積は定積分で求める（☞ p.130）ことから，逆に定積分は面積と考えられる.（1），（2）はそれぞれ下図の網目部の面積である.このようなイメージがあると，絶対値をはずす部分も考えやすい.

（1）$y=-(x-1)$ 　　$y=|x-1|$

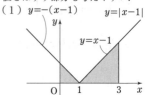

（2）

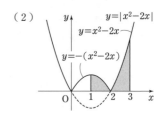

⇦（1）は $-\frac{1}{2}+1$,（2）は $-\frac{8}{3}+4$ が 2 か所に出てくる.

⇦ 演習題の解答のコメントも参照.

▶◀ 25 演習題（解答は p.176）

次の定積分を求めよ.

（1） $\displaystyle\int_0^2 |2x-1|\,dx$　　　　　　　（2） $\displaystyle\int_{-1}^3 |x^2-x|\,dx$

🕐 8 分

◆ 26 放物線と直線が囲む部分の面積

（1） 次の等式を証明せよ．ただし，α, β は定数とする．

$$\int_{\alpha}^{\beta}(x-\alpha)(x-\beta)\,dx=-\frac{1}{6}(\beta-\alpha)^3$$

（2） 放物線 $C:y=x^2$ と直線 $l:y=2x+2$ で囲まれる部分の面積 S を求めよう．C と l の交点の x 座標を α, β ($\alpha<\beta$) とすると，$S=\int_{\boxed{}}^{\boxed{}}\{-(x-\boxed{})(x-\boxed{})\}\,dx$ と表される（空欄を α, β を用いて埋めよ）．$\alpha=\boxed{}$, $\beta=\boxed{}$ だから，（1）を用いると $S=\boxed{}$ となる．

（放物線と直線が囲む部分の面積） （1）がその公式であることは，（2）を解くとわかる．（1）の証明は，被積分関数を展開して示すこともできるが，p.159 の公式を用いる方法を紹介する．

（2）は，図を描くと右のようになる．C と l の交点の x 座標は，$x^2=2x+2$ の解であるから，それらを α, β としよう．すると，$S=\int_{\alpha}^{\beta}\{(2x+2)-x^2\}\,dx$ [$\alpha\leqq x\leqq\beta$ では l が C の上側にある] となる．ポイントは，被積分関数が α, β を用いて書けるということ．$x^2-2x-2=0$ の解が α, β であることから，$x^2-2x-2=(x-\alpha)(x-\beta)$ となる．

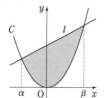

▓解 答▓

（1） $(x-\alpha)(x-\beta)=(x-\alpha)\{(x-\alpha)+(\alpha-\beta)\}$
$\qquad\qquad\qquad=(x-\alpha)^2+(\alpha-\beta)(x-\alpha)$

となることから，

$$\int_{\alpha}^{\beta}(x-\alpha)(x-\beta)\,dx=\int_{\alpha}^{\beta}\{(x-\alpha)^2+(\alpha-\beta)(x-\alpha)\}\,dx$$

$$=\left[\frac{1}{3}(x-\alpha)^3+\frac{1}{2}(\alpha-\beta)(x-\alpha)^2\right]_{\alpha}^{\beta}$$

$$=\frac{1}{3}(\beta-\alpha)^3-\frac{1}{2}(\beta-\alpha)^3=-\frac{1}{6}(\beta-\alpha)^3$$

⇦ $\frac{1}{2}(\alpha-\beta)(\beta-\alpha)^2=-\frac{1}{2}(\beta-\alpha)^3$
$x=\alpha$ を代入したときに 0 になるのがミソ．

（2） C と l の交点の x 座標 α, β は
$x^2=2x+2$, すなわち $x^2-2x-2=0$ ……①
の解であるから，$x^2-2x-2=(x-\alpha)(x-\beta)$ と因数分解される．図より，$\alpha\leqq x\leqq\beta$ の範囲で l が C の上側にあるから，

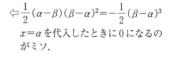

$$S=\int_{\alpha}^{\beta}(2x+2-x^2)\,dx$$

$$=\int_{\alpha}^{\beta}\{-(x^2-2x-2)\}\,dx=\int_{\alpha}^{\beta}\{-(x-\alpha)(x-\beta)\}\,dx\quad\cdots\cdots②$$

⇦ 方程式を解けば $\alpha=1-\sqrt{3}$, $\beta=1+\sqrt{3}$ と具体的に求められる．しかし，$S=\int_{1-\sqrt{3}}^{1+\sqrt{3}}(2x+2-x^2)\,dx$ を正直に計算したら大変．積分区間と被積分関数の両方を α, β で書くところがポイント．

（1）より②$=\frac{1}{6}(\beta-\alpha)^3$……③ であり，①を解くと $\alpha=1-\sqrt{3}$, $\beta=1+\sqrt{3}$

となるから，③$=\frac{1}{6}(2\sqrt{3})^3=\frac{1}{6}\cdot8\cdot3\sqrt{3}=\boldsymbol{4\sqrt{3}}$

▶◀26 演習題 （解答は p.177）

放物線 $y=x^2$ を C，点 $(0,3)$ を通り傾き m の直線を l とする．C と l の交点の x 座標を m で表すと $\boxed{}$，$\boxed{}$ となるから，C と l で囲まれる部分の面積 S を m で表すと $S=\boxed{}$ である．よって，$S=\frac{20}{3}\sqrt{5}$ となる m の値を求めると，$m=\boxed{}$ となる．

例題の（1）の等式を利用しよう．

🕐7分

◆ 27 面積／放物線と接線

放物線 $y=x^2$ を C とし，C の $x=3$ における接線を l とするとき，
（1） l の方程式を求めよ．
（2） C，l，y 軸で囲まれる部分の面積を求めよ．

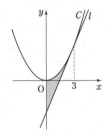

〔差の関数をどう書くか〕 図は右のようになる．よって，l の式を求めて $\int_0^3 \{x^2 - (l \text{の式})\} dx$ を計算すれば求められるのだが，被積分関数をどのような形（展開した形，因数分解した形）に書くのがよいのだろうか．

本問では，$x^2 - (l \text{の式}) = (x-3)^2$ となり，この形を使う（p.159 の公式を用いる）と積分計算がラクにできる．

▓ 解 答 ▓

（1） $C : y = x^2$ について $y' = 2x$ なので，
$(3,\ 9)$ における接線 l の方程式は
$$y = 2 \cdot 3(x-3) + 9$$
$\therefore\ \boldsymbol{y = 6x - 9}$

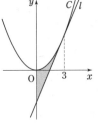

（2） C，l，y 軸で囲まれる部分は右図の網目部だから，求める面積は

$$\int_0^3 \{x^2 - (6x-9)\} dx$$
$$= \int_0^3 (x-3)^2 dx = \left[\frac{1}{3}(x-3)^3 \right]_0^3 = -\frac{1}{3}(-3)^3$$
$$= \boldsymbol{9}$$

⇦ $(C \text{の式}) - (l \text{の式})$
$= (x - [\text{接点の } x \text{座標}])^2$

▨ $C : y = x^2$ と $l : y = 6x - 9$ の共有点は $(3,\ 9)$ だけであるから，$x^2 = 6x - 9$（$\Longleftrightarrow x^2 - 6x + 9 = 0$）の解は $x = 3$（重解）となる．これが，$x^2 - (6x-9) = (x-3)^2$ と因数分解される理由である．

数Ⅱの積分計算では，被積分関数を因数分解したときに交点や接点の x 座標が出てくることが多い（そして，その形の方が積分計算がラクになることが少なくない）のであるが，このような変形をするのは，前頁の例題（1）の公式が使えたり，被積分関数が1次式の n 乗になったりするからである．

═══ ◀27 演習題 （解答は p.178）═══

放物線 $y = x^2$ を C とし，点 $\mathrm{A}(1,\ -8)$ とする．
（1） A を通る C の接線は2本ある．それらの方程式を求めよ．
（2） （1）で求めた2本の接線と C で囲まれる部分の面積を求めよ．

🕐 10分

162

◆ 28 面積／3次関数と接線

3次関数 $y=x^3-x$ のグラフを C とし，C の $x=1$ における接線を l とする．

（1） l の方程式を求めよ．

（2） l と C の交点（接点は除く）の x 座標を求めよ．

（3） C と l で囲まれた部分の面積を求めよ．

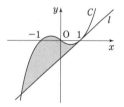

$\boxed{\text{接点は重解}}$ l の方程式は $y=2x-2$ となる．（2）は $x^3-x=2x-2$ の解（$x \neq 1$）を求めるのであるが，この方程式の解は $x=1$ が重解となることを利用しよう．

$\boxed{\text{差の関数の表し方}}$ 例題では，（3）の被積分関数を因数分解すると $(x-1)^2(x+2)$ となるが，この形のままでは積分できない．展開した形で計算してもよいが，◆24（p.159）演習題(イ)と同じ変形をしてみる．

解 答

（1） $C : y=x^3-x$ のとき $y'=3x^2-1$
であるから，$(1, 0)$ における接線の方程式は

$$y=(3 \cdot 1^2-1)(x-1)$$

$$\therefore \quad \boldsymbol{y=2x-2}$$

（2） l と C の交点の x 座標は，
$x^3-x=2x-2 \cdots\cdots$ ① の解である．①は
$x^3-3x+2=0$ で，因数分解すると

$$(x-1)^2(x+2)=0$$

となるから，$x=1$ 以外の解は $\boldsymbol{x=-2}$

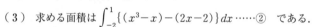

（3） 求める面積は $\displaystyle\int_{-2}^{1}\{(x^3-x)-(2x-2)\}dx \cdots\cdots$ ② である．

②の被積分関数は

$$(x^3-x)-(2x-2)=x^3-3x+2=(x-1)^2(x+2)$$

$$=(x-1)^2\{(x-1)+3\}=(x-1)^3+3(x-1)^2$$

となるので，

$$② =\int_{-2}^{1}\{(x-1)^3+3(x-1)^2\}dx$$

$$=\left[\frac{1}{4}(x-1)^4+(x-1)^3\right]_{-2}^{1}=-\frac{1}{4}(-3)^4-(-3)^3$$

$$=\frac{-81+108}{4}=\frac{27}{4}$$

$x=1$ で接するので
$x=1$ が重解

⇦（2）の途中経過を使った．

▨ このような変形をする理由は，端点の値 $x=1$ を代入するところを見るとわかる．なお，この式変形の図形的な意味については，演習題の解答のあとの2番目のコメント参照．

▶◀ 28 演習題 （解答は p.178）

3次関数 $y=x^3$ のグラフを C とし，C 上に x 座標が t の点 T をとる．ただし，$t>0$ とする．T における C の接線を l_1，l_1 と C の交点で T 以外のものを U とする．

（1） l_1 の方程式と U の x 座標を求めよ．

（2） l_1 と C で囲まれる領域を E，E のうち $x \geqq 0$ の部分を E_1 とする．E，E_1 の面積をそれぞれ S，S_1 とするとき，S および面積比 $S:S_1$ を求めよ．

🕐 12分

2つの放物線 $y=x^2$, $y=-2x^2+x+c$ で囲まれた部分の面積が $\dfrac{125}{54}$ となるとき，定数 c の値を求めよ.

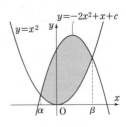

▗ 放物線どうしが囲む部分の面積 ▖ 放物線と直線が囲む部分の面積を求めたときと同じように（☞ p.161），2つの放物線の交点の x 座標を α, β $(\alpha<\beta)$ とする．このとき，面積を表す式は $\displaystyle\int_{\alpha}^{\beta}\{(-2x^2+x+c)-x^2\}dx$ となる．ここで，被積分関数が α, β で書けないか？ と考えてみよう．◆26 の公式 $\displaystyle\int_{\alpha}^{\beta}(x-\alpha)(x-\beta)dx=-\frac{1}{6}(\beta-\alpha)^3$ が本問でも使えることに気づくのではないだろうか.

▤ 解 答 ▤

2つの放物線の交点の x 座標を α, β $(\alpha<\beta)$ とすると，右図のようになるから，囲まれた部分（網目部）の面積を表す式は，

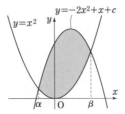

$$\int_{\alpha}^{\beta}\{(-2x^2+x+c)-x^2\}dx$$
$$=\int_{\alpha}^{\beta}(-3x^2+x+c)\,dx \cdots\cdots\cdots\cdots ①$$

α, β は $x^2=-2x^2+x+c$ の解，つまり $-3x^2+x+c=0$ の解であるから，$-3x^2+x+c$ は（x^2 の係数に注意すると）$-3(x-\alpha)(x-\beta)$ と因数分解される．よって，

$$①=-3\int_{\alpha}^{\beta}(x-\alpha)(x-\beta)dx=\frac{3}{6}(\beta-\alpha)^3=\frac{1}{2}(\beta-\alpha)^3 \cdots\cdots\cdots\cdots ②$$

$②=\dfrac{125}{54}$ のとき，$\dfrac{1}{2}(\beta-\alpha)^3=\dfrac{125}{54}$ だから，$\beta-\alpha=\dfrac{5}{3}$ $\cdots\cdots\cdots\cdots\cdots\cdots ③$

$3x^2-x-c=0$ を解くと $x=\dfrac{1\pm\sqrt{1+12c}}{6}\ (=\alpha,\ \beta)$ となるので，

$\beta-\alpha=\dfrac{\sqrt{1+12c}}{3}$ $\cdots\cdots ④$ である．

③，④ より $\sqrt{1+12c}=5$ なので，**$c=2$**

▨ c の値によっては両者は交点をもたないが，囲まれる部分があることが前提なのでこのように書いても問題ない.

⇐ 解答本文にも書いたが，x^2 の係数が 1 ではないことに注意しよう.

⇐ $(\beta-\alpha)^3=\dfrac{125}{27}=\left(\dfrac{5}{3}\right)^3$

⇐ $\begin{aligned}&\beta-\alpha\\&=\dfrac{1+\sqrt{1+12c}}{6}-\dfrac{1-\sqrt{1+12c}}{6}\end{aligned}$

⇐ $1+12c=25$

▶**29 演習題**（解答は p.179）

放物線 $y=3x^2$ を C_1，放物線 $y=x^2+ax+b$ を C_2 とする.
（1）C_2 が点 $(1,\ 4)$ を通るとき，b を a で表せ.
（2）C_1 と C_2 で囲まれる部分の面積を S とする．（1）の条件を満たすように C_2 を動かすときの S の最小値を求めよ.

🕐 10分

第2部 演習題の解答

1 （ア） $x-y$ でくくることができる.

（イ）（1） (左辺)−(右辺)を因数分解する.

（2） 例題(イ)の(2)と,（1）の文字を替えたものを組み合わせる.

解 （ア） $x^2(y-1)-y^2(x-1)+x-y>0$ ……①

①の左辺は,

$x^2y-x^2-xy^2+y^2+x-y$
$=(x^2y-xy^2)-(x^2-y^2)+(x-y)$
$=xy(x-y)-(x+y)(x-y)+(x-y)$
$=(x-y)(xy-x-y+1)$ ……………②

$x>y$ より $x-y>0$, また, 例題(ア)より
$xy-x-y+1>0$ だから, ②>0 となる.

よって, ①が成り立つ.

（イ）（1） $\frac{1}{2}(x^2y^2+y^2z^2)\geqq xy^2z$ ……………③

③の (左辺)−(右辺)は

$\frac{1}{2}(x^2y^2+y^2z^2)-xy^2z=\frac{1}{2}(x^2y^2+y^2z^2-2xy^2z)$
$=\frac{1}{2}y^2(x^2+z^2-2xz)=\frac{1}{2}y^2(x-z)^2\geqq0$

であるから, ③は成り立つ.

（2） ③の文字をかえると, [$(x,\ y,\ z)$を$(y,\ z,\ x)$,
$(z,\ x,\ y)$にして]

$\frac{1}{2}(y^2z^2+z^2x^2)\geqq yz^2x$ ……………④
$\frac{1}{2}(z^2x^2+x^2y^2)\geqq zx^2y$ ……………⑤

例題(イ)の(2)を用いると,

$x^4+y^4+z^4\geqq x^2y^2+y^2z^2+z^2x^2$
$=\frac{1}{2}(x^2y^2+y^2z^2)+\frac{1}{2}(y^2z^2+z^2x^2)+\frac{1}{2}(z^2x^2+x^2y^2)$
[③, ④, ⑤を用いて]
$\geqq xy^2z+yz^2x+zx^2y=xyz(x+y+z)$

となるので示された.

▨（イ）の(2)の不等式の等号が成り立つための条件は,
例題(イ), ③, ④, ⑤のすべての等号が成り立つことで
ある. 等号成立条件は, 例題(イ)が$x^2=y^2=z^2$, ③が
$x=z$または$y=0$, ④が$y=x$または$z=0$, ⑤が$z=y$
または$x=0$なので, まとめて$x=y=z$.

2 （ア） 分母に合わせ, $x+2+\dfrac{9}{x+2}-2$ とする.

（イ） 展開して, 相加・相乗平均の不等式が使えるペア
を探す. $\dfrac{y}{x}+\dfrac{x}{y}\geqq2\sqrt{\dfrac{y}{x}\cdot\dfrac{x}{y}}=2$ がポイント.

解 （ア） 与式をFとする.

$F=x+2+\dfrac{9}{x+2}-2$

となるから, 相加・相乗平均の不等式を用いると,

$F\geqq2\sqrt{(x+2)\cdot\dfrac{9}{x+2}}-2$
$=2\sqrt{9}-2=2\cdot3-2=4$

等号は$x+2=\dfrac{9}{x+2}$, $x>0$, つまり $(x+2)^2=9$

$(x>0)$で$x=1$のときに成り立つから, Fの最小値は**4**,
最小値を与えるxの値は**1**.

（イ） 左辺を展開すると,

$(x+y+1)\left(\dfrac{1}{x}+\dfrac{1}{y}+1\right)$
$=1+\dfrac{x}{y}+x+\dfrac{y}{x}+1+y+\dfrac{1}{x}+\dfrac{1}{y}+1$
$=3+\left(\dfrac{x}{y}+\dfrac{y}{x}\right)+\left(x+\dfrac{1}{x}\right)+\left(y+\dfrac{1}{y}\right)$ …………①

相加・相乗平均の不等式を用いると,

①$\geqq3+2\sqrt{\dfrac{x}{y}\cdot\dfrac{y}{x}}+2\sqrt{x\cdot\dfrac{1}{x}}+2\sqrt{y\cdot\dfrac{1}{y}}$
$=3+2+2+2=9$

となるから, 示された.

▨例題(ア), 演習題(ア)について.

一般に, 関数$f(x)$の最小値がmであるとは,
・$f(x)\geqq m$が定義域内のすべてのxに対して成り立つ.
・$f(x)=m$を満たすxが定義域内に存在する.
の2つが満たされることである. 演習題(ア)の$F\geqq4$,
$x=1$のとき$F=4$, はこのそれぞれに対応している.

どちらか一方でも欠けると, 最小値とは言えないこと
に注意しよう.

▨例題(イ), 演習題(イ)について.

不等式を証明せよ, という問題では, その不等式が成
り立つことを証明すればよく, 等号成立条件は（要求さ
れない限り）求める必要がない. 上で述べたことと関連
するが, $\left(a+\dfrac{2}{b}\right)\left(2b+\dfrac{1}{a}\right)\geqq9$ から $\left(a+\dfrac{2}{b}\right)\left(2b+\dfrac{1}{a}\right)$
の最小値は9とは言えない. 実際には, $ab=1$のときに
等号が成り立つから最小値9と言える. 演習題(イ)も,
$x=y=1$のときに等号が成り立つから, 最小値9である.

次の例と比較してみるとわかりやすい. 例題(イ)でそ

165

れぞれのカッコに相加・相乗平均の不等式を用いると、

$$a+\frac{2}{b}\geqq 2\sqrt{\frac{2a}{b}},\ 2b+\frac{1}{a}\geqq 2\sqrt{\frac{2b}{a}}\ \cdots\cdots\cdots\cdots ②$$

（ここでは $a>0,\ b>0$）となり、辺々かけて、

$$\left(a+\frac{2}{b}\right)\left(2b+\frac{1}{a}\right)\geqq 2\sqrt{\frac{2a}{b}}\cdot 2\sqrt{\frac{2b}{a}}=8$$

従って、$\left(a+\dfrac{2}{b}\right)\left(2b+\dfrac{1}{a}\right)\geqq 8\cdots\cdots③$　である。

これは、不等式としては正しいが、②の等号が同時に成り立つ $a,\ b$ は存在しない（$ab=2$ かつ $2ab=1$ は不成立）ので等号は成立せず、③は最小値を求めるには役に立たない式である。

---

③ （ア）（1）2乗する。

（2）（1）の式に $x=0.4$ を代入する。

（イ）各辺2乗の方針で解けるが、（1）は例題の結果が使える。（2）は（1）を利用する。

解 （ア）（1）

$$\underset{②}{\underbrace{4+\frac{x}{9}<\overset{\overset{③}{\overbrace{\qquad\qquad}}}{\sqrt{16+x}}<4+\frac{x}{8}}}\cdots\cdots\cdots①$$

①の各辺は、$0<x<1$ より正である。②について、

$$(\sqrt{16+x})^2-\left(4+\frac{x}{9}\right)^2=16+x-\left(16+\frac{8}{9}x+\frac{x^2}{81}\right)$$

$$=\frac{x}{9}-\frac{x^2}{81}=\frac{x}{81}(9-x)\cdots\cdots\cdots\cdots\cdots\cdots\cdots④$$

$0<x<1$ より④＞0 だから、②は成り立つ。

③について、

$$\left(4+\frac{x}{8}\right)^2-(\sqrt{16+x})^2=16+x+\frac{x^2}{64}-(16+x)$$

$$=\frac{x^2}{64}>0\quad(0<x<1)$$

となるから、③も成り立つ。

　以上で①が示された。

（2）①で $x=0.4$ とすると、

$$4+\frac{0.4}{9}<\sqrt{16+0.4}<4+\frac{0.4}{8}$$

$$\therefore\quad 4.0444\cdots<\sqrt{16.4}<4.05$$

従って、$\sqrt{16.4}=4.04\cdots$ となり、小数第2位までの値は、**4.04**

（イ）ここでは、例題（イ）の $|x|+|y|\geqq|x+y|$ ……⑤を用いる。

（1）⑤の x を $x+y$、y を $x-y$ にすると、

$$|x+y|+|x-y|\geqq|(x+y)+(x-y)|$$

$$\therefore\quad |x+y|+|x-y|\geqq 2|x|$$

（2）（1）の x と y を入れかえると、

$$|y+x|+|y-x|\geqq 2|y|$$

ここで、$|y-x|=|-(x-y)|=|x-y|$ だから

$$|x+y|+|x-y|\geqq 2|y|$$

が成り立つ。

▨（イ）の（1）で各辺2乗すると、

$$(|x+y|+|x-y|)^2-(2|x|)^2$$

$$=(x+y)^2+(x-y)^2+2|x+y||x-y|-4|x|^2$$

$$=x^2+y^2+2xy+x^2+y^2-2xy$$
$$+2|(x+y)(x-y)|-4x^2$$

$$=2(y^2-x^2)+2|x^2-y^2|=2\{|x^2-y^2|-(x^2-y^2)\}$$

$[|A|-A\geqq 0$ で $A=x^2-y^2$ として$]$

$$\geqq 0$$

④ x の値を解に持つような 2 次方程式 $p(x)=0$ を作る．3 次式を 2 次式 $p(x)$ で割った余りの 1 次式に x の値を代入する．

解　（ア）　$x=\sqrt{3}+2$ より，$x-2=\sqrt{3}$

2 乗して，$x^2-4x+4=3$　∴　$x^2-4x+1=0$

t^3+3t^2-2t-1 を t^2-4t+1 で割ると，

$$
\begin{array}{r}
t+7 \\
t^2-4t+1\ \overline{)\ t^3+3t^2-\ 2t-1} \\
\underline{t^3-4t^2+\ \ t} \\
7t^2-\ 3t-1 \\
\underline{7t^2-28t+7} \\
25t-8
\end{array}
$$

商が $t+7$ で，余りが $25t-8$ なので，

$$t^3+3t^2-2t-1=(t^2-4t+1)(t+7)+25t-8$$

この式に $t=x=\sqrt{3}+2$ を代入すると，波線部は 0 になるので，右辺は，$25(\sqrt{3}+2)-8=42+25\sqrt{3}$

よって，x^3+3x^2-2x-1 に $x=\sqrt{3}+2$ を代入すると，**$42+25\sqrt{3}$** になる．

（イ）　$x=\dfrac{3i+1}{2}$ より，$2x=3i+1$　∴　$2x-1=3i$

2 乗して，$4x^2-4x+1=-9$　∴　$4x^2-4x+10=0$

∴　$2x^2-2x+5=0$

$2t^3+4t^2-5t-3$ を $2t^2-2t+5$ で割ると，

$$
\begin{array}{r}
t+3 \\
2t^2-2t+5\ \overline{)\ 2t^3+4t^2-\ 5t-3} \\
\underline{2t^3-2t^2+\ 5t} \\
6t^2-10t-3 \\
\underline{6t^2-\ 6t+15} \\
-4t-18
\end{array}
$$

商が $t+3$，余りが $-4t-18$ なので，

$$2t^3+4t^2-5t-3=(2t^2-2t+5)(t+3)-4t-18$$

この式で $t=x=\dfrac{3i+1}{2}$ を代入すると，波線部が 0 になるので，右辺は，

$$-4\left(\dfrac{3i+1}{2}\right)-18=-6i-2-18=-20-6i$$

よって，$2x^3+4x^2-5x-3$ に $x=\dfrac{3i+1}{2}$ を代入した値は，**$-20-6i$** である．

⑤　（ア）　A を原点，B を x 軸上，D を y 軸上とするような座標を設定することにする．なお，中線定理を使って図形的に解くこともできる（☞ ▨）．

解　（ア）　長方形 ABCD に対して，A を原点，B を x 軸上，D を y 軸上とすると，4 頂点は，

A$(0,\ 0)$，B$(a,\ 0)$
D$(0,\ b)$，C$(a,\ b)$

と表すことができる．

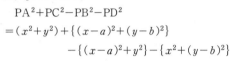

P$(x,\ y)$ とすると，

$$
\begin{aligned}
&PA^2+PC^2-PB^2-PD^2 \\
&=(x^2+y^2)+\{(x-a)^2+(y-b)^2\} \\
&\qquad -\{(x-a)^2+y^2\}-\{x^2+(y-b)^2\} \\
&=0
\end{aligned}
$$

よって，任意の点 P$(x,\ y)$ に対して，$PA^2+PC^2=PB^2+PD^2$ が成り立つ．

▨ 図形的に示すこともできる．

長方形 ABCD の対角線 AC，BD はそれらの中点で交わり，それを M とする．

$\triangle$APC に中線定理を使うと，

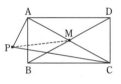

$$PA^2+PC^2=2(PM^2+AM^2)\ \cdots\cdots\cdots①$$

$\triangle$BPD に中線定理を使うと，

$$PB^2+PD^2=2(PM^2+BM^2)\ \cdots\cdots\cdots②$$

AM＝BM であるから，①の右辺＝②の右辺 であり，

$$PA^2+PC^2=PB^2+PD^2$$

（イ）（1）AC の傾きは $-\dfrac{1}{c}$ であるから，B を通って AC に垂直な直線の方程式は，$y=c(x-b)$

これと y 軸との交点は，$x=0$ として，$y=-bc$

よって，**H$(0,\ -bc)$**

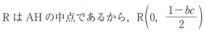

R は AH の中点であるから，R$\left(0,\ \dfrac{1-bc}{2}\right)$

M は BC の中点であるから，M$\left(\dfrac{b+c}{2},\ 0\right)$ であり，

MR の中点が F であるから，**F$\left(\dfrac{b+c}{4},\ \dfrac{1-bc}{4}\right)$**．

$$\mathbf{FO^2}=\left(\dfrac{b+c}{4}\right)^2+\left(\dfrac{1-bc}{4}\right)^2=\dfrac{1}{16}(b^2c^2+b^2+c^2+1)$$

（2）L は AB の中点であるから，L$\left(\dfrac{b}{2},\ \dfrac{1}{2}\right)$ であり，

$$\mathrm{FL}^2=\left(\frac{b-c}{4}\right)^2+\left(\frac{1+bc}{4}\right)^2=\frac{1}{16}(b^2c^2+b^2+c^2+1)$$

S は BH の中点であるから，$\mathrm{S}\left(\dfrac{b}{2},\ -\dfrac{bc}{2}\right)$ であり，

$$\mathrm{FS}^2=\left(\frac{b-c}{4}\right)^2+\left(\frac{-1-bc}{4}\right)^2=\frac{1}{16}(b^2c^2+b^2+c^2+1)$$

（1）とから，$\mathrm{FL}^2=\mathrm{FS}^2=\mathrm{FO}^2$，つまり FL＝FS＝FO が成り立つ．

■ H は △ABC の垂心である．

F は直角三角形 OMR の斜辺の中点であるから，この三角形の外接円の中心である．

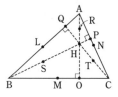

（2）とから，この外接円上に O，M，R，L，S はある．CA の中点を N，CH の中点を T とすると，（2）と同様にして，N，T もこの外接円上にあることも分かる．さらに，B，C から対辺に下ろした垂線の足をそれぞれ P，Q とすると，$\angle\mathrm{SPN}=90°$，$\angle\mathrm{TQL}=90°$ であり，さらに SN の中点と TL の中点は F と一致することが確かめられるので，さきほどの外接円は，P，Q も通る．

よって 9 点 L，M，N，O，P，Q，S，T，R は同一円周上にある（九点円の定理）．

⑥ 文字定数（k や a）について整理して，定点を求める．（ア）の対称点は，第 1 部の 7 番を参照のこと．

解 （ア） $(k+3)x+8(k-1)y-8(3k-1)=0$

を k について整理すると，

$$3x-8y+8+k(x+8y-24)=0\quad\cdots\cdots\cdots\cdots①$$

ここで，

$$3x-8y+8=0\cdots\cdots②\quad\text{と}\quad x+8y-24=0\cdots\cdots③$$

を同時に満たす $(x,\ y)$ は①を満たすから，これが求める k によらない定点である．

②＋③により，$4x-16=0$．よって $x=4$ で，③に代入して，$8y=20$ ∴ $y=5/2$

したがって，求める定点は $\left(4,\ \dfrac{5}{2}\right)$

$k=\dfrac{1}{5}$ のとき，この直線 l は，$\dfrac{16}{5}x-\dfrac{32}{5}y+\dfrac{16}{5}=0$

∴ $l:y=\dfrac{1}{2}x+\dfrac{1}{2}$

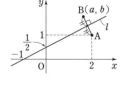

l に関して A$(2,\ 1)$ と対称な点を B$(a,\ b)$ とすると，

AB⊥l……④ かつ

AB の中点が l 上

AB の傾きは $\dfrac{b-1}{a-2}$ であり，l の傾きは $\dfrac{1}{2}$ であるから，

④により，$\dfrac{b-1}{a-2}\times\dfrac{1}{2}=-1$ $\cdots\cdots\cdots\cdots⑤$

AB の中点は $\left(\dfrac{2+a}{2},\ \dfrac{1+b}{2}\right)$ であり，これが l 上にあるから，

$$\frac{1+b}{2}=\frac{1}{2}\cdot\frac{2+a}{2}+\frac{1}{2}\quad∴\quad b=\frac{2+a}{2}$$

これを⑤に代入して，$\dfrac{1}{4}\cdot\dfrac{a}{a-2}=-1$

∴ $a=-4(a-2)$

よって，$a=\dfrac{8}{5}$，$b=1+\dfrac{a}{2}=\dfrac{9}{5}$ ∴ $\mathrm{B}\left(\dfrac{8}{5},\ \dfrac{9}{5}\right)$

（イ） $x^2+y^2-5-2ax+4a=0$ $\cdots\cdots\cdots\cdots①$

を a について整理して，

$$x^2+y^2-5-2a(x-2)=0\quad\cdots\cdots\cdots\cdots①'$$

ここで，$x^2+y^2-5=0\cdots\cdots②$ と $x-2=0\cdots\cdots③$

を同時に満たす $(x,\ y)$ は①' を満たすから，これが求める a によらない定点である．③と②の交点の座標は，

$$(2,\ 1),\ (2,\ -1)\quad\cdots\cdots\cdots\cdots④$$

であり，これが求める座標である．

①を変形すると，$(x^2-2ax)+y^2-5+4a=0$

∴ $(x-a)^2-a^2+y^2-5+4a=0$

∴ $(x-a)^2+y^2=a^2-4a+5=(a-2)^2+1\cdots⑤$

よって，この円の半径は $\sqrt{(a-2)^2+1}$ であり，$a=\mathbf{2}$ のとき最小値 1 をとる．

▨ 2 定点を通る円で半径が最小となるのは，その 2 定点が直径の両端となるときである．④の 2 点を A，B とすると，円①が AB を直径とする円となるときがあれば，そのとき円①の半径は最小となる．

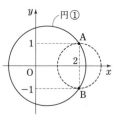

④により AB の中点は $(2,\ 0)$ であり，⑤がこの点を中心とする円となるとき AB が直径（長さ 2）となる．$a=2$ のとき実現して，半径は AB の半分の 1 である．

本問の場合，円の（半径）^{2} が a の 2 次関数であるので，計算で容易に解決したが，a のもっと複雑な式になったときは，このように図形的に考えるとよいことが多い．

⑦ （ア） 円 C の中心と直線の距離 d に着目して，点と直線の距離の公式を使う．

（イ） 放物線と直線の交点の x 座標を α，β として，線分の長さを α，β で表す．

解 （ア） 円 C の中心は原点 O，半径は $\sqrt{2}$ である．

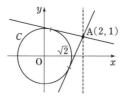

（1） A$(2, 1)$ を通り y 軸に平行な直線 $x=2$ は円 C と共有点をもたないから，求める直線の方程式は，

$y-1=m(x-2)$ ∴ $mx-y-2m+1=0$ ……①

とおける．この直線が円 C に接するとき，円の中心 O とこの直線の距離が半径に等しいから，

$$\frac{|-2m+1|}{\sqrt{m^2+(-1)^2}}=\sqrt{2}\quad ∴\quad |-2m+1|=\sqrt{2}\sqrt{m^2+1}$$

両辺を 2 乗して，$(-2m+1)^2=2(m^2+1)$

∴ $2m^2-4m-1=0$ ∴ $m=\dfrac{2\pm\sqrt{6}}{2}$

直線の方程式は，$y=mx-2m+1$ ……①′ であるから，

$$y=\frac{2+\sqrt{6}}{2}x-1-\sqrt{6},\quad y=\frac{2-\sqrt{6}}{2}x-1+\sqrt{6}$$

（2） 求める直線は①とおけ，図の網目部に着目すると，

$$d=\sqrt{(\sqrt{2})^2-1^2}=1$$

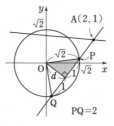

原点 O と①の距離は，

$$\frac{|-2m+1|}{\sqrt{m^2+1}}$$

であるから，

$$\frac{|-2m+1|}{\sqrt{m^2+1}}=1\quad ∴\quad |-2m+1|=\sqrt{m^2+1}$$

∴ $(-2m+1)^2=m^2+1$ ∴ $3m^2-4m=0$

これと①′ により，求める直線の方程式は，

（$m=0,\ \dfrac{4}{3}$ により）$y=1,\quad y=\dfrac{4}{3}x-\dfrac{5}{3}$

（イ） 放物線 $y=x^2-5x+3$ と直線 $y=2x+k$ の交点を A，B とし，A，B の x 座標を α，β（$\alpha<\beta$）とすると，右図から，

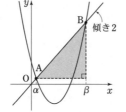

$AB=\sqrt{1+2^2}(\beta-\alpha)$

$=\sqrt{5}(\beta-\alpha)$

一方，α，β は

$x^2-5x+3=2x+k$

つまり，$x^2-7x+3-k=0$ の解で，

$$x=\frac{7\pm\sqrt{7^2-4(3-k)}}{2}=\frac{7\pm\sqrt{4k+37}}{2}$$

∴ $\beta-\alpha=\sqrt{4k+37}$

∴ $AB=\sqrt{5}(\beta-\alpha)=\sqrt{5}\sqrt{4k+37}$

これが 3 であるから，$\sqrt{5(4k+37)}=3$

∴ $5(4k+37)=9$ ∴ $k=\dfrac{9-185}{20}=-\dfrac{44}{5}$

8 最後の空欄は，円の中心と直線の距離を考える．

解 $x^2+y^2-4x-12y+32-k=0$ を変形して，

$(x^2-4x)+(y^2-12y)+32-k=0$

∴ $(x-2)^2-2^2+(y-6)^2-6^2+32-k=0$

∴ $(x-2)^2+(y-6)^2=k+8$

これが円を表すとき，

$k+8>0$ ∴ $k>-8$

半径 1 の円を表すとき，

$\sqrt{k+8}=1$ ∴ $k+8=1$ ∴ $k=-7$

C は中心 $(2, 6)$，半径 1 の円である．この中心を B とおく．

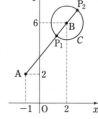

直線 AB と円 C の交点のうち，A に近い方を P_1，A から遠い方を P_2 とすると，AP は

P$=P_1$ のとき最小

P$=P_2$ のとき最大

である．

ここで，$AB=\sqrt{(2+1)^2+(6-2)^2}=5$ であるから，

AP の最小値は，$AP_1=AB-BP_1=5-1=4$

AP の最大値は，$AP_2=AB+BP_2=5+1=6$

次に，B から直線 $x+y-2=0$ ……① に垂線 BH を下ろすと，BH の長さは，

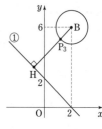

$$BH=\frac{|2+6-2|}{\sqrt{1^2+1^2}}$$

$=3\sqrt{2}\ (>1)$

線分 BH と円 C の交点を P_3 とすると，円 C 上の点 P と直線①との距離の最小値は P_3H であるから（☞注），

$P_3H=BH-BP_3=3\sqrt{2}-1$

⇒注 ①と P_3 での C での接線が平行であることから説明できる．

9 円 C_1, C_2 の方程式から，C_1 と C_2 の交点 A，B を通る図形の式を作る．

解 $C_1 : x^2-12x+y^2-4y+15=0$ ……………①

$C_2 : x^2-4x+y^2-2y-15=0$ ……………②

A，B の座標は，①，②を同時に満たすから，

$x^2-12x+y^2-4y+15+t(x^2-4x+y^2-2y-15)=0$
………③

も満たす．よって③は，交点 A，B を通る図形を表す．

（1）$t=-1$ とすると，③は，

$$-8x-2y+30=0 \quad \therefore \quad \boldsymbol{4x+y-15=0}$$

これは直線を表すから，直線 AB の方程式に他ならない．

（2）③が原点を通るとき，$x=0$，$y=0$ を代入して，

$$15-15t=0 \quad \therefore \quad t=1$$

これを③に代入して，2で割ると，

$$\boldsymbol{x^2-8x+y^2-3y=0}$$

これは円を表し，A，B，O を通る．3 点を通る円はただ 1 つであるから，これが求める円の方程式である．

10 4つの不等式が表す領域を図示し，求める最大値を表す式を k とおいて，直線と領域が共有点をもつような k の最大値を求めればよい．

解 $x+3y=15$ ……①　と，$2x+y=10$ ……②

を連立させる．①−②×3により，$-5x=-15$

よって，$x=3$ で，②とから，$y=4$

直線①と②の交点の座標は

A(3, 4)

連立方程式 $x\geqq0$，$y\geqq0$，

$y\leqq-\dfrac{x}{3}+5$，$y\leqq-2x+10$ の

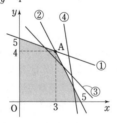

表す領域 D は右図の網目部（境界を含む）である．

（1）$x+y$ が k という値を取り得る条件は，
直線 $x+y=k$ ……③　が D と共有点をもつことである．
③の傾きは -1 で，y 切片は k である．

①の傾きは $-\dfrac{1}{3}$ で，②の傾きは -2 で，③の傾きは
これらの間にある．よって，③を D と共有点をもつように k を動かすとき，y 切片（$=k$）が最大となるのは，③が交点 A を通るときで，$k=3+4=\boldsymbol{7}$

（2）$8x+3y$ が l という値をとる条件は，
直線 $8x+3y=l$ ……④　が D と共有点をもつことである．④の傾きは $-\dfrac{8}{3}$，y 切片は $\dfrac{l}{3}$ である．

④の傾きは，①，②の傾きよりも小さいから，④を D と共有点をもつように l を動かすとき，y 切片が最大と

なるのは，④が点 (5, 0) を通るときである．よって，l の最大値は，$l=8\cdot5+3\cdot0=\boldsymbol{40}$

11（ア）$(x^2+y^2-1)(x^2+y^2-2x-3)>0$ が表す領域は，p.51 のようにしてとらえる．領域の包含関係を利用して示そう．領域の境界線に現れる曲線はすべて円である．

（イ）$x\geqq-1$ かつ $y\geqq0$ において，領域 $x^2+y^2\geqq4$ が領域 $x+\sqrt{3}y\geqq2$ に含まれることを示す．

解（ア）$(x^2+y^2-1)(x^2+y^2-2x-3)>0$ は

$$\begin{cases} x^2+y^2-1>0 \\ x^2+y^2-2x-3>0 \end{cases} \text{または} \begin{cases} x^2+y^2-1<0 \\ x^2+y^2-2x-3<0 \end{cases} \cdots①$$

と同じである．ここで，

$x^2+y^2-2x-3=(x^2-2x)+y^2-3$
$=(x-1)^2-1+y^2-3=(x-1)^2+y^2-4$

であるから，①は，

$$\begin{cases} x^2+y^2>1 \\ (x-1)^2+y^2>4 \end{cases} \text{または} \begin{cases} x^2+y^2<1 \\ (x-1)^2+y^2<4 \end{cases} \cdots①'$$

と同じである．

$x^2+y^2-4x+3>0$ を変形すると，

$(x^2-4x)+y^2+3>0$

$\therefore (x-2)^2-2^2+y^2+3>0$

$\therefore (x-2)^2+y^2>1$ ……②

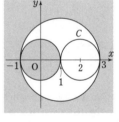

座標平面で，①' は右図の網目部の領域（境界を含まず）

②は，(2, 0) を中心とする半径 1 の円 C の外側を表す（大きい円に小さい 2 つの円が内接し，小さい 2 つの円は外接する）．よって，①' が表す領域は，②が表す領域に含まれるから，題意の不等式が成り立つ．

（イ）$x\geqq-1$ かつ $y\geqq0$ において，不等式 $x^2+y^2\geqq4$ が表す領域を P，不等式 $x+\sqrt{3}y\geqq2$ が表す領域を Q とする．これらの境界線の交点の座標を求める．

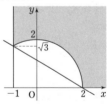

$x+\sqrt{3}y=2$ と $x=-1$，$y=0$ の交点はそれぞれ $(-1, \sqrt{3})$，$(2, 0)$ であり，これらは $x^2+y^2=4$ 上にある．

よって，P は上図の網目部分（境界線を含む），Q は直線 $x+\sqrt{3}y=2$ とその上側の部分のうち，$x\geqq-1$ かつ $y\geqq0$ の部分を表すから，$P\subset Q$ が成り立つ．

よって，題意の不等式が示された．

12 （ウ） 領域の包含で示すことができる.

解 （ア） $|3x-2y|\leqq 6$

$\iff -6\leqq 3x-2y\leqq 6$

$\iff \begin{cases} y\leqq \dfrac{3}{2}x+3 \\[2mm] y\geqq \dfrac{3}{2}x-3 \end{cases}$

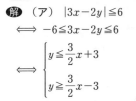

よって，求める領域は，右図
の網目部（境界線を含む）である.

（イ） 題意の領域を E とする.

$(a,\ b)$ が E 上 $\iff |3a|+|2b|\leqq 6$ ……………①

$(-a,\ b)$ が E 上 $\iff |-3a|+|2b|\leqq 6 \iff$ ①

$(a,\ -b)$ が E 上 $\iff |3a|+|-2b|\leqq 6 \iff$ ①

したがって，$(a,\ b)$ が E 上に
あれば $(-a,\ b)$，$(a,\ -b)$
も E 上にあり，E は y 軸に関
して対称であり，x 軸に関して
も対称である.

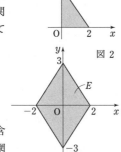

図 1

$x\geqq 0$，$y\geqq 0$ のとき，E は，

$3x+2y\leqq 6$

$\therefore\quad y\leqq -\dfrac{3}{2}x+3$

これは図 1 の網目部（境界を含
む）であるから，E は図 2 の網
目部（境界線を含む）.

図 2

（ウ） 不等式 $x^2+y^2\leqq \dfrac{36}{13}$ が表す領域を D，不等式

$|3x|+|2y|\leqq 6$ が表す領域を E とする．D は，原点を中

心とする半径 $\dfrac{6}{\sqrt{13}}$ の円の周および内部を表す．E は

図 2 の網目部（境界線を含む）である.

原点 O と直線 $3x+2y=6$
の距離 d は，

$d=\dfrac{6}{\sqrt{3^2+2^2}}=\dfrac{6}{\sqrt{13}}$

よって，$D\subset E$ が成り立つか
ら，題意の不等式の成立が示
された.

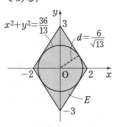

13 図をかき，交点のまわりに角を集め，回転角で
とらえ，tan の加法定理を使う．（イ）では x 軸の正方向

から直線 $y=\dfrac{\sqrt{3}}{5}x$ まで反時計回りに測った回転角が

$\dfrac{\pi}{6}$ 未満であることを言えば，2 通りの傾きを計算する必

要はない.

解 （ア） 直線の傾きはそ
れぞれ 3，-4 であり，右図の
ように α，β を定めると，

$\tan\alpha=3$，$\tan\beta=-4$

であり，$\theta=\beta-\alpha$

$\tan\theta=\tan(\beta-\alpha)$

$=\dfrac{\tan\beta-\tan\alpha}{1+\tan\beta\tan\alpha}$

$=\dfrac{-4-3}{1+(-4)\cdot 3}=\dfrac{\mathbf{7}}{\mathbf{11}}$

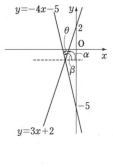

（イ） x 軸の正方向から，直

線 $y=\dfrac{\sqrt{3}}{5}x$ まで測った右図

の回転角を α とすると，

$\tan\alpha=\dfrac{\sqrt{3}}{5}<\dfrac{\sqrt{3}}{3}=\tan\dfrac{\pi}{6}$

であるから，右図の直線 l の

傾き $\tan\left(\alpha+\dfrac{\pi}{3}\right)$ を求めればよい.

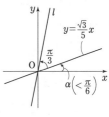

$$\tan\left(\alpha+\dfrac{\pi}{3}\right)=\dfrac{\tan\alpha+\tan\dfrac{\pi}{3}}{1-\tan\alpha\tan\dfrac{\pi}{3}}$$

$$=\dfrac{\dfrac{\sqrt{3}}{5}+\sqrt{3}}{1-\dfrac{\sqrt{3}}{5}\cdot\sqrt{3}}=\dfrac{\dfrac{6\sqrt{3}}{5}}{\dfrac{2}{5}}=\mathbf{3\sqrt{3}}$$

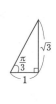

14 $\cos 2x,\ \sin 2x$ の 1 次式の形に直して合成をする.

解 （ア） $y=\cos^2 x+\sin x\cos x$

$=\dfrac{1+\cos 2x}{2}+\dfrac{\sin 2x}{2}=\dfrac{1}{2}(\sin 2x+\cos 2x)+\dfrac{1}{2}$

$=\dfrac{\sqrt{2}}{2}\left(\sin 2x\cdot\dfrac{1}{\sqrt{2}}+\cos 2x\cdot\dfrac{1}{\sqrt{2}}\right)+\dfrac{1}{2}$

$=\dfrac{\sqrt{2}}{2}\left(\sin 2x\cos\dfrac{\pi}{4}+\cos 2x\sin\dfrac{\pi}{4}\right)+\dfrac{1}{2}$

$=\dfrac{\sqrt{2}}{2}\sin\left(2x+\dfrac{\pi}{4}\right)+\dfrac{1}{2}$

$0\leqq x\leqq\dfrac{\pi}{2}$ のとき, $\dfrac{\pi}{4}\leqq 2x+\dfrac{\pi}{4}\leqq\dfrac{5}{4}\pi$ であるから, y は

$2x+\dfrac{\pi}{4}=\dfrac{\pi}{2}$ ……① のとき, **最大値 $\dfrac{\sqrt{2}}{2}+\dfrac{1}{2}$ をとる.**

①のとき, $\boldsymbol{x=\dfrac{\pi}{8}}$ である.

（イ） $\cos^2 x+\sqrt{3}\sin x\cos x-\dfrac{1}{2}-\dfrac{\sqrt{3}}{2}$ ……………①

を変形すると,

$①=\dfrac{1+\cos 2x}{2}+\dfrac{\sqrt{3}}{2}\sin 2x-\dfrac{1}{2}-\dfrac{\sqrt{3}}{2}$

$=\dfrac{1}{2}(\sqrt{3}\sin 2x+\cos 2x)-\dfrac{\sqrt{3}}{2}$

$\qquad[\sqrt{(\sqrt{3})^2+1^2}=2$ であるから$]$

$=\left(\sin 2x\cdot\dfrac{\sqrt{3}}{2}+\cos 2x\cdot\dfrac{1}{2}\right)-\dfrac{\sqrt{3}}{2}$

$=\left(\sin 2x\cos\dfrac{\pi}{6}+\cos 2x\sin\dfrac{\pi}{6}\right)-\dfrac{\sqrt{3}}{2}$

$=\sin\left(2x+\dfrac{\pi}{6}\right)-\dfrac{\sqrt{3}}{2}$

よって, ①<0 のとき,

$\sin\left(2x+\dfrac{\pi}{6}\right)<\dfrac{\sqrt{3}}{2}$

$0\leqq x<2\pi$ のとき

$\dfrac{\pi}{6}\leqq 2x+\dfrac{\pi}{6}<4\pi+\dfrac{\pi}{6}$

であるから, 求める x の範囲は,

$\dfrac{\pi}{6}\leqq 2x+\dfrac{\pi}{6}<\dfrac{\pi}{3},\ \dfrac{2}{3}\pi<2x+\dfrac{\pi}{6}<2\pi+\dfrac{\pi}{3},$

$\qquad 2\pi+\dfrac{2}{3}\pi<2x+\dfrac{\pi}{6}<4\pi+\dfrac{\pi}{6}$

$\therefore\quad \boldsymbol{0\leqq x<\dfrac{\pi}{12},\ \dfrac{\pi}{4}<x<\dfrac{13}{12}\pi,\ \dfrac{5}{4}\pi<x<2\pi}$

15 （ア） 誘導がないが, $\sin x+\cos x=t$ とおくことがピンと来るようにしよう.

解 （ア） $\sin x+\cos x=t$ とおくと,

$t^2=\sin^2 x+\cos^2 x+2\sin x\cos x$

$\qquad =1+2\sin x\cos x$

よって, $2\sin x\cos x=t^2-1$ であるから,

$f(x)=4(\sin x+\cos x)-4\sin x\cos x$

$\qquad =4t-2(t^2-1)=-2t^2+4t+2$ …………①

$\qquad =-2(t^2-2t)+2=-2(t-1)^2+4$ ………②

ここで,

$t=\sin x+\cos x=\sqrt{2}\left(\sin x\cdot\dfrac{1}{\sqrt{2}}+\cos x\cdot\dfrac{1}{\sqrt{2}}\right)$

$\qquad =\sqrt{2}\sin\left(x+\dfrac{\pi}{4}\right)$

であり, x が $0\leqq x\leqq 2\pi$ の範囲を動くから,

$-\sqrt{2}\leqq t\leqq\sqrt{2}$

②のグラフは右のようになるから, $t=-\sqrt{2}$ のとき最小となり, ①に代入して, **最小値は $-2-4\sqrt{2}$**

（イ） $t=\sin\theta+\cos\theta=\sqrt{2}\sin\left(\theta+\dfrac{\pi}{4}\right)$ ……………①

$\dfrac{\pi}{2}\leqq\theta\leqq\pi$ のとき,

$\dfrac{3}{4}\pi\leqq\theta+\dfrac{\pi}{4}\leqq\dfrac{5}{4}\pi$

であるから, 右図により, ① の範囲は,

$\sqrt{2}\cdot\left(-\dfrac{1}{\sqrt{2}}\right)\leqq t\leqq\sqrt{2}\cdot\dfrac{1}{\sqrt{2}}\qquad \therefore\quad \boldsymbol{-1\leqq t\leqq 1}$

ところで,

$\cos^3\theta+\sin^3\theta$

$=(\cos\theta+\sin\theta)(\cos^2\theta+\sin^2\theta-\cos\theta\sin\theta)$ ……②

である. $t=\cos\theta+\sin\theta$ のとき,

$t^2=\cos^2\theta+\sin^2\theta+2\cos\theta\sin\theta$

$\qquad =1+2\cos\theta\sin\theta$

により, $\cos\theta\sin\theta=\dfrac{t^2-1}{2}$ であるから, ②により,

$\cos^3\theta+\sin^3\theta=t\left(1-\dfrac{t^2-1}{2}\right)=-\dfrac{1}{2}t^3+\dfrac{3}{2}t$

この右辺を $f(t)$ とおくと,

$f'(t)=-\dfrac{3}{2}t^2+\dfrac{3}{2}=-\dfrac{3}{2}(t-1)(t+1)$

$-1\leqq t\leqq 1$ のとき, $f'(t)\geqq 0$ であるから, この範囲で $f(t)$ は増加して, $f(t)$ は $t=1$ のとき **最大値 1 をとる.**

172

16 （ア） 角を x にそろえ，左辺を因数分解する．

（イ） $\tan\theta$ を $\dfrac{\sin\theta}{\cos\theta}$ に直し，角を θ にそろえる．
$\cos\theta>0$ に注意しよう．

解 （ア） $2\sin 2x-2\sqrt{2}\sin x-2\cos x+\sqrt{2}\geqq 0$
のとき，

$$4\sin x\cos x-2\sqrt{2}\sin x-2\cos x+\sqrt{2}\geqq 0$$
$$\therefore\quad (2\sin x-1)(2\cos x-\sqrt{2})\geqq 0\ (\text{☞ 注})\ \cdots\cdots①$$

$\mathrm{P}(\cos x,\ \sin x)$ について，
$2\sin x-1$ の符号を $\oplus$，$\ominus$
$2\cos x-\sqrt{2}$ の符号を $\boxplus$，$\boxminus$
で表すと，右図のようになる．
よって，①を満たす P の範囲
は（$\oplus\boxplus$ か $\ominus\boxminus$ で）図の太線
部になる．よって，求める
x の範囲は，

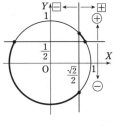

$$\frac{\pi}{6}\leqq x\leqq\frac{\pi}{4},\quad \frac{5}{6}\pi\leqq x\leqq\frac{7}{4}\pi$$

➡注 $4\sin x\cos x-2\sqrt{2}\sin x-2\cos x+\sqrt{2}$
で，$\cos x=X$，$\sin x=Y$ とおくと，
$4YX-2\sqrt{2}\,Y-2X+\sqrt{2}$
$=X(4Y-2)-\sqrt{2}(2Y-1)$ ［X について整理］
$=2X(2Y-1)-\sqrt{2}(2Y-1)=(2Y-1)(2X-\sqrt{2})$

（イ） $\sin 2\theta+5\sin\theta-3\tan\theta<0$ のとき，

$$2\sin\theta\cos\theta+5\sin\theta-3\cdot\frac{\sin\theta}{\cos\theta}<0$$

$$\therefore\quad \frac{\sin\theta(2\cos^2\theta+5\cos\theta-3)}{\cos\theta}<0$$

$-\dfrac{\pi}{2}<\theta<\dfrac{\pi}{2}$ のとき，$\cos\theta>0$ であるから，

$$\sin\theta(2\cos^2\theta+5\cos\theta-3)<0$$
$$\therefore\quad \sin\theta(\cos\theta+3)(2\cos\theta-1)<0$$

$\cos\theta+3>0$ であるから，
$\sin\theta(2\cos\theta-1)<0\cdots①$
$\mathrm{P}(\cos\theta,\ \sin\theta)$ について，
$\sin\theta$ の符号 $\oplus$，$\ominus$
$2\cos\theta-1$ の符号を $\boxplus$，$\boxminus$
で表すと，右図のようになる．
よって，①を満たす P の範囲
は（$\oplus\boxminus$ か $\ominus\boxplus$ で）図の太線
部になる．よって，求める θ の範囲は，

$$-\frac{\pi}{3}<\theta<0,\quad \frac{\pi}{3}<\theta<\frac{\pi}{2}$$

17 （ア） 答えの形を見て，各辺の $\log_3$ を考えるか，
または右辺の指数の底を 3 にする．

（イ） $3^x=X$ とおき，まず X を求めよう．（1）の n は，
$X=3^a$ より $3^n<X<3^{n+1}$ を満たすものである．（2）は
$X>0$ に注意．また，$3^c=3^{a-n}=3^a\cdot 3^{-n}$ となる．

解 （ア） $3^{5x-7}=5^{2-x}$ の各辺の $\log_3$ を考え，

$$\log_3 3^{5x-7}=\log_3 5^{2-x}$$
$$\therefore\quad 5x-7=(2-x)\log_3 5\ \cdots\cdots\cdots\cdots\cdots\cdots※$$
$$\therefore\quad (5+\log_3 5)x=7+2\log_3 5$$
$$\therefore\quad \boldsymbol{x=\frac{7+2\log_3 5}{5+\log_3 5}}$$

▨ 右辺の指数の底を 3 にすると，$5=3^{\log_3 5}$ より
$$3^{5x-7}=3^{(2-x)\log_3 5}\qquad\text{よって，※}$$

（イ） $3^{3x}-4\cdot 9^x-3^{x+1}+2=0\ \cdots\cdots\cdots\cdots\cdots\cdots①$
$3^x=X$ とおくと，①は $(3^x)^3-4(3^x)^2-3\cdot 3^x+2=0$
となることから，

$$X^3-4X^2-3X+2=0$$
［$X=-1$ を代入すると左辺$=0$ となるから］
$$\therefore\quad (X+1)(X^2-5X+2)=0$$
$$\therefore\quad X=-1,\ \frac{5\pm\sqrt{17}}{2}$$

$X>0$ だから，$X(=3^x)=\dfrac{5+\sqrt{17}}{2}$，$\dfrac{5-\sqrt{17}}{2}$ を満た

す x が順に a，b，つまり $3^a=\dfrac{5+\sqrt{17}}{2}$，$3^b=\dfrac{5-\sqrt{17}}{2}$

（1） $n<a<n+1$ は，$3^n<3^a<3^{n+1}$
$16<17<25$ より $4<\sqrt{17}<5$ であるから，

$$\frac{5+4}{2}<\frac{5+\sqrt{17}}{2}<\frac{5+5}{2}$$
$$\therefore\quad \frac{9}{2}<3^a<5$$

よって，$3^1<3^a<3^2$ となり，$\boldsymbol{n=1}$

（2） $3^b+3^c=3^b+3^{a-n}=3^b+3^{a-1}$
$$=3^b+3^a\cdot 3^{-1}=3^b+\frac{1}{3}\cdot 3^a$$
$$=\frac{5-\sqrt{17}}{2}+\frac{1}{3}\cdot\frac{5+\sqrt{17}}{2}$$
$$=\left(\frac{5}{2}+\frac{5}{6}\right)+\left(-\frac{1}{2}+\frac{1}{6}\right)\sqrt{17}$$
$$=\boldsymbol{\frac{10}{3}-\frac{1}{3}\sqrt{17}}$$

18 （ア） 4^x が 18 桁 $\Longleftrightarrow 10^{17}\leqq 4^x<10^{18}$
これの各辺の $\log_{10}$ を考えよう．

（イ） $2.56 = 256 \times 10^{-2} = 2^8 \times 10^{-2}$ である．「整数部分は何桁か」となっているが，考え方は上と同じ．

（ウ） $\left(\dfrac{1}{8}\right)^{15} = （1 以上 10 未満の数）\times 10^{-m}$ の形に書いてみよう．

（エ） $N = 10^{0.343} \times 10^n$（$n$ は自然数）と書ける．
（3）から，$N = （2 以上 3 未満の数）\times 10^n$．

解（ア） 4^x が 18 桁 $\iff 10^{17} \leq 4^x < 10^{18}$ ………①

①の各辺の $\log_{10}$ を考えると，
$$\log_{10} 10^{17} \leq \log_{10} 4^x < \log_{10} 10^{18}$$
$$\therefore\quad 17 \leq x\log_{10} 4 < 18$$

$\log_{10} 4 = \log_{10} 2^2 = 2\log_{10} 2 = 2 \times 0.3010 = 0.6020$ であるから，
$$\frac{17}{0.6020} \leq x < \frac{18}{0.6020}$$
$$\therefore\quad 28.\cdots \leq x < 29.\cdots$$

x はこれを満たす整数だから，$\boldsymbol{x = 29}$．

（イ） $(2.56)^{40} = (2^8 \times 10^{-2})^{40} = 2^{320} \times 10^{-80}$ であるから，
$$\log_{10} (2.56)^{40} = \log_{10} (2^{320} \times 10^{-80})$$
$$= \log_{10} 2^{320} + \log_{10} 10^{-80}$$
$$= 320 \log_{10} 2 - 80$$
$$= 320 \times 0.3010 - 80$$
$$= 96.32 - 80 = 16.32$$

よって
$$(2.56)^{40} = 10^{16.32} = 10^{0.32} \times 10^{16}$$
$$= （1 以上 10 未満の数）\times 10^{16}$$

となり，$(2.56)^{40}$ の整数部分は **17 桁** である．

（ウ） $\log_{10} \left(\dfrac{1}{8}\right)^{15} = 15\log_{10}\dfrac{1}{8} = 15\log_{10} 2^{-3}$
$$= -45\log_{10} 2 = -45 \times 0.3010$$
$$= -13.545 = -14 + 0.455$$

であるから，
$$\left(\frac{1}{8}\right)^{15} = 10^{0.455} \times 10^{-14}$$
$$= （1 以上 10 未満の数）\times 10^{-14}$$

よって，$\left(\dfrac{1}{8}\right)^{15}$ は **小数第 14 位** に初めて 0 でない数字が現れる．

（エ）（1） $\log_{10} N = \log_{10} 6^{30} = 30\log_{10} 6$
$$= 30\log_{10} (2 \cdot 3) = 30(\log_{10} 2 + \log_{10} 3)$$
$$= 30(0.3010 + 0.4771)$$
$$= 30 \times 0.7781 = 23.343$$

であるから，$N = 10^k$ のとき $\boldsymbol{k = 23.343}$

（2） $N = 10^{0.343} \times 10^{23}$
$$= （1 以上 10 未満の数）\times 10^{23}$$
であるから，N の桁数は **24**．

（3） $\log_{10} 2 = 0.3010$ より $2 = 10^{0.3010}$，$\log_{10} 3 = 0.4771$ より $3 = 10^{0.4771}$ であり，$0.3010 < 0.343 < 0.4771$ だから，
$$2 \leq 10^{0.343} < 3$$
が成り立つ．

（4）（3）より $N = （2 以上 3 未満の数）\times 10^{23}$ なので，N の最高位の数字は **2**．

---

⑲（ア） $t = 5^{-x}$ とおく．x の範囲を t の範囲に反映させるのを忘れないようにしよう．

（イ） $t = \log_2 x$ とおく．

解（ア） $f(x) = 5^{-x} - 25^{-x} = 5^{-x} - (5^{-x})^2$
$5^{-x} = t$ とおくと，$f(x) = -t^2 + t$

（1） $x \geq 0$ のとき，$t = 5^{-x}$ の範囲は，$0 < t \leq 1$
この範囲で $y = -t^2 + t$ の最大値，最小値を求めればよい．
$$y = -\left(t - \frac{1}{2}\right)^2 + \frac{1}{4}$$
よりグラフは右のようになるから，最大値は $\boldsymbol{\dfrac{1}{4}}$，最小値は **0**

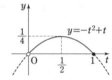

（2） $x \leq 0$ のとき，$t = 5^{-x}$ の範囲は，$t \geq 1$
右のグラフから，**最大値は 0**，**最小値は存在しない**．

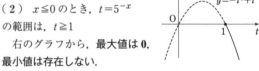

（イ） $f(x) = (\log_2 x)^2 + 2\log_2 (x^3)$
$$= (\log_2 x)^2 + 6\log_2 x$$
において，$t = \log_2 x$ とおくと，
$$f(x) = t^2 + 6t$$

また，$\dfrac{1}{16} \leq x \leq 4$，すなわち $2^{-4} \leq x \leq 2^2$ より，
$$-4 \leq \log_2 x \leq 2 \quad \therefore\quad -4 \leq t \leq 2$$

$y = t^2 + 6t = (t+3)^2 - 9$ よりグラフは右のようになるから，

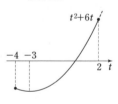

・最大値は $t = 2$ のときにとり，$2^2 + 6 \cdot 2 = \boldsymbol{16}$
・最小値は $t = -3$ のときにとり，$\boldsymbol{-9}$

■ 単に「最大値，最小値を求めよ」となっているときは，最大・最小になる x の値を求める必要はない（きれいな

値にならないこともある）．しかし，そのような x は存在するか，ということは常に考えるようにしよう．

20 （ア）（1）は例題と同様，t^2 を考える．（3）は t の範囲に注意．$t<2$ のときは x は存在しない．
（イ）$3^x+3^{-x}=t$ とおく．t の範囲を考えることを忘れないようにしよう．

解 （ア）$2(4^x+4^{-x})-7(2^x+2^{-x})+9=0$

（1）$t^2=(2^x+2^{-x})^2=4^x+4^{-x}+2$ より，方程式は
$$2(t^2-2)-7t+9=0$$
$$\therefore \quad \boldsymbol{2t^2-7t+5=0}$$

（2）$(t-1)(2t-5)=0$ より，
$$t=\boldsymbol{1, \ \frac{5}{2}}$$

（3）相加・相乗平均の不等式より
$$t=2^x+2^{-x}\geqq 2\sqrt{2^x\cdot 2^{-x}}=2$$
であるから，$t=1$ に対応する x の値はない．

$t=\dfrac{5}{2}$ のとき，$2^x+2^{-x}=\dfrac{5}{2}$

$2^x=u$ とおくと，$2^{-x}=\dfrac{1}{u}$ だから $u+\dfrac{1}{u}=\dfrac{5}{2}$

分母を払って整理して，$2u^2-5u+2=0$
$$\therefore \quad (u-2)(2u-1)=0$$

よって，$u=2, \dfrac{1}{2}$ となり，$u=2^x$ より，$\boldsymbol{x=1, \ -1}$

（イ）$f(x)=3^{2x+1}+3^{-2x+1}-5(3^x+3^{-x})+7$
$$=3\{(3^x)^2+(3^{-x})^2\}-5(3^x+3^{-x})+7$$

$t=3^x+3^{-x}$ とおくと，
$$t^2=(3^x+3^{-x})^2=(3^x)^2+(3^{-x})^2+2$$
より，
$$f(x)=3(t^2-2)-5t+7$$
$$=3t^2-5t+1 \quad \cdots\cdots\cdots\cdots\cdots ①$$
$$=3\left(t^2-\frac{5}{3}t\right)+1$$
$$=3\left(t-\frac{5}{6}\right)^2-\frac{25}{12}+1 \quad \cdots\cdots ②$$

ここで，相加・相乗平均の不等式より，
$$t=3^x+3^{-x}\geqq 2\sqrt{3^x\cdot 3^{-x}}=2$$
（等号は，$3^x=3^{-x}$ すなわち $x=0$ のときに成立）であるから，②が最小になる t の値は 2 で，このとき $x=0$ である．最小値は，①に $t=2$ を代入して
$$3\cdot 2^2-5\cdot 2+1=\boldsymbol{3}$$

21 $f'(x)$ を計算して，極値をとる x の値を代入すると 0 になることから求める．

解 （ア）$f(x)=-x^3+ax^2+bx+4$ を微分して，
$$f'(x)=-3x^2+2ax+b$$
$x=1$ と $x=-5$ で極値をとるので，
$$f'(1)=0 \text{ より，} \ -3+2a+b=0 \quad \cdots\cdots\cdots\cdots ①$$
$$f'(-5)=0 \text{ より，} \ -75-10a+b=0 \quad \cdots\cdots ②$$
①－② より，$72+12a=0$ $\quad \therefore \quad \boldsymbol{a=-6}$
これを①に代入して，$\boldsymbol{b=15}$
よって，$f(x)=-x^3-6x^2+15x+4$
3 次の係数が負なので，
グラフの概形は右のように
なり，

$x=1$ のとき，極大値 $f(1)=-1-6+15+4=\boldsymbol{12}$
$x=-5$ のとき，
$\quad$ 極小値 $f(-5)=125-150-75+4=\boldsymbol{-96}$

（イ）$f(x)=ax^3+bx^2+cx$ を微分して，
$$f'(x)=3ax^2+2bx+c$$
$x=-1$ と $x=5$ で極値をとるので，
$$f'(-1)=0 \text{ より，} \ 3a-2b+c=0 \quad \cdots\cdots\cdots ①$$
$$f'(5)=0 \text{ より，} \ 75a+10b+c=0 \quad \cdots\cdots ②$$
$x=-1$ のとき 16 なので，
$$f(-1)=16 \text{ より，} \ -a+b-c=16 \quad \cdots\cdots ③$$
②－① より，
$$72a+12b=0 \quad \therefore \quad 6a+b=0 \quad \cdots\cdots\cdots ④$$
①＋③ より，$2a-b=16 \quad \cdots\cdots\cdots\cdots\cdots ⑤$
④＋⑤ より，$8a=16 \quad \therefore \quad \boldsymbol{a=2}$
④より，$b=-6a=\boldsymbol{-12}$
③より，$c=-a+b-16=-2-12-16=\boldsymbol{-30}$
よって，$f(x)=2x^3-12x^2-30x$
極小値は，$f(5)=250-300-150=\boldsymbol{-200}$

■例題のコメントのようにして（ア）の $f(x)$ を求めてみよう．

$x=1$ と $x=-5$ で極値をとることと，$f'(x)$ の 2 次の係数が -3 になることから，$f'(x)=-3(x-1)(x+5)$
よって，$f'(x)=-3(x^2+4x-5)=-3x^2-12x+15$
これを積分し，$f(x)$ の定数項は 4 なので，
$$f(x)=-x^3-6x^2+15x+4$$
（イ）も同様にして求められる（極大値 16 以外の条件から $f(x)$ が a で表せる．なお $f(x)$ の定数項は 0）．

22 円柱の高さを x として円柱の体積を表す．円柱の軸を含む切断面を考えて，円柱の半径を求める．

解 円柱の軸を含む平面で立体を切断すると右の図のようになる。円柱の高さを x とすると、網目部の直角三角形を考えて、円柱の半径は

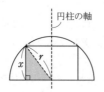

円柱の軸

$\sqrt{r^2-x^2}$ である。円柱の体積 $V(x)$ は、

$$V(x)=\pi(\sqrt{r^2-x^2})^2x=\pi(r^2-x^2)x$$
$$=\pi(-x^3+r^2x)$$

増減を調べるために微分して、

$$V'(x)=\pi(-3x^2+r^2)=-3\pi\left(x^2-\frac{1}{3}r^2\right)$$
$$=-3\pi\left(x+\frac{1}{\sqrt{3}}r\right)\left(x-\frac{1}{\sqrt{3}}r\right)$$

円柱の高さ x は球の半径 r より小さいので、$0<x<r$ の範囲で増減表を書くと、

x	0	$\cdots$	$\dfrac{1}{\sqrt{3}}r$	$\cdots$	r
$V'(x)$		$+$	0	$-$	
$V(x)$		$\nearrow$	$\dfrac{2\pi}{3\sqrt{3}}r^3$	$\searrow$	

円柱の高さが $\dfrac{1}{\sqrt{3}}\boldsymbol{r}$ のとき、体積は最大値 $\dfrac{2\pi}{3\sqrt{3}}\boldsymbol{r^3}$

㉓ 文字定数 a を分離してグラフを考える。

解 3次方程式 $x^3-9x-a=0$ の実数解の個数は、

$$y=x^3-9x\cdots\cdots①,\quad y=a\cdots\cdots②$$

のグラフの共有点の個数に一致する。

①のグラフを描くために x で微分して、

$$y'=3x^2-9=3(x-\sqrt{3})(x+\sqrt{3})$$

であり、増減表を書くと、

x	$\cdots$	$-\sqrt{3}$	$\cdots$	$\sqrt{3}$	$\cdots$
y'	$+$	0	$-$	0	$+$
y	$\nearrow$	$6\sqrt{3}$	$\searrow$	$-6\sqrt{3}$	$\nearrow$

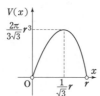

①のグラフは右図のようになるので、①と②のグラフの共有点の個数を考えて、方程式の実数解の個数は、

$\boldsymbol{a<-6\sqrt{3}}$ のとき、1個。$\boldsymbol{a=-6\sqrt{3}}$ のとき、2個。
$\boldsymbol{-6\sqrt{3}<a<6\sqrt{3}}$ のとき、3個。
$\boldsymbol{a=6\sqrt{3}}$ のとき、2個。$\boldsymbol{6\sqrt{3}<a}$ のとき、1個。

また、3つの異なる実数解を持ち、そのうち2つが正、1つが負となるのは、$\boldsymbol{-6\sqrt{3}<a<0}$ のとき。

㉔ （ア）（1）（2）は前文の公式、（3）はコメントの公式を使う。
（イ）（2）は（1）の右辺を積分する。

解 （ア）（1）$\displaystyle\int_0^2(x-4)^3dx=\left[\frac{1}{4}(x-4)^4\right]_0^2$

$$=\frac{1}{4}\{(-2)^4-(-4)^4\}=4-64=\boldsymbol{-60}$$

（2）$\displaystyle\int_{-1}^2(x-1)^4dx=\left[\frac{1}{5}(x-1)^5\right]_{-1}^2$

$$=\frac{1}{5}\{1^5-(-2)^5\}=\boldsymbol{\frac{33}{5}}$$

（3）$\displaystyle\int_0^1(3x-1)^3dx=\left[\frac{1}{3\cdot4}(3x-1)^4\right]_0^1$

$$=\frac{1}{12}\{2^4-(-1)^4\}=\frac{15}{12}=\boldsymbol{\frac{5}{4}}$$

（イ）（1）$(x+1)^2(x-4)=(x+1)^2\{(x+1)-5\}$
$$=(x+1)^3-5(x+1)^2$$

より、$\boldsymbol{k=-5}$

（2）$\displaystyle\int_0^2(x+1)^2(x-4)dx$

$$=\int_0^2\{(x+1)^3-5(x+1)^2\}dx$$
$$=\left[\frac{1}{4}(x+1)^4-\frac{5}{3}(x+1)^3\right]_0^2$$
$$=\frac{1}{4}(3^4-1^4)-\frac{5}{3}(3^3-1^3)$$
$$=20-\frac{130}{3}=\boldsymbol{-\frac{70}{3}}$$

㉕ （1）絶対値の中身 $2x-1$ の符号が変わる $x=\dfrac{1}{2}$ で積分区間を分ける。

（2）$x^2-x=x(x-1)$ なので、これの符号は $x=0,\ 1$ で変わる。積分区間を3つに分ける。

解 （1）$|2x-1|=\begin{cases}-(2x-1)&(x\leqq1/2)\\2x-1&(x\geqq1/2)\end{cases}$

であるから、

$$\int_0^2|2x-1|dx$$
$$=\int_0^{\frac{1}{2}}|2x-1|dx+\int_{\frac{1}{2}}^2|2x-1|dx$$
$$=\int_0^{\frac{1}{2}}\{-(2x-1)\}dx+\int_{\frac{1}{2}}^2(2x-1)dx$$
$$=\left[-x^2+x\right]_0^{\frac{1}{2}}+\left[x^2-x\right]_{\frac{1}{2}}^2\quad\cdots\cdots\cdots\cdots①$$

$$=-\frac{1}{4}+\frac{1}{2}+(4-2)-\left(\frac{1}{4}-\frac{1}{2}\right)=\boldsymbol{\frac{5}{2}}$$

（2） $|x^2-x|=|x(x-1)|=\begin{cases}-(x^2-x) & 0\leqq x\leqq 1 \\ x^2-x & x\leqq 0,\ x\geqq 1\end{cases}$

であるから，

$$\int_{-1}^{3}|x^2-x|\,dx$$

$$=\int_{-1}^{0}(x^2-x)\,dx+\int_{0}^{1}\{-(x^2-x)\}\,dx+\int_{1}^{3}(x^2-x)\,dx$$

$$=\left[\frac{x^3}{3}-\frac{x^2}{2}\right]_{-1}^{0}+\left[-\frac{x^3}{3}+\frac{x^2}{2}\right]_{0}^{1}+\left[\frac{x^3}{3}-\frac{x^2}{2}\right]_{1}^{3}$$

$$=-\left(-\frac{1}{3}-\frac{1}{2}\right)+\left(-\frac{1}{3}+\frac{1}{2}\right)$$

$$\qquad+\left(9-\frac{9}{2}\right)-\left(\frac{1}{3}-\frac{1}{2}\right)$$

$$=\frac{5}{6}+\frac{1}{6}+\frac{9}{2}+\frac{1}{6}=\boldsymbol{\frac{17}{3}}$$

▨ 面積で表すと下のようになる.

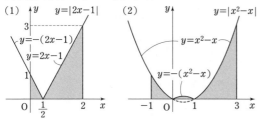

（1）は，2つの三角形の面積の和とみて，

$\dfrac{1}{2}\cdot\dfrac{1}{2}\cdot 1+\dfrac{1}{2}\cdot\dfrac{3}{2}\cdot 3=\dfrac{1}{4}(1+9)=\dfrac{5}{2}$ としてもよい.

▨ 積分計算の最後の数値の代入について，例題の解答の
あとで「同じものが2回あらわれる」と書いた.

上の解答では，普通に計算したものを書いたが，

（1） ①$=\left[x^2-x\right]_{\frac{1}{2}}^{0}+\left[x^2-x\right]_{\frac{1}{2}}^{2}$

$\qquad=0+(2^2-2)-2\times\left\{\left(\dfrac{1}{2}\right)^2-\dfrac{1}{2}\right\}$

（2） $\left[\dfrac{x^3}{3}-\dfrac{x^2}{2}\right]_{-1}^{0}+\left[\dfrac{x^3}{3}-\dfrac{x^2}{2}\right]_{1}^{0}+\left[\dfrac{x^3}{3}-\dfrac{x^2}{2}\right]_{1}^{3}$

$\qquad=2\times\left(\dfrac{0^3}{3}-\dfrac{0^2}{2}\right)+\left(\dfrac{3^3}{3}-\dfrac{3^2}{2}\right)$

$\qquad\qquad-\left\{\dfrac{(-1)^3}{3}-\dfrac{(-1)^2}{2}\right\}-2\times\left(\dfrac{1^3}{3}-\dfrac{1^2}{2}\right)$

のようにすると計算の効率が少しよくなり，ミスもしに
くくなる（どちらも，原始関数を同じにした上で，上端
の代入を先にまとめておこない，そのあとで下端の代入
をまとめておこなった）.

26 文字が入っているが，例題と同様に進められる.
交点の x 座標を α，β として，S を α，β で表すところま
では例題と同じ．一度，この形にしてから m で表す.

解 l は $(0,\ 3)$ を通り傾きが
m なので，その方程式は
$y=mx+3$

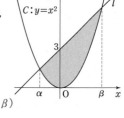

$\quad C$ と l の交点の x 座標を α，
$\beta\ (\alpha<\beta)$ とおくと，
α，β は $x^2=mx+3$，すなわ
ち $x^2-mx-3=0$ ……①
の解なので，
$\quad x^2-mx-3=(x-\alpha)(x-\beta)$
と因数分解される.

図より，$\alpha\leqq x\leqq\beta$ の範囲で l が C の上側にあるから，

$$S=\int_{\alpha}^{\beta}(mx+3-x^2)\,dx=\int_{\alpha}^{\beta}\{-(x^2-mx-3)\}\,dx$$

$$=\int_{\alpha}^{\beta}\{-(x-\alpha)(x-\beta)\}\,dx=\frac{1}{6}(\beta-\alpha)^3\ \cdots\cdots②$$

［例題の(1)の等式を用いた］

ここで①を解くと

$$\alpha=\boldsymbol{\frac{m-\sqrt{m^2+12}}{2}},\quad \beta=\boldsymbol{\frac{m+\sqrt{m^2+12}}{2}}$$

となるから，$\beta-\alpha=\sqrt{m^2+12}$ で

$$②=\boldsymbol{\frac{1}{6}}(\boldsymbol{\sqrt{m^2+12}}\,)^3$$

$S=\dfrac{20}{3}\sqrt{5}$ のとき，$\dfrac{1}{6}(\sqrt{m^2+12})^3=\dfrac{20}{3}\sqrt{5}$ だから，

分母を払って各辺を2乗すると，

$\quad (m^2+12)^3=40^2\times 5$

右辺は $(2^3\cdot 5)^2\times 5=(2^2\cdot 5)^3=20^3$ となるので，

$\quad m^2+12=20$

$\quad\therefore\quad m^2=8\qquad\qquad\therefore\quad m=\boldsymbol{\pm 2\sqrt{2}}$

▨ 放物線と直線が囲む部分の面積について，一般に，

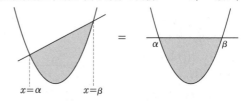

となる．ただし，左右の図の放物線は同じ形（放物線を
表す式の2次の係数が同じ）である．右側の図の網目部
の面積が2次の係数と $\beta-\alpha$ の値で決まることは納得で
きるだろう.

27 （1） 傾きを設定して判別式（＝0）という方針でできるが，（2）で接点の x 座標が必要なので，接点の x 座標を設定する．

解 （1） $C: y=x^2$ について，$y'=2x$ であるから，C 上の点 $(\alpha,\ \alpha^2)$ における接線 l の方程式は，

$$y=2\alpha(x-\alpha)+\alpha^2$$
$$\therefore\quad y=2\alpha x-\alpha^2 \cdots\cdots①$$

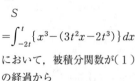

l が $\mathrm{A}(1,\ -8)$ を通るとき，

$$-8=2\alpha\cdot1-\alpha^2$$
$$\therefore\quad \alpha^2-2\alpha-8=0 \quad \therefore\quad (\alpha+2)(\alpha-4)=0$$

よって，$\alpha=-2,\ 4$ であり，①に代入すると

$$\boldsymbol{y=-4x-4,\ \ y=8x-16}$$

（2） 求めるものは右図網目部の面積であるから，

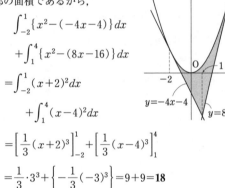

$$\int_{-2}^{1}\{x^2-(-4x-4)\}dx$$
$$+\int_{1}^{4}\{x^2-(8x-16)\}dx$$
$$=\int_{-2}^{1}(x+2)^2dx$$
$$+\int_{1}^{4}(x-4)^2dx$$
$$=\Big[\frac{1}{3}(x+2)^3\Big]_{-2}^{1}+\Big[\frac{1}{3}(x-4)^3\Big]_{1}^{4}$$
$$=\frac{1}{3}\cdot3^3+\Big\{-\frac{1}{3}(-3)^3\Big\}=9+9=\boldsymbol{18}$$

28 接点の座標が数値ではなく文字になっているが，流れは例題と同じ．（2）の積分計算も，例題にならって端点（接点の方）の値を代入すると 0 になるように被積分関数を変形しよう．

解 （1） $C: y=x^3$ について，$y'=3x^2$ であるから，$\mathrm{T}(t,\ t^3)$ における C の接線 l_1 の方程式は，

$$y=3t^2(x-t)+t^3$$
$$\therefore\quad \boldsymbol{y=3t^2x-2t^3}$$

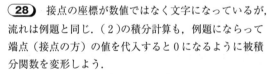

よって，l_1 と C の交点の x 座標は $x^3=3t^2x-2t^3$ の解である．$x^3-3t^2x+2t^3=0$ は $x=t$ を重解にもつから，左辺を因数分解すると（☞▨）

$$(x-t)^2(x+2t)=0$$

となり，U の x 座標は $\boldsymbol{-2t}$ である．

（2） E は斜線部（面積 S），E_1 は太線部（面積 S_1）である．

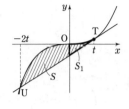

$$S$$
$$=\int_{-2t}^{t}\{x^3-(3t^2x-2t^3)\}dx$$

において，被積分関数が（1）の経過から

$$x^3-3t^2x+2t^3$$
$$=(x-t)^2(x+2t)$$
$$=(x-t)^2\{(x-t)+3t\}$$
$$=(x-t)^3+3t(x-t)^2$$

となることを用いると，

$$S=\int_{-2t}^{t}\{(x-t)^3+3t(x-t)^2\}dx$$
$$=\Big[\frac{1}{4}(x-t)^4+t(x-t)^3\Big]_{-2t}^{t}\cdots\cdots\cdots\cdots Ⓐ$$
$$=-\frac{1}{4}(-3t)^4-t(-3t)^3$$
$$=\Big(-\frac{81}{4}+27\Big)t^4$$
$$=\frac{\boldsymbol{27}}{\boldsymbol{4}}\boldsymbol{t^4}$$

また，

$$S_1=\int_{0}^{t}\{x^3-(3t^2x-2t^3)\}dx$$
$$=\Big[\frac{1}{4}(x-t)^4+t(x-t)^3\Big]_{0}^{t}$$
$$=-\frac{1}{4}(-t)^4-t(-t)^3$$
$$=\Big(-\frac{1}{4}+1\Big)t^4$$
$$=\frac{3}{4}t^4$$

なので，面積比は，

$$S:S_1=\frac{27}{4}t^4:\frac{3}{4}t^4=\boldsymbol{9:1}$$

▨組立除法を用いると右のようになる．なお，解と係数の関係を使ってもよい．U の x 座標を u とすると，

$$\begin{array}{r|rrrr}
t & 1 & 0 & -3t^2 & 2t^3 \\
 & & t & t^2 & -2t^3 \\
\hline
t & 1 & t & -2t^2 & \underline{|0} \\
 & & t & 2t^2 & \\
\hline
 & 1 & 2t & \underline{|0} &
\end{array}$$

$x^3-3t^2x+2t^3=0$ の解が $t,\ t,\ u$ ［t が重解であることに注意］となることから，和（＝2 次の係数の -1 倍）に着目して，$t+t+u=0$ よって，$u=-2t$

■ $y=(x-t)^2(x+2t)$ のグラフを描くと図1のようになる．従って，S は図1の網目部の面積に等しい．

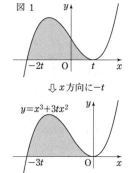
図1

⇓ x方向に$-t$

$y=x^3+3tx^2$

積分区間の端点（片方）が 0 になるように（そうすると代入計算がラク）x 方向に $-t$ だけ平行移動しよう．すると，曲線と x 軸の交点の x 座標は $-3t$，0（原点で接する）となるから，平行移動後の曲線の方程式は $y=x^3+3tx^2$ となり，面積は

$$\int_{-3t}^{0}(x^3+3tx^2)\,dx=\left[\frac{1}{4}x^4+tx^3\right]_{-3t}^{0} \quad\cdots\cdots\cdots\cdots\text{Ⓑ}$$

$$=-\frac{1}{4}(-3t)^4-t(-3t)^3$$

となる．解答のⒶで $x-t$ をかたまりとみたものがⒷであることがわかるだろう．つまり，

$$(x-t)^2(x+2t)=(x-t)^3+3t(x-t)^2$$

という式変形は，x 方向に $-t$ だけ平行移動する操作に対応しているのである．

㉙ （2）C_1 と C_2 の2交点の x 座標を α, β とおいて，まず面積 S を α, β で表す．次にそれを a の式で表し，最小値を考えよう．

解 （1）$y=x^2+ax+b$
が $(1, 4)$ を通るから，
$$4=1+a+b$$
$$\therefore \quad \boldsymbol{b=-a+3}$$

（2）C_1 と C_2 の交点の x 座標を α, β（$\alpha<\beta$）とすると，図より $\alpha\leqq x\leqq\beta$ の範囲で C_2

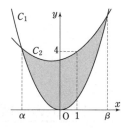

が C_1 の上側にあるから，両者で囲まれた面積は

$$S=\int_{\alpha}^{\beta}\{(x^2+ax+b)-3x^2\}\,dx$$

$$=\int_{\alpha}^{\beta}(-2x^2+ax+b)\,dx \quad\cdots\cdots\cdots\cdots\cdots\text{①}$$

α, β は $3x^2=x^2+ax+b$，つまり $-2x^2+ax+b=0$ の解なので，
$$-2x^2+ax+b=-2(x-\alpha)(x-\beta)$$
と書ける．よって，

$$①=-2\int_{\alpha}^{\beta}(x-\alpha)(x-\beta)\,dx$$

$$=\frac{2}{6}(\beta-\alpha)^3=\frac{1}{3}(\beta-\alpha)^3$$

となり，S が最小になるのは $\beta-\alpha$ が最小になるときである．（1）も用いると，α, β は
$$2x^2-ax-(-a+3)=0$$
の解なので，これを解いて

$$x=\frac{a\pm\sqrt{a^2+8(-a+3)}}{4}=\frac{a\pm\sqrt{a^2-8a+24}}{4}$$

$$\therefore \quad \beta-\alpha=\frac{\sqrt{a^2-8a+24}}{2}$$

$\beta-\alpha$ が最小になるのは $a^2-8a+24$ が最小になるときで，
$$a^2-8a+24=(a-4)^2+8$$

より $\beta-\alpha$ の最小値は $\dfrac{\sqrt{8}}{2}=\sqrt{2}$

このとき，$S=\dfrac{1}{3}(\beta-\alpha)^3=\boldsymbol{\dfrac{2}{3}\sqrt{2}}$

あとがき

「大学への数学」の本は，ほとんどが受験生対象の本で，高校1年生が使うには，かなりキツイ本ばかりでした．

そこで，教科書と併用して自習できるような本を作ろうということで本書が出来上がりました．自習するには，分量が多いとやる気が起こらない人が少なくないので（筆者もそうです），分厚くならないようにしました．

解答・解説は分かり易いことを心がけましたが，100点満点だと言い切る自信はありません．まだまだ改善の余地があるかもしれません．お気づきの点があれば，どしどしご質問・ご指摘をしてください．

本書の質問があれば，「東京出版・大数Q係」宛（住所は下記）にお寄せください．

原則として封書（宛名を書いた，切手付の返信用封筒を同封のこと）を使用し，**1通につき1件**でお送りください（電話番号，学年を明記して，できたら在学（出身）校・志望校も書いてください）．

なお，ただ漠然と 'この解説が分かりません' という質問では適切な回答ができませんので，'この部分が分かりません' とか '私はこう考えたがこれでよいのか' というように具体的にポイントをしぼって質問するようにしてください（以上の約束が守られないものにはお答えできないことがありますので注意してください）．

毎月の「大学への数学」や増刊号と同様に，読者のみなさんのご意見を反映させることによって，100点満点の内容になるよう充実させていきたいと思っています．

(坪田)

大学への数学

プレ 1対1対応の演習／数学II [改訂版]

令和5年3月1日 第1刷発行

編 者 東京出版編集部
発行者 黒木憲太郎
発行所 株式会社 東京出版
〒150-0012 東京都渋谷区広尾 3-12-7
電話 03-3407-3387 振替 00160-7-5286
https://www.tokyo-s.jp/

製版所 日本フィニッシュ
印刷所 光陽メディア
製本所 技秀堂

ⓒTokyo shuppan 2023 Printed in Japan
ISBN978-4-88742-270-4 （定価はカバーに表示してあります）